実践力をアップする

Pythonによる
アルゴリズムの
教科書

クジラ飛行机 ［著］

JN069712

マイナビ

はじめに

本書はすべてのプログラマーに役立つ定番の「アルゴリズム」を一冊にまとめたものです。簡潔で馴染みのあるプログラミング言語「Python」を使ってアルゴリズムを解説します。プログラミングの入門書を終えて、次のステップに進みたい人、また実際に何か作り始めたい人にオススメです。

そもそも「アルゴリズム」というのは問題を解決するための処理方法のことです。もちろん、アルゴリズムをあまり知らなくても、簡単なプログラムは作れることでしょう。しかし、アルゴリズムを学ぶことで時代や流行に左右されない本質的なプログラミング技法や定石の書き方を身につけることができます。それは、一度身につけてしまえば、一生役立つプログラミング知識です。

なお、本書で解説する多くのアルゴリズムは、ソートやハッシュなど、すでにPythonのライブラリに用意されているものです。しかし、その仕組みを学ぶことで、ライブラリをより効率的に扱うことができるようになります。ブラックボックスの中身が分かることで、いっそう効率的にライブラリを活用できます。AIでプログラムが自動生成できてしまう時代だからこそ、しっかりとアルゴリズムを見極める能力が必要となっています。

加えて、定番アルゴリズムには先人たちのアイデアが凝縮されています。そこから学ぶことで、自分の作るプログラムの質を向上させることができ、効率的なプログラムを作ることができるようになります。新たなライブラリを作る必要が生じた時にも役立つでしょう。

本書では、プログラミングにおける定石アルゴリズムやテクニックを効率よく学べるように難易度順に並べています。練習問題も用意しているので、学んだテクニックを確認しながら読み進めることができます。楽しくアルゴリズムを学んで、一緒にスキルアップを目指しましょう。

2023年5月
クジラ飛行机

対象読者

- 入門書でPythonの基礎を学んだ人
- 自分で何か作ってみたいと思っている人
- アルゴリズムについて学びたい人
- スキルアップを目指している人
- すでに他のプログラミング言語を覚えていて、Pythonでのやり方を知りたい人

本書の読み方

本書は基本的にプログラミングのスキルを向上させたい人に向けて書かれた本です。レベルに合わせて少しずつ読み進めると良いでしょう。紹介するアルゴリズムは、章が上がるごとに難しくなっていきますが、興味のあるアルゴリズムを選んで読んでも問題ないようになっています。

なお、多くのアルゴリズムを紹介していますが、各節の冒頭でアルゴリズムの仕組みを解説し、その後で実際のPythonのプログラムを紹介しています。一通り、アルゴリズムの仕組みが分かったなら、本書を閉じて自分の実力だけでプログラムを作ることができるか試してみましょう。

もちろん、アルゴリズムの仕組みを理解しサンプルプログラムを眺めるだけでも、それなりに実力アップできます。しかし、自分の実力でそのアルゴリズムを実装できるようになることが大切です。実際に手を動かしてプログラムを作ってみてください。きっと、多くの知見を学ぶことができるでしょう。

加えて、本書では基本アルゴリズムを紹介した後に「練習問題」を設けています。練習問題では、学んだアルゴリズムを活用して、より多くが学べる仕掛けになっています。合わせて挑戦してみてください。

章の構成

Chapter 1ではなぜアルゴリズムを学ぶと良いのかを紹介しています。スキルアップに対して、あまりモチベーションが上がらないときに読むと良いでしょう。また、計算量の説明や、Pythonのインストールやターミナルの使い方、プログラムのテストの書き方も紹介しています。

そして、Chapter 2以降で実際のアルゴリズムを解説します。Chapter 2は基本的な制御フロー（if、forなど）を利用したアルゴリズムを解説します。FizzBuzzや素数判定、シーザー暗号など、プログラミングの基礎体力をつけるのにぴったりのアルゴリズムを紹介しています。

Chapter 3はデータ構造や再帰に注目します。アルゴリズムとデータ構造は切っても切れない関係です。基本的なデータ構造を学ぶことは、それ以降の章を読む上でも大切です。また「再帰」は高度なアルゴリズムを記述する上で欠かすことのできないテクニックです。ここでマスターしておきましょう。

Chapter 4ではデータの検索とソートについて学びます。これらはアルゴリズムの定番です。そこには、先人が苦労して編み出した珠玉のアイデアが詰まっています。そのために、有名なソートアルゴリズムを紹介していきます。その問題解決手法やアイデアに注目しましょう。

Chapter 5では迷路や数字パズルといった知的好奇心をくすぐる題材として、ゲーム解法アルゴリズムを学びます。探索アルゴリズムや動的計画法など、これらはさまざまな場面で活用できる覚えて得するアルゴリズムです。パズルを楽しみながらレベルアップしましょう。

そして、最後のChapter 6では、人工知能（AI）や自然言語処理に関するアルゴリズムを解説します。文章の自動分類や自動生成や、手書き数字データ画像の判定などを学びましょう。昨今、AIを活用した技術や製品が世間を賑わせていますが、その基礎となるアルゴリズムを学びましょう。

Contents

V

Chapter 2　条件分岐と繰り返しのアルゴリズム　　055

Chapter 3 データ構造と再帰について   127

Chapter 5　難解パズルで学ぶアルゴリズム　261

Chapter 6 人工知能(AI)・自然言語処理のアルゴリズム　325

Chapter 1

なぜアルゴリズムが重要なのか

最初にアルゴリズムの大切さについて確認してみましょう。また、本書を読むのに必要となる Python のインストールや、ターミナルの扱い方、プログラムのテスト技法などを解説します。また、Python の基本構文やデータについても解説します。

なぜアルゴリズムが大切なのか
（モチベーションを高めよう！）

プログラミングの基本を学んだら、次に定番アルゴリズムを学びましょう。定番アルゴリズムには、先人たちの知恵が凝縮されています。そのため、アルゴリズムを学ぶならプログラミングのスキルアップに役立ちます。

ここで学ぶこと

● **アルゴリズムについて**

● **アルゴリズムの大切さについて**

アルゴリズムとは何か？

『アルゴリズム』(英語：algorithm)とは「問題を解決するための手順や計算方法」を意味する言葉です。何かしらの問題を解決し、答えを求めるための手順を示すものです。

また、プログラミングの世界では、ただ答えを求めるだけではなく、効率よくプログラムを動かすことが求められる場面もあります。アルゴリズムを学ぶことにより、効率よくプログラムを動かすことができます。

なぜ定番アルゴリズムを学ぶのか

ところで、本書で紹介するほとんどのアルゴリズムは、Pythonですでにライブラリとして用意されています。すでにライブラリとして用意されているのならば、改めてライブラリの動作原理など知らなくても「そのライブラリを使うだけでよくない？」と思う人もいるでしょう。

もちろん、実際に仕事でプログラムを作る現場では、そうした便利なライブラリを利用することが推奨されています。すでにあるものをわざわざ作り直すことは「車輪の再発明」であり、全く無駄な行為であるという訳です。車輪の再発明はよっぽどの理由がない限り、ビジネス的には推奨されません。それでも、本書では車輪の再発明を推奨するのです。

では、なぜライブラリで用意されている、その機能の仕組みを学ぶのでしょうか。定番のアルゴリズムを学ぶことで、たくさんのメリットがあるからです。ここでは、代表的な4つのメリットを紹介します。

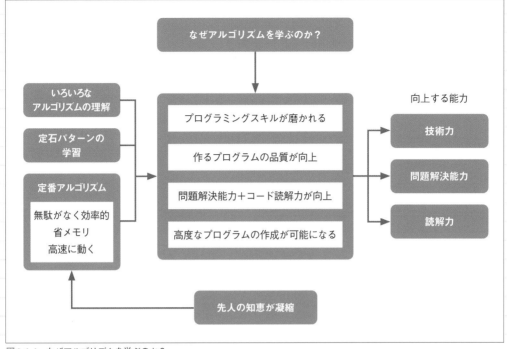

図1-1-1　なぜアルゴリズムを学ぶのか？

理由1　プログラミングスキルが磨かれる

定番アルゴリズムを学ぶことで、プログラミングスキルを向上させることができます。と言うのも、定番アルゴリズムには先人の知恵が凝縮されています。そこには、よりよいプログラムを作るためのエッセンスが詰まっています。子供が健康な身体を手に入れるには、新鮮で美味しい『良質な食事』が必要です。それと同じように、プログラマーとしてスキルアップしていくためには、先人たちの知恵が凝縮された良質なアルゴリズムを学ぶことが必要なのです。

理由2　作るプログラムの品質が向上する

本書ではいろいろなアルゴリズムを紹介します。それらのアルゴリズムを学ぶことにより、作成するプログラムの品質を向上させることができます。

子供に感性を刺激する良い音楽を聴かせ美しい絵画を見せるなら、言語能力を高め創造力を磨くことができます。同様に、プログラマーも定番アルゴリズムを学ぶことで、高い品質のプログラムを作れるようになります。品質の高いプログラムとは、無駄がなく、省メモリで高速に動くプログラムです。定番アルゴリズムの考え方を学べば、品質の良いプログラムを作るヒントが得られます。

理由3　問題解決能力やコード読解力が磨かれる

内部の動作原理や構造がわからない状態を「ブラックボックス」と呼びます。現代の工業製品の多くをブラックボックスのまま利用しています。私たちはテレビの動作原理を知らなくてもテレビを見て楽しんでいます。同様に、Pythonの標準ライブラリや有名ライブラリも、その仕組みを知らなくても使えるように工夫されています。

しかし、その中身を知っているなら、より一層効率的にそのライブラリを使うことができます。トラブルが起きたときにも、ライブラリの動作原理を知っているなら、エラーの原因を特定するのが容易になります。

それは、そのライブラリの動作原理を知っているだけに留まらず、ライブラリのソースコードを読むことができるという点にも表れます。定番アルゴリズムを学び、基礎を身につけていれば、いろいろなライブラリのソースコードを読むこともできるようになるでしょう。

プログラミングには定石のようなパターンがあります。定番アルゴリズムを学ぶならプログラミングに頻出する定石パターンが意味するところが理解しやすくなります。

プログラムを読んで意味が分かれば、自分のプログラムを作る参考にできますし、そのライブラリを使う際にもより効率的な使い方ができます。また、ライブラリを使って問題が生じたときでも問題解決が容易になるでしょう。それは大きな力となります。

理由4 高度なプログラムの作成が可能になる

また、今では定番と呼ばれるライブラリも、最初にその仕組みを考えたり、改良したりする人がいて、今のライブラリが存在します。つまり、ブラックボックスをブラックボックスのままにしていては、より便利なライブラリを作ることはできないのです。

加えて、いろいろなアルゴリズムを学ぶことで、より高度なプログラムを作ることができるようになります。OSやプログラミング言語、データベースやロボットなど、そうした高度なプログラムを実用的なレベルで作るには、定番アルゴリズムをマスターする必要があります。つまり、定番アルゴリズムをマスターすれば、高度なプログラムを作るのも容易という訳です。

COLUMN

多くのライブラリがオープンソースで公開されている

現在、多くのライブラリはオープンソース（無償）で公開されています。無償なのだから品質に問題があるのではないかと考える人もいますが、そんなことはありません。

オープンソースのメリットは世界中の多くの開発者が開発に参加できることです。日々多くの開発者によって問題が指摘され、より良く改良され続けているのです。そのため、オープンソースで開発された多くのライブラリは透明性が高いだけでなく品質も高く高性能です。

その気さえあれば、誰でもソースコードを読むことができます。しかし、当然ながら、それなりのコード読解力がないと、意味不明な暗号を眺めるだけになってしまうことでしょう。

なぜ答えを求めるだけではなく
効率よく動かす必要があるのか

すでに現在のコンピューターは十分に高速です。プログラムが動くのであれば、どんな仕組みでも同じなのではと思うかもしれません。しかし、アルゴリズムを熟慮して、効率よく動かすことができれば、さまざまな面でメリットがあります。

時間的メリット

まず、効率的なプログラムを作って思いつく最初のメリットは時間的メリットです。大規模な計算が必要となる業務がたくさんあります。そうした業務の中には、データを処理するのに数日かかる場面もあります。もし、効率的なプログラムを作るなら処理時間を大幅に短縮できます。

なお、大規模な計算が必要な業務の一つに、AI（人工知能）があります。特に最近注目を集めている「生成AI」や「深層学習（ディープラーニング）」では、大量のデータを読み込んで学習し、画像や文章を生成したり、分類したりします。AIによる学習では膨大な量のデータを処理する必要があり、何日もプログラムを動かし続ける必要があります。そのため、短時間でより良い結果が見込めるアルゴリズムを考案できたのであれば、多大なメリットがあります。

リソース的メリット

また、アルゴリズムを評価する指標は速度だけではありません。より少ないメモリでプログラムを動かすことができるのならば、それだけで大きなメリットになり得ます。より少ないメモリで動くと言うことは、それだけ安価な機器で動かすことができます。また、余剰の資源を利用して別のプログラムを動かすこともできます。

費用的メリット

ここまで紹介した通り、アルゴリズムを工夫することで、プログラムを高速にしたり、省メモリにしたりすることができます。それによって、多くの利益を出すことができたり、逆に無駄な予算を削ることができたりします。

多くの業務ではクラウド化が進んでおり、実際にプログラムを動かすコンピューターがクラウド上に存在する場合があります。Amazon Web Services（AWS）やGoogle Cloud、Microsoft Azureなど、クラウド上のマシンは、時間単位で課金が行われます。つまり、アルゴリズムを工夫して短時間で作業が終わるようにするなら、それだけ予算を抑えることができることもあります。

実際、プログラマーのブログなどを見ていると、アルゴリズムを改善することでプログラムの実行時間を削減し、課金される料金を安く抑えることに成功したという例を見かけます。賢く効率的なアルゴリズムを選んでプログラムを作るなら、それだけ経費を削減して利益を上げることができます。

まとめ

本書の最初に、皆さんのモチベーションを高めるべく、アルゴリズムがなぜ大切なのかを紹介しました。本書は無味乾燥になりがちなアルゴリズムを、できるだけ楽しく学べるよう配慮しています。これからアルゴリズムを色々と学びますが、その定番アルゴリズムが「なぜ必要なのか」「どんな場面で使うのか」「どんなメリットがあるのか」という点を思いに留めて見ていきましょう。

アルゴリズムの評価手法について

なぜいろいろなアルゴリズムが考案されているのでしょうか。あらゆるアルゴリズムには長所と短所があるからです。ここでは、どのようにアルゴリズムを選び使い分ければよいのか評価のポイントとなる点を紹介します。

ここで学ぶこと

● アルゴリズムの評価方法

アルゴリズムには評価の基準が必要

時と場合によっては、どんなに高価な物よりも安い物の方が必要という場合があります。例えば、山登りに行った際に、遭難してしまったとします。食料が尽きて餓えているときに、高価な腕時計をもらっても嬉しくないでしょう。お腹が空いているときであれば、時計よりも100円のチョコレートの方が何倍も嬉しいものです。アルゴリズムにも同じことが言えます。時と場合に応じたアルゴリズムを選択することが重要です。

もう少し具体的な例で考えてみましょう。本書で紹介するソート（並び替え）のアルゴリズムに「クイックソート」と「マージソート」があります。マージソートよりも、クイックソートの方が多くの場面で高速に動きます。しかし、クイックソートは元の順番が考慮されないのに対して、マージソートは元の順序を考慮した並び替えが可能です。元の順序を維持する必要があるかどうかによって、どちらを採用するのかを選択する必要があります。つまり、アルゴリズムの選定においては、何を評価の基準にするかが大きなカギとなります。

そのため、アルゴリズムの評価には、さまざまな手法があります。ここでは、アルゴリズムを評価する指標を紹介します。

アルゴリズムの信頼性が高いこと

いくら速く動くプログラムであっても、信頼性が低くては困ります。そのため、信頼性はアルゴリズムを選択する上で大きなポイントになります。とは言え、多少信頼性が低くても、速く動いた方が良い場合もあります。

例えば、ゲームで画面上をたくさんのオブジェクトが横切るというプログラムを考えてみましょう。高速に画面上のオブジェクトを動かすために、後方にあるオブジェクトを正確に描画しないことを選択することもあります。信頼性の観点から言えば、不正確な描画を行うのは良くないことですが、プログラムの目的は達成していることになります。同じような例ですが、画像フォーマットのJPEGは、データをより小さく圧縮するために、不可逆圧縮というアルゴリズムを使って画像を小さく圧縮します。人間の目ではそれほど気付かない画像の一部を劣化させ、情報を欠損させることでデータを小さく圧縮するのです。一部の情報が失われるため、データの信頼性という点から見ると問題になるのですが、信頼性が多少低くても問題ないという場面がある好例と言えます。

処理速度が速いこと

一般的な状況において、処理速度が速いというのは、つまり、コンピュータによる計算回数が少ないことを意味します。計算量の目安には、O記法（big O-notation）が使われます。この点については、後で詳しく解説しますが、計算量を減らすことが処理速度につながります。

ちなみに、処理速度を速くするのは、計算量だけではありません。データは、SSDなどのストレージに配置するよりも、メモリに配置する方が速くなります。また、画像処理や機械学習における行列計算を行う場合には、GPU（グラフィックスプロセッサ）を使う方が、CPU（中央演算処理装置）を使うよりも処理性能は高くなります。

使用メモリが少なくて済むこと

アルゴリズムを工夫することで、少ないメモリで同じ仕事を片付けることができます。なお、上述のO記法を用いて利用メモリの上限を表すこともできます。

メモリを豊富に積んだPCが増えて以前よりも省メモリを意識する必要は少なくなっていますが、モバイル端末やIoT端末（インターネットに接続した小型端末）など、省メモリを意識したプログラムが必要となる場面はまだまだ存在します。

加えて、近年、インターネットの高速化に伴い情報が容易に入手になったため、巨大なデータを扱う場面が増えました。巨大なデータを処理する場合には、データをある単位で分割して処理する必要があります。省メモリを意識したアルゴリズムを採用することで、データを無理に分割することなく、処理することができるかもしれません。当然、定番アルゴリズムの中には、省メモリを意識したものもあります。

このように、省メモリが必要となる場面では、いかにメモリを効率的に扱うアルゴリズムを使うかがカギとなります。

一般的であること

そのアルゴリズムの評価において、「一般的かどうか」がポイントとなる場合もあります。と言うのも、特定の環境やデータを与えた場合のみ性能を発揮するというアルゴリズムもあります。ある状況においては高性能なアルゴリズムも、別の状況ではまったく性能を発揮できないということがあります。そこで、あらゆる環境やデータに対して一般的に良い性能を発揮するかどうかを考慮する場合があります。

用途においては、多くの状況で利用できることが大切な場面があります。例えば、多くの人が利用することを想定したライブラリを作る場合、そのライブラリはさまざまな場面で効率的に動くアルゴリズムを採用する必要があります。

メンテナンス性・拡張性・視認性が高いこと

性能が良いものの、拡張性が低くて扱い辛いというプログラムもあります。ただし、ある特定の処理に特化するなら拡張性を犠牲にすることがあります。今後の仕様変更や改良に対処するために、拡張性や視認性が高いことを優先する場面もあります。

また、多くのプログラムは一度作って終わりということはありません。バグが見つかってそれを修正したり、別の機能を追加したり、動作を修正したりと、手を加え続けることになります。そのため、どんなプログラムでもメンテナンス性が高いことが重要です。

移植性が高いこと

ある場面においては移植性（ポータビリティ）が優先される場面もあります。多くのOSや端末、環境で動かすことが分かっている場合、性能を犠牲にしても移植性を優先する場面があります。最近では、Windows/macOS/Linux/Android/iOSとユーザーの利用環境がバラエティに富んでおり、マルチプラットフォームで動くことが当然のように求められる場面もあります。逆に、特定の機種やOSでのみ動けばよいという場面も当然あり、その場合、移植性が低くてもより性能が良いアルゴリズムを採用することになります。

まとめ

以上、アルゴリズムの評価のポイントを紹介しました。どんな面においても「速く動くプログラムが優れている」と思いがちですが、速いこと以外にも多くの評価ポイントがあることに気付いたのではないでしょうか。いろいろなアルゴリズムを学ぶ上で、こうした広い視点を持って評価できることを覚えておきましょう。

COLUMN

「良いプログラム」とはどんなプログラムなのか？

一般的に言って「良いプログラム」には次の特徴があります。皆さんも、品質の高い「良いプログラム」を作りたいですよね。どんな特徴があるのか確認してみましょう。

- 正確に動作すること
- メンテナンスがしやすいこと
- 無駄な部分がないこと
- 省メモリで動くこと
- 高速で動くこと

プログラムが思ったとおり正確に動くことは必要最低限の条件です。それに加えて、メンテナンス性が高いことが大切です。そして、メモリの消費が少なく、高速で動くということは最大のアドバンテージです。

ただし、昨今のコンピューターは、メモリが潤沢にあり、動作速度が十分に高速になりました。多くの場合において、省メモリであることや高速で動かすことよりも、無駄がなくメンテナンスがしやすいことが良いプログラムの条件になってきています。

なぜなら、プログラマーの仕事の多くは、プログラムを新たに作ることではなく、バグを直したり、その動作を調整したりすることに費やされるからです。そのため、プログラムの動作が分かりやすいこと、メンテナンス性が良いことは良いプログラムの大前提とも言えます。

もちろん、メンテナンス性が高く、省メモリであり、高速に動作するのであれば、それが一番良いのは確かです。しかし、どんなアルゴリズムにも、メリットとデメリットがあります。高速に動作させるためにメモリを多く消費したり、省メモリで動かすために動作が遅くなったり、また、高速に動く代わりにプログラムが複雑になったりします。そのため、作りたいプログラムの必要に応じて「良いプログラム」の条件は変わるということを覚えておきましょう。

Chapter *1-3*

計算量とO記法について

アルゴリズムの善し悪しを語るのに便利なのが「計算量」です。計算量が多ければ遅くなり、少なければ速くなります。アルゴリズムを表現するのに都合が良い計算量とO記法について確認しておきましょう。

ここで学ぶこと

● **計算量**

● **O記法 / オーダー記法**

計算量とは

そもそも計算量とは何でしょうか。計算量はアルゴリズムの性能評価のための指標です。なお、一口に計算量と言っても次の2つの指標があります。

- ●「**時間計算量**」 ... ある処理を行うのにかかる**時間**を表す
- ●「**空間計算量**」 ... ある処理を行うのに必要となる**メモリ容量**を表す

ところで、なぜ計算量を考慮する必要があるのでしょうか。それは、ある問題に対して、いろいろな手法で解決する手段が考えられるからです。
一口に「アルゴリズム」と言っても、さまざまな解決方法があり、そのために複数のアルゴリズムが考案されています。そして、アルゴリズムに応じて、処理時間や使用するメモリ量が異なります。
つまり、アルゴリズムに応じて、「時間計算量」と「空間計算量」が異なるということです。この計算量を参考にすることで、その場面でどのアルゴリズムを選べばよいのかが分かります。

O記法/オーダー記法とは

計算量を表すのに「O記法」と呼ばれる記法を用います。O記法は「オーダー記法」や「ランダウの記号」とも呼ばれます。英語では「Big O Notation」と言います。
O記法では、入力データnに対する計算量を「$O(n)$」や「$O(log\ n)$」のように表します。このO記法を使うことにより、入力するデータによりどのように計算量が増えるのかを概観できるため、アルゴリズムの比較に役立ちます。

なお、このO記法では「アルゴリズムが漸近的に最大で有する計算量」を表します。漸近的というのは数値が徐々に近づいていくさまのことです。つまり、そのアルゴリズムを使うと、実行するのに最大どれくらいの計算が必要になるのかを表す記法です。

読者の皆さんの中には、数学が苦手という方もいることでしょう。しかし、O記法はそれほど難しいものではありませんので、少しずつ慣れていきましょう。

O記法に慣れていこう

実際の計算量については、各アルゴリズムを紹介する2章以降で紹介していきます。とは言え、いきなりO記法を見せられてもよく分からないと思いますので、ここで比較的分かりやすいO記法の例をいくつか紹介します。

定数時間「$O(1)$」── 最も計算量が少ないアルゴリズム

最初に、最も計算量が少ないアルゴリズムを示すO記法を確認しましょう。「定数時間」と呼ばれる記法で「$O(1)$」と書きます。これは、どのようなデータが入力されたとしても、1回の計算で処理が完了することを表します。
これをグラフにすると次のようになります。

図1-3-1　定数時間のグラフ

例えば、偶数奇数を判別するプログラムがこれに当たります。入力データとしていろいろな整数を与えることができますが、偶数と奇数を判定するには割り算の余りを計算するだけで済むため、$O(1)$となります。

線形時間「$O(n)$」── 入力データnに計算量が正比例する場合

入力データ数に応じて計算量が正比例して増える「$O(n)$」のアルゴリズムを「線形時間」（または「線形関数」）と呼びます。この線形関数について確認してみましょう。入力データと計算量をグラフに描画すると次のような図になります。

例えば、あるリストの中に、ランダムな数字が代入されています。そのリストを先頭から順に検索してある値を探すアルゴリズムを「線形探索」と呼びます。このアルゴリズムの計算量は、$O(n)$となります。

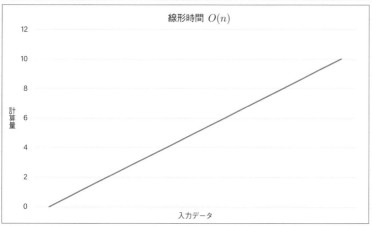

図1-3-2　線形時間のグラフ

二乗時間「$O(n^2)$」── 入力データnに対して計算量が n^2 となる場合

入力データ数に応じて計算量が n^2 となる「$O(n^2)$」のアルゴリズムのことを「二乗時間」と呼びます。入力データと計算量をグラフに描画すると次のような図になります。

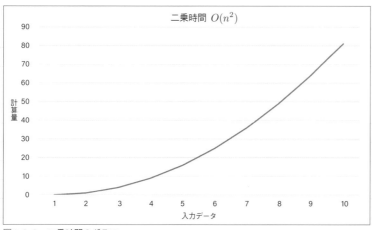

図1-3-3　二乗時間のグラフ

例えば「挿入ソート」や「バブルソート」と言ったアルゴリズムが代表的な例です。これらのソート(並び替え)アルゴリズムでは、リストの要素1つに付き、すべての組み合わせを調べる必要があるため二乗の計算量が必要になります。データの量が増えれば増えるほど、計算量が増えるのが特徴です。forループを重ねて使う二重ループを使って問題を解く場合が、これに相当します。

対数時間「$O(log\ n)$」── 処理を1つ行うと処理対象が減る場合

入力データに対して処理を1つ行うことで、処理対象を減らすことのできる「$O(log\ n)$」のアルゴリズムを「対数時間」と呼びます。ある処理により、処理対象を削減するため、$O(n)$ よりも計算量が少なくて済みます。データ量が増えても、計算量の増え幅が少ないのが特徴です。

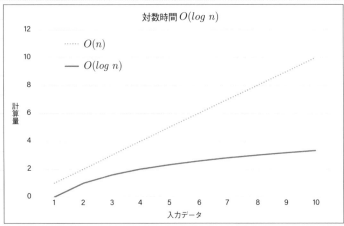

図1-3-4　対数時間のグラフ

例えば、ソート済み配列における「二分探索」などがあります。二分探索のアルゴリズムではデータを検索するごとに検索対象が絞り込まれます。そのため、先頭から最後まで順に検索する線形探索「$O(n)$」よりも、高速な探索が可能です。

O記法の計算量の大小を確認しよう

ここまでに出てきたO記法の計算量の大小は次の通りとなります。

$O(n^2) > O(n) > O(log\ n) > O(1)$

次のグラフを見ても計算量の変化が分かることでしょう。$O(n^2)$ のアルゴリズムでは、データが多ければ多いほど計算量が大きくなることも見て取れます。

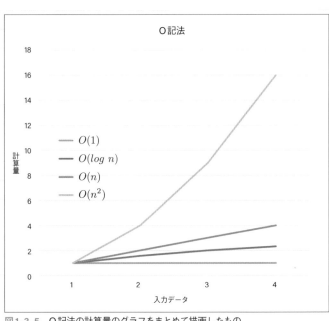

図1-3-5　O記法の計算量のグラフをまとめて描画したもの

具体例 1からNの合計計算で確認しよう

ここまで、簡単にO記法について概要を紹介してきましたが、簡単な例で考えてみましょう。例えば次のような問題を考えましょう。

【問題】

整数1からNまでを順に足していったとき、その合計を求めるプログラムを作ってください。

これは、1+2+3+4...Nと順に整数を足したときの合計を求めるプログラムです。このプログラムは、for文を使うと簡単に求められます。例えば、次のようなプログラムになるでしょう。仮にNが10としてプログラムを作ってみます。

src/ch1/sum1to10.py

```
01  # 1からNまで順に足した合計を求める(for文で求める)
02  N = 10
03  total = 0
04  for i in range(1, N+1):
05      total += i
06  print(total)
```

for文を使って順に変数totalの値を加算することで、繰り返し足し算を行います。Nが10のとき、答えは55が表示されます。このとき、1からNまでを順に繰り返し計算するため、計算量は「$O(n)$」となります。

なお、この問題は、アルゴリズムを少し工夫すると、より少ない計算量で答えを得ることができます。「$(1 + N) \times 2$」という簡単な計算式を使って答えを求めることができるのです。

src/ch1/sum1to10_o1.py

```
01  # 1からNまで順に足した合計を求める(計算で求める)
02  N = 10
03  total = (1 + N) * (N / 2)
04  print(total)
```

これは、1とN、2と(N-1)、3と(N-2)…のような組み合わせが(N÷2)個あるので、この計算式で1からNの合計を求めることができます。

このプログラムを見ると分かりますが、Nの値がどれだけ大きくなっても、一度計算するだけで答えが求められます。つまり計算量は「$O(1)$」となります。

アルゴリズムを工夫することで計算量が変わる

同じ問題を解くプログラムであり、実行結果は全く同じになります。しかし、前者のアルゴリズムを使うと計算量は「$O(n)$」、後者のアルゴリズムを使うと「$O(1)$」です。nの値が大きくなればなるほど、実行にかかる時間が変わってきます。

その他のO記法とアルゴリズム

ちなみに、他にもO記法でよく
使われるアルゴリズムには右の
ものがあります。

記法	名称	代表的なアルゴリズム
$O(n \log n)$	準線形、線形対数	ヒープソート、高速フーリエ変換
$O(n^3)$	多項式時間	行列計算
$O(c^n)$	指数時間	巡回セールスマン問題

まとめ

以上、ここでは、O記法と計算量について紹介しました。特に基本的なO記法について解説しました。O記法とアル
ゴリズムは密接に結びついているわけではありませんが、どのアルゴリズムを選ぶのかという点で、O記法が分かる
と便利なので覚えておくとよいでしょう。

COLUMN

アルゴリズム知らなくても仕事はできる？
プログラミングはAIの仕事になるの？

筆者はこれまで20年にわたりプログラミング言語やコンパイラを開発したり、さまざまなアプリやゲーム、
Webサイトなどを開発してきました。それでも、本書の執筆にあたり、はじめて知ったアルゴリズムもあり、
とても勉強になりました。

そう聞くと「え？　アルゴリズムって無理して学ばなくても職業プログラマーとしてやっていけるの？」と思
う人もいるかもしれません。確かに、多くのプログラミングの仕事は、それほど高度なアルゴリズムを知ら
なくても、それなりにできてしまうものです。また、そのアルゴリズムの名前を知らなかっただけで、知らず
知らずのうちに使っていたという場合も多くあります。

しかし、アルゴリズムを知っていることで、何倍も高速で効率的なプログラムを開発できます。加えて、そ
のアルゴリズムを知っていることで、開発期間が短くて済むという場合もあるでしょう。そのため、より良
いプログラムを、できるだけ短い時間で作ることができるようになります。アルゴリズムを知らなくても仕
事はできるものの、知っているならより良い仕事ができるのです。

加えて、生成AIや大規模言語モデルの登場により、AIが人間の指示によりプログラムを開発できるように
なりました。簡単なプログラムはAIが自動生成する時代が到来しています。そうであれば、これからのプロ
グラマーは、AIが生成するプログラムの品質を評価したり、AIが開発できない高度なプログラムの開発が
仕事の中心になるでしょう。そのためには、さまざまなアルゴリズムを学び、活用方法を理解している必要
があります。よりいっそうアルゴリズム学習の必要性が増してきたと言えます。

また、アルゴリズムの学習だけに限らず、プログラマーとして「学び続けること」は大切です。と言うのも、
筆者の周りにいる優秀なプログラマーには共通点があります。それは、プログラミングが好きで、新しいこ
とを学び続けていることです。常に好奇心を持って、新しい技術を学び続けているのです。もちろん、他の
人と自分を比べる必要はありません。自分のペースでコツコツ学び続けましょう。それを続けるなら、きっ
と高い技術を身につけることができるでしょう。

Pythonのインストール

本節ではPythonのインストール方法を紹介します。基本的にはWebサイトからインストーラーをダウンロードしてインストールするだけです。PythonはWindows/macOS/Linuxとさまざまな環境で動作しますが、ここではWindowsとmacOSにインストールする方法を紹介します。

ここで学ぶこと

● Pythonのインストールについて

WindowsにPythonをインストールする方法

Pythonの公式Webサイトから、Pythonのインストーラーをダウンロードできます。このインストーラーを使うと、手軽にPythonをインストールできます。

1 Pythonインストーラーをダウンロード

下記のWebサイトをブラウザで開いて、Windows用Pythonインストーラーをダウンロードしましょう。

● **PythonのWebサイト**
[URL] https://www.python.org/

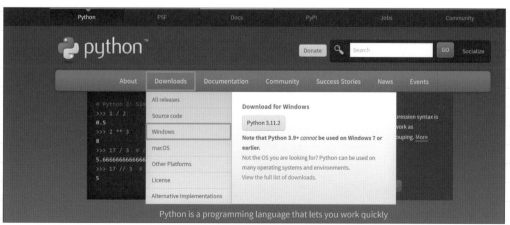

図1-4-1 Downloadsのリンクをクリック

なお、Webサイトの上方にある ［Downloads］（ダウンロード）のボタンにマウスカーソルを合わせるとOSの一覧が出るので、［Windows］をクリックします。そして、Python 3.x.x（xは任意の数値）と書かれているリンクを探してクリックします。すると、ダウンロードがはじまります。

> **注意**
>
> なお、PythonのWebサイトからダウンロードできるファイルの中には、Python 2.7.xもあります。このPython 2はすでにサポートが終了した古いバージョンです。現在は互換性のために配布されています。サポートも終了していますし、本書ではPython 3.xを対象としています。いろいろなバージョンがありますが、どれでもOKというわけではないので、ダウンロードするバージョンに注意しましょう。

2 インストーラーを実行しよう

インストーラーを使えば、Pythonを手軽にセットアップできます。ダウンロードしたインストーラーをダブルクリックで起動します。そして、画面下部にある「Add Python 3.x to PATH」にチェックを入れます。そして、画面中央の「Install Now」をクリックします。

図1-4-2 インストーラーを使ってPythonをインストールする方法

> **注意**
>
> インストールの際、「Add Python 3.x to PATH」にチェックを入れないと、本書の手順通りにプログラムが実行できない場合がありますので、必ずチェックしてください。

3 インストーラーでセットアップする

インストーラーで「Install Now」をクリックすると「ユーザーアカウント制御」のダイアログが出ることがあります。その場合は「はい」をクリックしましょう。「Setup was successful」（セットアップが成功しました）と表示されたら、正しくセットアップできています。画面右下の［Close］（閉じる）ボタンを押せばインストール完了です。

図1-4-3 セットアップが完成すると次の画面が表示される

WindowsでPythonのアンインストールをする方法

なお、将来的にPythonが不要になった場合、Pythonをアンインストールするには、Windowsの設定（コントロールパネル）を開き、「アプリ」を選択します。すると、インストールされているアプリの一覧が表示されます。それで、アプリと機能の一覧にある「Python 3.x」（xは任意のバージョン）を選び、「アンインストール」のボタンをクリックします。

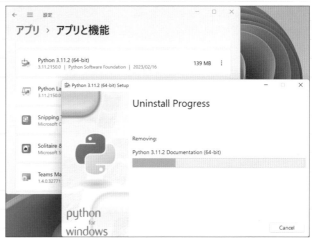

図1-4-4　コントロールパネルからPythonをアンインストールできる

macOSにPythonをインストールする方法

macOSもPythonをインストールするには、Webサイトからダウンロードしたインストーラーを実行します。

1 公式Webサイトからインストーラーを入手

以下のPythonの公式WebサイトをWebブラウザで開きます。そして、［Downloads］（ダウンロード）のボタンをクリックし、続いて［macOS］をクリックします。

● **Python公式Webサイト**
　［URL］https://www.python.org/

図1-4-5　ブラウザでPython公式Webサイトを開こう

そして、最新のリリース「Latest Python 3 Release - Python3.x.x」(xは任意の数字)のリンクを選んでクリックします(**図1-4-6**)。

するとリリース内容とファイルの一覧ページが表示されます。画面を下の方にスクロールすると、Files(ファイル一覧)のリストがあります(**図1-4-7**)。そこから「macOS 64-bit universal2 installer」を選んでクリックします。

図1-4-6 最新のリリースを選ぼう

すると、Python3.x.xのインストーラーをダウンロードできます。

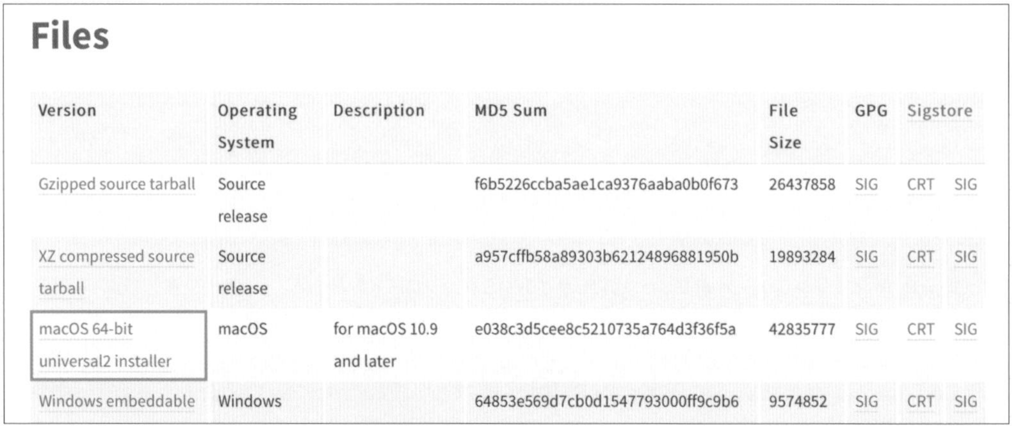

Files

Version	Operating System	Description	MD5 Sum	File Size	GPG	Sigstore	
Gzipped source tarball	Source release		f6b5226ccba5ae1ca9376aaba0b0f673	26437858	SIG	CRT	SIG
XZ compressed source tarball	Source release		a957cffb58a89303b62124896881950b	19893284	SIG	CRT	SIG
macOS 64-bit universal2 installer	macOS	for macOS 10.9 and later	e038c3d5cee8c5210735a764d3f36f5a	42835777	SIG	CRT	SIG
Windows embeddable	Windows		64853e569d7cb0d1547793000ff9c9b6	9574852	SIG	CRT	SIG

図1-4-7 Files からmacOSのインストーラーを選んでダウンロードしよう

2 インストーラーを実行する

インストーラーをダブルクリックしてインストールを行いましょう。基本的には、インストーラーの画面右下の[続ける]のボタンをクリックしていけば、セットアップが完了します。

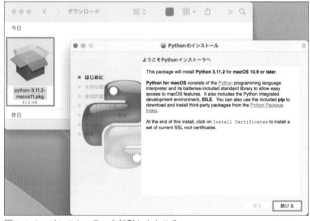

図1-4-8 インストーラーを起動したところ

ラインセンスの同意など、いくつかの画面が出ますが基本的に画面右下のボタンを押していくとインストールが完了します。選択肢もなく、特に気をつけるポイントもありません。

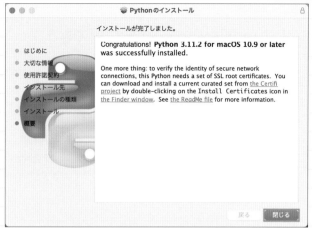

図1-4-9　基本的に［次へ］をクリックしていくと完了する

3 | 追加の設定をする

インストールが完了したら、Finderを起動し、アプリケーションの中を確認してみましょう。「Python 3.x」というフォルダの中にまとめてインストールが行われます。

本書では、pipコマンドなどを使って追加のモジュール(ライブラリ)をインストールします。そのため、「Update Shell Profile.command」をダブルクリックして、シェルからpipコマンドを実行できるように設定しましょう。

また、最新のSSLの証明書を使えるように「Install Certificates.command」もダブルクリックして証明書をインストールしておきましょう。

図1-4-10　拡張子が「.command」のファイルを実行しておこう

macOSでPythonをアンインストールする方法

macOSでPythonをアンインストールするには、Finderでアプリケーションを開き、「Python 3.x」のフォルダをゴミ箱に捨てます。

LinuxでもPythonを利用できる

Pythonはマルチプラットフォームに対応したプログラミング言語です。なお、Ubuntuをはじめ、多くのLinuxでは最初からPythonがインストールされています。Pythonを使えばLinux上でもいろいろな仕事を自動化させることができます。ある意味、Pythonに慣れ親しんでしまえば、Linuxに仕事場を移しても通用することでしょう。

また、Windows上でLinuxを実行するWSL（Windows Subsystem for Linux）を使うこともできます。WSLならWindows環境に何ら影響を与えることなく、Pythonのプログラムを実行できます。

Linux上では最初からPythonが使えることから、本書ではLinuxで使う詳しい手順は紹介しませんが、挑戦してみるとよいでしょう。

まとめ

以上、主要OSにおけるPythonのインストール方法について紹介しました。Pythonがマルチプラットフォームに対応しており、主要なOSで使えることも分かったことでしょう。

ターミナルのススメ

Pythonはプログラミング入門にも適しており、さまざまなエディタや実行環境が用意されています。とは言え、ライブラリのインストールなどで、ターミナルを利用しなければならない場面も多くあります。そこで、ここではターミナルの基本的な使い方を紹介します。

ここで学ぶこと

● ターミナルの使い方

● 簡単なコマンドについて

ターミナルとCUIについて

今では、手軽にPythonを実行する便利なツールがあります。多くのエディタからPythonのプログラムを直接実行することもできます。それで「ターミナルが苦手」という人もいるでしょう。しかし、本書ではあえてターミナルからプログラムを実行する方法を主に紹介します。

ターミナルのススメ

と言うのも、昨今のPython開発では、ターミナルを使ってコマンドを入力する必要がある場合が多くあります。Pythonのライブラリをインストールするにも、ターミナルを利用します。

また、ターミナルはコマンドを入力することでさまざまな処理を実行します。このような入力インターフェイスを「コマンドラインインターフェイス(CUI)」と呼びます。これは、コンピューターの黎明期より利用されてきた伝統的なインターフェイスであり、時代を超えて使われています。

つまり、CUIに慣れておけば、現在使っているOSや開発環境が廃れたとしても全く問題がありません。どんな新しい環境に移行しても、CUIを備えたツールを使うことができるでしょう。定番アルゴリズムと同様、CUIにも先人の知恵が詰まっているのです。

また、遠隔地にあるサーバーにログインしてプログラムを実行したいという場面もあります。その場合には、ターミナルを使ってサーバーに接続して、コマンドを実行するというのが一般的です。CUIに慣れるなら、さまざまなマシンを自由自在に操れるのです。

具体的に「ターミナル」とはどのアプリ？

一口に「ターミナル」と言っても、さまざまなツールが用意されています。Windowsであれば「PowerShell」や「Windows Terminal」がインストールされていることでしょう。macOSであれば「ターミナル.app」がインストールされています。特にこだわりがなければ、これらOS標準のターミナルを使うとよいでしょう。

Windows 11の場合、Windowsボタンをクリックした後、検索ボックスに「powershell」と入力するとPowerShellが起動します。Windows 10/11の場合は、キーボードで［Win］＋［R］ボタンを押して「ファイル名を指定して実行」のダイアログが出たら「powershell」と入力して［Enter］キーを押します。なお、Windows Terminalを使う場合には「PowerShell」と「コマンドプロンプト」を選択して起動できます。本書の範囲ではPowerShellを選ぶとよいでしょう。

図1-5-1　WindowsでPowerShellを起動するには［Win］＋［R］キーを押してpowershellとタイプする

macOSの場合は、画面右上にある虫眼鏡のアイコン（Spotlight）をクリックして、「ターミナル.app」あるいは「terminal.app」と入力して［Enter］キーを押します。

図1-5-2　macOSでターミナルを起動するにはSpotlightで「ターミナル.app」あるいは「terminal.app」とタイプする

ディレクトリとカレントディレクトリの移動

多くの環境では、ターミナルを起動するとホームディレクトリが表示されます。もし「$」や「%」「>」が表示されただけのときは「pwd」と入力して［Enter］キーを押してみましょう。すると現在のカレントディレクトリが表示されます。カレントディレクトリとは、作業対象となるディレクトリのことです。ディレクトリは「フォルダ」と言い換えることができます。

図1-5-3　pwdコマンドを実行したところ

なお、Windowsを使う場合、PowerShell上では「pwd」が使えますが、コマンドプロンプトを使う場合にはpwdではなく「@cd」と入力する必要があります。ただし本書ではPowerShellで操作することを想定しています。

それで、作業対象となるカレントディレクトリに、新しいディレクトリを作るには、「mkdir（名前）」のようなコマンドを実行します。そして、新しく作ったディレクトリに移動するには「cd（名前）」と入力します。そして、元のディレクトリに戻りたい場合には「cd ..」と入力します。

以下のコマンドを実行して動作を確認してみましょう。なお、「$」は入力可能な状態であることを示す記号で、環境によって記号が異なります。また、色がついている文字は、PowerShellまたはターミナルが表示する内容を示しています。

ターミナルで実行

```
# 現在のディレクトリを確認する
$ pwd
/Users/kujirahand

# 新しいディレクトリを作ってカレントディレクトリを移動
$ mkdir hoge
$ cd hoge
$ pwd
/Users/kujirahand/hoge

# 一つ上のディレクトリに移動してディレクトリを確認
$ cd ..
$ pwd
/Users/kujirahand
```

実際にターミナル上で実行してみると**図1-5-4**のようになります。

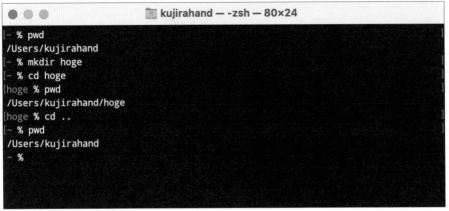

図1-5-4　ディレクトリ操作をしたところ

Windowsのエクスプローラーで作業対象となるフォルダを開いて、コピーや貼り付けなどの作業を行うように、ターミナルでも「cd（対象ディレクトリ）」と入力して作業対象となるディレクトリを変更してから作業を行います。

ところで、本書の記述と実際の画面が少し異なることに気付くでしょうか。本書では入力コマンドの解説を記述するのに「# コマンドの説明」と記述し、実際に入力するコマンドを「$ コマンド」のように表記しています。

と言うのも、実行環境によってターミナルの入力可能を表す記号が異なります。PowerShellでは「>」、macOSデフォルトのシェルであるzshでは「%」、多くのLinuxシェルに採用されているbashでは「$」がターミナルで入力可能を表す記号です。

それから「#」から始まっている文章はコメントなので実際には入力する必要はありません。

ターミナルでは [Tab] キーで入力補完できる

コマンドやファイル名、ディレクトリ名を入力するに役立つのが入力補完機能です。数文字入力した後で [Tab] キーを押してみましょう。すると、続きの部分が自動で入力されるので便利です。

また、カーソルキーの上キーを押すと、過去に入力したコマンドが表示されます。プログラムを繰り返し実行するのに便利です。

ターミナルでデスクトップやドキュメントなどに移動したい場合

多くの方は、ブラウザでダウンロードした本書のサンプルプログラムを、デスクトップやドキュメントのフォルダにコピーして使うことと思います。そこで、ターミナルから「ダウンロード」、「デスクトップ」、「ドキュメント」のフォルダに移動する方法を紹介します。

Windowsの場合

Windowsのデフォルト設定では次の操作で、「ダウンロード」「デスクトップ」 や 「ドキュメント」をカレントディレクトリにできます。

ターミナルで実行

```
# 「ダウンロード」のフォルダに移動
> cd "C:¥Users¥<ユーザー名>¥Downloads"

# 「ドキュメント」のフォルダに移動
> cd "C:¥Users¥<ユーザー名>¥Documents"

# 「デスクトップ」のフォルダに移動
> cd "C:¥Users¥<ユーザー名>¥Desktop"
```

また、下記のように「~¥」を使うこともできます。長いホームディレクトリのパスをタイプする必要がないので便利です。

ターミナルで実行

```
> cd ~¥Downloads
> cd ~¥Documents
> cd ~¥Desktop
```

なお、PowerShell上で「explorer .」と実行すると、そのフォルダをエクスプローラーで開くことができます。GUI（グラフィカルユーザインターフェース。エクスプローラーやFinderのような、視覚的に操作ができるインターフェースのこと）とCUIを気軽に往復できるので便利です。

macOSの場合

macOSでは次の操作で、「ダウンロード」「デスクトップ」や「ドキュメント」をカレントディレクトリにできます。

ターミナルで実行

```
# 「ダウンロード」のフォルダに移動
cd /Users/<ユーザー名>/Downloads

# 「ドキュメント」のフォルダに移動
cd /Users/<ユーザー名>/Documents

# 「デスクトップ」のフォルダに移動
cd /Users/<ユーザー名>/Desktop
```

また、下記のように「~/」を使うこともできます。長いホームディレクトリのパスをタイプする必要がないので便利です。

ターミナルで実行

```
cd ~/Downloads
cd ~/Documents
cd ~/Desktop
```

なお、ターミナル上で「open .」と実行すると、そのディレクトリをFinderで開くことができます。GUIとCUIを気軽に往復できるので便利です。

プログラムの実行について —— python3 コマンド

なお、Pythonのプログラムを実行するには、カレントディレクトリにPythonのプログラムを配置した上で、macOSでは「python3（ファイル名）」、Windowsでは「python（ファイル名）」と記述します。

例えば、カレントディレクトリに「hello.py」という以下のプログラムを作成しましょう。

src/ch1/hello.py

```
01 print('Hello, World!')
```

このプログラムを実行するには、次のコマンドを入力します。

ターミナルで実行

```
# macOSの場合
$ python3 hello.py
# Windowsの場合
$ python hello.py
```

するとプログラムが実行されます（**図 1-5-5**）。

なお、WindowsとmacOSでPythonのコマンド名が異なることに驚いたでしょうか。実は、macOSおよびLinuxではPythonのバージョン2のコマンドである「python2」とバージョン3のコマンドである「python3」を同時にインストールして使うことが長年続いていたため、歴史的な理由でpython3コマンドとなっています。

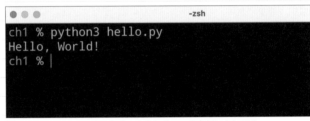

図1-5-5　macOSのターミナルからhello.pyを実行したところ

> **TIPS**
>
> 本書では、基本的にPythonコマンドを「python3」と記述します。Windowsを利用している方は「python3」を「python」と読み替えてください。

Pythonライブラリのインストールについて

Pythonを使うメリットの一つに「ライブラリが豊富」という点があります。PyPI（Python Package Index）というサイトにてライブラリが一元管理されています。そして、pipコマンドを使うことにより手軽にライブラリのインストールが可能です。

ターミナルから下記のように記述して任意のパッケージをインストールできます。

ターミナルで実行

```
# Windowsの場合
$ pip install (パッケージ名)
# macOSの場合
$ pip3 install (パッケージ名)
```

ただし、PC内に複数のPython環境がある場合、上記の方法だとうまくインストールが完了しないことも多くトラブルの原因となっています。そこで、下記のように、python3コマンドを利用してインストールする方法が推奨されています。

ターミナルで実行

```
$ python3 -m pip install (パッケージ名)
```

例えば、本書で利用する画像ライブラリの「Pillow」をインストールするには次のようなコマンドを実行します。

ターミナルで実行

```
$ python3 -m pip install pillow
```

COLUMN

ターミナルエディタに慣れるとさらに役立つ

なお、本書では解説しませんが、ターミナル上で使えるテキストエディタには、nano、viやemacsといったものがあります。ターミナル上で使えるため、汎用性が高く多くの環境で同じように動かせます。こうしたエディタ(特に、viやemacs)は使いこなすのが少し難しいのですが、一度手に馴染むと手放せなくなるほど便利なエディタです。使いこなせるようになると、さまざまな場面で役立つので挑戦してみるとよいでしょう。

まとめ

以上、簡単にターミナルの使い方について解説しました。慣れないと最初は面倒に感じるかもしれませんが、アルゴリズムの学習と並行して、CUIが使いこなせるようになるように、少しずつ慣れておきましょう。

Pythonで手軽に書ける
テストについて

近年、バグのない高品質なプログラムを素早く作ることが求められています。そのためには、プログラムのテストをしっかり行うことが重要です。ここではPythonでプログラムのテストを行う方法を紹介します。

ここで学ぶこと

● テスト駆動開発、テストファースト

● リファクタリング

● pytest

● doctest

なぜテストを書くのか？

ある程度プログラムを作れるようになると、「プログラムは動きさえすればよい」とか「テストを書くのは面倒」という気持になることがあります。しかし、テストをしっかり用意しておけば、バグのない高品質なプログラムを作り上げるヒントになります。

また、実際の業務ではプログラムを「仕様通りに完成させて終わり」ということは、ほとんどありません。仕様変更や機能追加など、常にプログラムは改良され続けていきます。そのため、あらかじめ仕様変更や機能追加に強い仕組みを用意する必要があります。この点で、テストをしっかり作っておくと、プログラム修正における問題点をあぶり出すことができます。

アルゴリズムとテストの関係は？

ところで、明察な読者の皆さんは、アルゴリズムを解説する本書とテストに何の関係があるのかと思うかもしれません。本章で繰り返し述べていることですが、ある問題を解決するためのアルゴリズムは、複数のものが考えられます。そうした複数のアルゴリズムが正確に動くことを確認するのにテストを書くと便利です。アルゴリズムを実装する上で、問題が正しく解決されたことが手軽に判定できるからです。

テスト駆動開発の紹介

多くの先進的な開発手法の多くが、テストの重要性を強調しています。テストを中心とした開発手法の1つに「テスト駆動開発」があります。この手法について知っておくと、アルゴリズムの学習だけでなく、実際の開発でも役立ちます。

それでは、「テスト駆動開発」（英語：test-driven development、略称TDD）について紹介します。これは、プログラムを開発するとき、最初にテストを記述し、その後でテストを動かすプログラムを実装する開発手法です。プログラムの実装よりもテストを先に書くため、「テストファースト」とも呼ばれています。

実際の開発手法

テスト駆動開発では、次の手順でプログラムを作成します。

❶ プログラムの実装よりも先にテストを書く
❷ テストが失敗することを確認する
❸ テストに合格するようプログラムを作る
❹ リファクタリングして完成度を高める

詳しく確認してみましょう。上記の手順❶ですが、どんなプログラムを作成するのか決まったら、プログラムの中で必要となる機能や処理を列挙します。そしてその処理ごとにテストを作成します。

次に手順❷ですが、テストが正しく書けているかどうかを確認するために、テストが失敗することを確認しましょう。なぜ失敗するのかと言えば、まだ実際のプログラムを作っていないからです。あえてテストが失敗するように空っぽの関数とその関数をテストするプログラムを書きましょう。

そして、手順❸で実際に動くプログラムを実装しましょう。この時点で凝った完璧なプログラムを作る必要はありません。まずは、どんなプログラムでもよいので、手順❷で失敗したテストが合格するようにプログラムを実装します。

その後、手順❹でプログラムを整理して品質を高めます。この作業を「リファクタリング」（英語：Refactoring）と呼びます。プログラムの動作結果を変えることなく、ソースコードの内部構造を整理します。リファクタリングによる動作結果が変わらないことを担保するために、テストを先に作っておくことが役立ちます。

Pythonでテストを書くときに使えるライブラリ

Pythonには複数のテスト用ライブラリが用意されています。ここでは、有名なライブラリを簡単に紹介します。

名前	説明
pytest	単体テストを手軽に記述できるテストライブラリ
unittest	ユニットテストが実践できる汎用的なテストライブラリ
doctest	プログラムのコメントの中にテストを記述できるライブラリ

「pytest」は標準ライブラリではありませんが、人気のPythonライブラリです。関数名が「test_」から始まるものをテスト用のプログラムと見なして実行するなど、使い勝手の良さが特徴です。

「unittest」は、他の多くのプログラミング言語にも存在し、「ユニットテスト」として有名な汎用的なテストライブラリのPython版です。標準モジュールとして提供されています。

そして「doctest」は、Pythonに標準で備わっている簡単なテストライブラリです。プログラムのコメント(実際にはdocstring)に書かれたテストを実行するのが特徴です。プログラムのソースコードの中に、プログラムの解説と同時にテストが記述できるのがメリットです。

本書では主に「pytest」を使ったテストを記述しますが、「doctest」も知っていると便利です。そこで、「pytest」と「doctest」の2つについて紹介します。

pytestについて

最初に、人気のテストモジュールである「pytest」の使い方を紹介します。

pytestは簡潔で使い勝手の良いテストライブラリです。テストのためにあえて、特別な記述をしなくても、「test_xxx」のような名前の関数を定義することでテストを記述できます。

pytestのインストールについて

pytestは標準モジュールではないため、pipコマンドを使って、パッケージのインストールが必要となります。ターミナルを起動して以下のコマンドを実行しましょう。コマンドを実行すると「pytest」がインストールされます。

ターミナルで実行
```
$ python3 -m pip install pytest
```

pytestの簡単な規則について

世の中には「テストを書くのは面倒」と考える人も少なくありません。そこで、pytestでは、できる限りテスト記述の負担を下げるような工夫があります。例えば、関数名やファイル名を「test_xxx」のように記述します。これにより、その関数やファイルがテスト対象であることをpytestに知らせることができます。

つまり、pytestではファイル名「text_xxx.py」に書かれた関数「test_xxx」を自動で探してテストを実行してくれるのです。

pytestで偶数判定の関数をテストしてみよう

それでは、ここでは、pytestを使った次のような「test_is_even.py」というファイルを作成しましょう。まず、ファイル名が「test_xxx.py」の形式になっていることを確認しましょう。

src/ch1/test_is_even.py
```
01  # pytestを使って偶数判定を行う関数 ━━━━━━━━━━1
02  def test_is_even():
03      assert is_even(2) == True
04      assert is_even(3) == False
```

```
05       assert is_even(4) == True
06       assert is_even(5) == False
07
08  # 偶数かどうか判定する関数 ────────────── 2
09  def is_even(num):
10      return (num % 2 == 0)
```

プログラムの 1 では、is_even関数をテストする関数「test_is_even」を定義します。pytestにテストしてもら
うよう、関数名が「text_」から始まっている点に注目しましょう。

また、pytestではテストしたい内容を「assert（テストコード）」のように記述します。

そして、2 では偶数かどうかを判定する「is_even」関数を定義しました。

それでは、pytestを実行してみましょう。ターミナルで以下のコマンドを実行しましょう。一般的にpytestをインストー
ルすると、pytestコマンドが使えるようになります。

```
$ pytest .
```

ただし、環境変数にPythonのライブラリパスを通していない場合、正しく実行できない場合があります。もし上記
コマンドが正しく動かない場合、次のようなコマンドを実行します。

```
$ python3 -m pytest .
```

これは、python3コマンドに続いて「-m（モジュール名）」のように書くことで、そのモジュールの機能を利用する
ものです。つまり、上記のように書くと、pytestモジュールを実行するという意味になります。

実行すると、カレントディレクトリにある「test_xxx.py」の形式のファイルを探してpytestを実行します。すべての
テストに合格し、次のように「1 passed（合格）」のように表示されます。なお、2つ以上「test_」から始まるファイ
ルがある場合には、それらをすべてテストしてくれます。

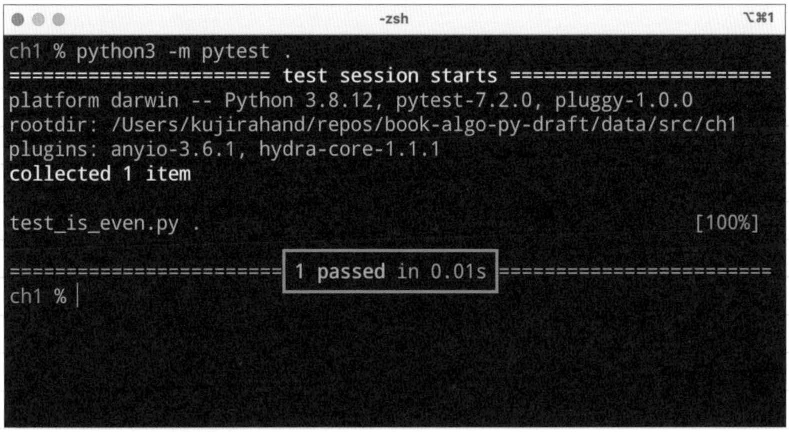

```
ch1 % python3 -m pytest .
======================= test session starts =======================
platform darwin -- Python 3.8.12, pytest-7.2.0, pluggy-1.0.0
rootdir: /Users/kujirahand/repos/book-algo-py-draft/data/src/ch1
plugins: anyio-3.6.1, hydra-core-1.1.1
collected 1 item

test_is_even.py .                                            [100%]

======================= 1 passed in 0.01s =======================
ch1 %
```

図1-6-1　pytestで偶数判定のテストを実行したところ

どうでしょうか、思ったよりも簡単にテストを記述できたのではないでしょうか。もちろん、pytestには他にもたくさんの機能がありますが、最低限、次の2つの事柄だけを覚えておけばよいので簡単にテストが記述できます。

❶「test_xxx」の書式でファイルや関数を作成する
❷「assert（テストコード）」にてテストを記述する

なお、ファイル名を「test_xxx.py」のようにしなくても、ファイル名を明示することでテストを実行できます。その場合、次のいずれかのように記述します。

ターミナルで実行

```
$ pytest test_is_even.py
```

または

```
$ python3 -m pytest test_is_even.py
```

本書のプログラムでpytestのコードが記述されているものは、上記のようなコマンドを実行してテストできます。

COLUMN

pytestのまとめ

簡単にpytestでテストを書く際のポイントをまとめてみましょう。
まず、プログラム内にテストを記述する際、「test_hoge」や「test_foo」など「test_xxx」という名前の関数を定義します。そして、関数内では、assertを利用してテストを行うプログラムを記述します。

プログラムを記述

```
01  def test_xxx:
02      assert（テストしたい式）
03      assert（テストしたい式）
```

次に、ターミナルからテストを実行します。pytestでテストを実行する場合、以下のようにファイル名を指定してテストを実行します。

ターミナルで実行

```
$ pytest（テストしたいファイル名）
$ python3 -m pytest（テストしたいファイル名）
```

なお、最初に見たように「$ pytest .」と記述して実行することもできます。この場合、カレントディレクトリにあるファイルで、ファイル名が「test_xxx.py」あるいは「xxx_test.py」のものを自動的に探して、すべてのテストを実行する仕組みとなっています。
本書では、pytestを対象にしたプログラムを記述する場面もあるので覚えておきましょう。

コメント内にテストを記述する「doctest」について

次に「doctest」の使い方を紹介します。これは標準モジュールであるため追加のインストールは不要です。
「doctest」はプログラムのコメントの中にテストを記述できるのが特徴です。プログラムとテストを1つのファイルに書けるので手軽に使えます。また、コメントの中に書くので、プログラムの説明と一緒にテストを書けるのが便利です。

doctestの書き方

具体的な書き方を確認してみましょう。まず、三重引用符の文字列（docstring）の中にテストを書きます。三重引用符で囲んだ文字列は、文字列の中に改行コードを含めることができます。
そして、「>>> テスト」のようにテストを書いて、次の行にテストを実行したときに得られる期待する結果を書きます。以下のような書式で記述します。

書式 doctestの書き方

```
'''
>>> テストのコード1
期待する結果1
>>> テストのコード2
期待する結果2
'''
```

doctestでのテストの書き方は以上です。とてもシンプルですね。
それでは、doctestの実際の例として「偶数かどうかを判定するプログラム」を作ってみましょう。ここでは、テスト駆動開発で作ってみましょう。

まずはテストだけを作ってみよう

本節の最初に「テスト駆動開発」について紹介しました。せっかくなので、doctestの使い方を覚えながら、テスト駆動開発を実践してみましょう。ここでは、先ほどと同じく「偶数判定の関数」をテストすることを目的とします。
まずはテストから作ります。最初に、偶数かどうかを判定するis_evenを定義します。ただし、関数の実装は空のままにしておきます。次に、docstringにテストを記述します。
以下のプログラムは、偶数判定関数を定義していますが、実装はなく「テストだけ」を記述したものです。

src/ch1/even_test_ng.py

```
01  # 偶数かどうかを判定する関数　（テストのみ記述したもの）
02  def is_even(num):
03      '''                                                    1
04      偶数かどうかを判定する関数
05      以下に「>>> テスト」と「期待する結果」を1行ずつ書いている
06      >>> is_even(2)
07      True
08      >>> is_even(3)
09      False
10      '''
```

```
11      # 実際のプログラムは空のまま ───────────────────── 2
12      return True
13
14  # doctestを実行 ────────────────────────────── 3
15  if __name__ == '__main__':
16      import doctest
17      doctest.testmod()
```

プログラムを確認してみましょう。1 では三重引用符でdocstringを記述します。一般的に関数定義の直後に書いたdocstringには関数の説明などを記述することになっています。

それで、doctestが素晴らしいのは、このdocstringのコメントの中で、「>>>」に続いてテストプログラムを記述できることです。そして、「>>>」の次の行にはテストが期待する結果を記述します。ここでは、2が偶数か、3が偶数かを判定するテストを記述しました。

2 の部分には実際のプログラムを記述します。ここでは適当な値 True を返すようにしました。

そして、3 の部分にはdoctestを実行するプログラムを記述します。__name__ 変数の判定については、この後のコラムを参照してください。

それでは、プログラムを実行してみましょう。以下のコマンドを実行しましょう。

ターミナルで実行

```
$ python3 even_test_ng.py
```

すると、「***Test Failed***」と表示され、テストに失敗した旨が表示されます。

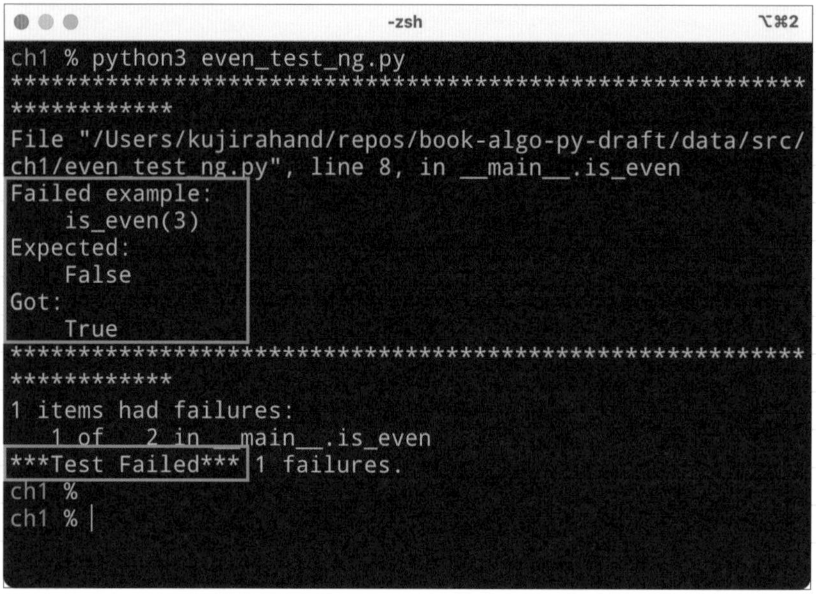

図1-6-2　doctestに失敗したところ

エラーメッセージは英語ですが、ゆっくり読んでみると難しくありません。

まず「Failed example:(失敗例)」として「is_even(3)」が表示されます。そして「Expected:(期待する値)」としてFalse、「Got:(実際に取得した値)」にTrueと表示されます。つまり、3は奇数なのでFalseを返して欲しいのにTrueだったのでテストが失敗したということが分かります。

テストに成功するようプログラムを完成させよう

当然、上記プログラムの **2** ではTrueだけを返す空っぽの関数を定義しただけですので、テストに失敗するのは当然です。それでは、次に、テストが成功するように、is_even関数を完成させてみましょう。

src/ch1/even_test_ok.py

```
01  # 偶数かどうかを判定する関数（完成版）
02  def is_even(num):
03      '''                                                        1
04      偶数かどうかを判定する関数
05      以下に「>>> テスト」と「期待する結果」を1行ずつ書いている
06      >>> is_even(2)
07      True
08      >>> is_even(3)
09      False
10      '''
11      # 偶数判定の処理                                            2
12      if num % 2 == 0:
13          return True
14      else:
15          return False
16
17  # doctestを実行                                                3
18  if __name__ == '__main__':
19      import doctest
20      doctest.testmod()
```

実行する前に、プログラムを確認してみましょう。今回のプログラムと先ほどのプログラムを比較して異なっているのは **2** の部分です。**1** ではdoctestでテストを記述します。そして、**2** で偶数判定のプログラムを記述します。値を2で割った余りが0のときは、偶数なのでTrue、0ではないとき(1のとき)は奇数なのでFalseを返すようにします。最後に、**3** ではdoctestを実行するプログラムを記述します。

それでは実行してみましょう。ターミナルで以下のコマンドを実行してみましょう。

ターミナルで実行

```
$ python3 even_test_ok.py
```

プログラムを実行して、テストが成功すると何も表示されません。doctestでは何も出力されないことがテストの成功を意味しているのです。

とは言え、何も表示されないと不安になりますね。そこで、テストの詳細を表示する「-v」オプションをつけて実行してみましょう。

```
$ python3 even_test_ok.py -v
```

すると次のような画面が表示されます。こちらも英語なのですが、1つずつ見ていけば怖くありません。

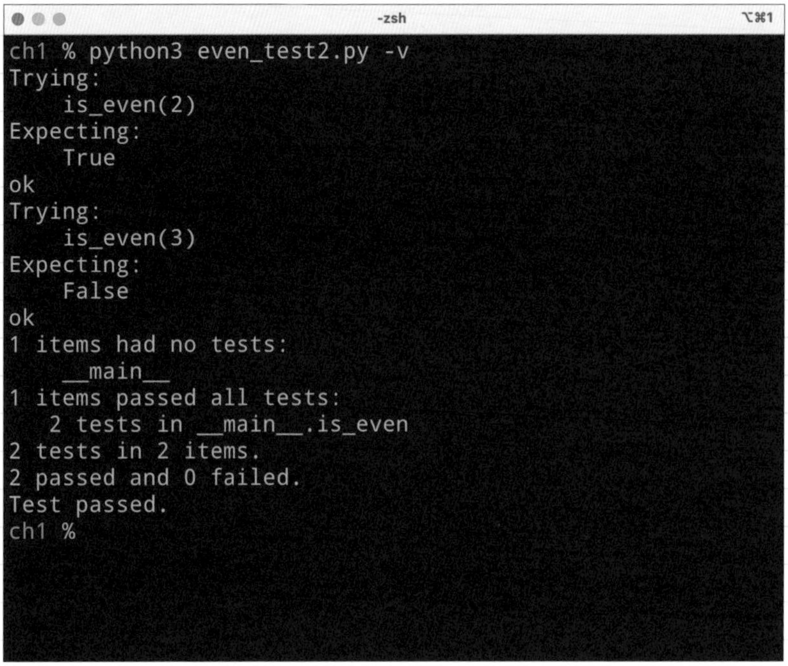

```
● ● ●                            -zsh                         ⌥⌘1
ch1 % python3 even_test2.py -v
Trying:
    is_even(2)
Expecting:
    True
ok
Trying:
    is_even(3)
Expecting:
    False
ok
1 items had no tests:
    __main__
1 items passed all tests:
    2 tests in __main__.is_even
2 tests in 2 items.
2 passed and 0 failed.
Test passed.
ch1 %
```

図1-6-3　テストの詳細結果を表示したところ

画面を詳しく確認してみましょう。「Trying:(試行したテスト)」が「is_even(2)」となっています。次に「Expecting:(期待した結果)」がTrueとなっています。そして直後にテストが成功した結果「ok」と表示されています。2は偶数なのでTrueであれば成功なのでテストに成功したことが分かります。

続く部分も同じです。試行したテストが「is_event(3)」であり、その期待する結果はFalseです。3は奇数なのでFalseが期待する結果です。ここで、2つ目のテストの結果も「ok」と表示されるため、テストが成功したことが分かります。

それから、その後の部分で「2 passed and 0 failed(2つのテストに成功し、0個が失敗しました)」のように、実行したテストの件数のレポートが表示されます。

COLUMN

doctestの実行コードは省略できる

なお、プログラム「even_test_ok.py」の ❸ ではdoctestの実行コードを記述しています。しかし、次のようなコマンドを実行することで、doctestの実行コードを実行できます。つまり、doctestの実行コードの記述を省略できます。

ターミナルで実行

```
# プログラムを実行せず、doctestのみを実行する
$ python3 -m doctest even_test_ok.py
```

COLUMN

Pythonでよく見かける、
「if __name__ == '__main__'」って何？

Pythonのプログラムでは、よく「if __name__ == '__main__'」という表記を見かけることでしょう。これは、このファイルがライブラリとして利用されているのかどうかを判定するものです。

このプログラムを直接実行した場合には、変数__name__に「__main__」と代入されます。これに対して、このファイルを外部モジュールとして、別のプログラムでimportして利用する場合には、__name__にはモジュール名が代入されます。ですので、ライブラリとして使う場合には「if __name__ == '__main__'」の条件文は実行されません。

Pythonでは外部ファイルを手軽にモジュールとして再利用できるので、このような仕組みが備わっています。それで、Pythonのプログラムの動作を調べようと思った場合には、まずこの記述を探し、ここから何が実行されるのかを追いかけると、プログラムの動作を追いやすいことでしょう。

まとめ

以上、本節ではPythonでのテストについて解説しました。アルゴリズムとテストの関係、そして、テスト駆動開発の手順について解説しました。そして実践編として、手軽に記述できるpytestやdoctestの書き方について紹介しました。アルゴリズムが正しく動くのかを確認する際にも、テストを書くことが役立ちます。

プログラミングの基本 —— 制御構文まとめ

どんな難解なアルゴリズムであっても、プログラミング言語に備わっている基本的なフローの制御構文を使います。アルゴリズムを組み立てるのに利用する基本的なフローについてまとめてみます。Pythonでの記述法を確認しましょう。

ここで学ぶこと

● 条件分岐 —— if

● 繰り返し —— for / while

● 関数 —— def / lambda 式

条件分岐について

条件分岐は、どんなアルゴリズムにも登場する、プログラミングの基本です。だからこそ、Pythonでどのように記述するのか確認しましょう。

単純な分岐について —— if文

ある条件が真か偽かを分岐するのが条件分岐です。条件式が真のとき（正しいとき）と偽のとき（間違っているとき）で、実行する処理を変更できます。次の図では、条件式が正しいとき、処理1を実行し、間違っているとき、処理2を実行するようになっています。

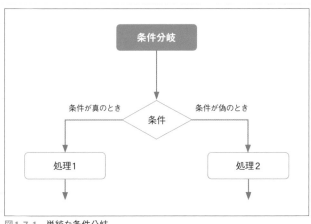

図1-7-1　単純な条件分岐

この図の処理をPythonで記述するには、ifを記述します。なお「else:」以降は省略することもできます。

書式 if文

```
if 条件:
    真のときの処理(処理1)
else:
    偽のときの処理(処理2)
```

例えば、偶数奇数を判定するプログラムは次のようになります。下記のプログラムは、判定したい値が5なので「奇数です」と表示されます。

src/ch1/if_sample.py

```
01  value = 5
02  if value % 2 == 0:
03      print('偶数です')
04  else:
05      print('奇数です')
```

多分岐について ── if文

複数の条件があり、それらを1つずつ順に確認して分岐していくのが多分岐です。次の図では、条件1が真ならば処理1を実行して処理5を実行します。そして、条件1が偽でかつ条件2が真ならば、処理2を実行して処理5を実行します。

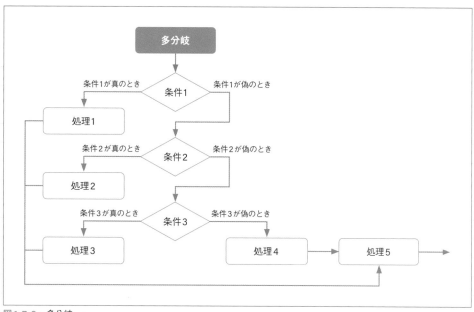

図1-7-2　多分岐

この図の処理をPythonで記述したものが以下のプログラムになります。「if…elif..elif…else…」のように記述します。

```
if 条件1:
    条件1が真のときの処理(処理1)
elif 条件2:
    条件2が真のときの処理(処理2)
elif 条件3:
    条件3が真のときの処理(処理3)
else:
    上記の条件がいずれも偽のときの処理(処理4)
続く処理(処理5)
```

なお、他のプログラミング言語には変数の値に応じて複数の選択肢に分岐するswitch文があります。Pythonにswitch文はありません。switch文を再現するには上記の多分岐を使います。

簡単なプログラムで確認してみましょう。変数valueの値が1か2か3かそれ以外かを判定するプログラムです。以下はvalueが3なので「3です」と表示されます。

src/ch1/if_sample2.py

```
01  value = 3
02  if value == 1:
03      print('1です')
04  elif value == 2:
05      print('2です')
06  elif value == 3:
07      print('3です')
08  else:
09      print('1-3以外の値です')
```

なお、Python3.10以降ではmatch文がサポートされました。これを使うと上記のプログラムを次のように記述できます。

src/ch1/match_sample.py

```
01  value = 3
02  match value:
03      case 1:
04          print('1です')
05      case 2:
06          print('2です')
07      case 3:
08          print('3です')
09      case _:
10          print('1-3以外の値です')
```

繰り返し処理

条件分岐に加えて、繰り返し処理も基本的なフロー制御構文の1つです。指定の回数や指定の条件で繰り返します。Pythonではfor文やwhile文を記述して繰り返し処理を記述します。

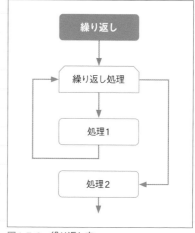

図1-7-3　繰り返し文

for文 —— 回数やリスト要素などを指定して繰り返す

forでは特定の範囲や、リストなどの要素を順に繰り返す場合に使います。

書式 for文

```
for 変数 in range(n, m+1):
    nからmを繰返す処理
```

なお、rangeを使ってnからmまでの値を繰り返したい場合には、rangeの第2引数にはm+1を指定する必要があります。

簡単な例で確認してみましょう。1から5まで順に画面に表示するプログラムは次のようになります。ここでポイントとなるのは、rangeではnからmの値を繰り返したい場合には、m+1の値を指定するという点です。

for_range.py

```
01  for i in range(1, 5+1):
02      print(i)
```

上記のプログラムをターミナル上で実行すると次のように、1から5までの値が順に表示されます。

ターミナルで実行

```
$ python3 for_range.py
1
2
3
4
5
```

while文 ── 条件を指定した繰り返し

それから、while文では繰り返し条件を指定し、その条件が真の間繰り返し処理を行います。

書式 while 条件

```
while 条件:
    条件が真の間の繰返す処理
```

簡単なプログラムで動作を確認してみましょう。以下のプログラムは1から5までの値を順番に画面に出力します。

src/ch1/while_sample.py

```
01  v = 1
02  while v <= 5:
03      print(v)
04      v += 1
```

先ほどと同じように、ターミナルでプログラムを実行してみましょう。1から5まで順に値が表示されます。

ターミナルで実行

```
$ python3 while_sample.py
1
2
3
4
5
```

二重ループ・多重ループについて

forやwhile文は入れ子状に重ねることで、二重ループや多重ループを実行できます。

例えば、掛け算の九九の表を画面に表示したい場合、for文を入れ子状にして、次のようなプログラムを作ります。

src/ch1/kuku.py

```
01  # 外側nのfor文 ─────────────────────────1
02  for n in range(1, 9+1):
03      line = '|'
04      # 内側mのfor文 ───────────────────2
05      for m in range(1, 9+1):
06          value = n * m
07          line += f'{value:3d} |' #  ─────────3
08      print(line)
```

プログラムを実行するには、ターミナルで次のようなコマンドを実行します。

ターミナルで実行

```
$ python3 kuku.py
```

上記のプログラムを実行すると、**図1-7-4**のような九九の表を表示します。forを二重に重ねている点に注目してください。

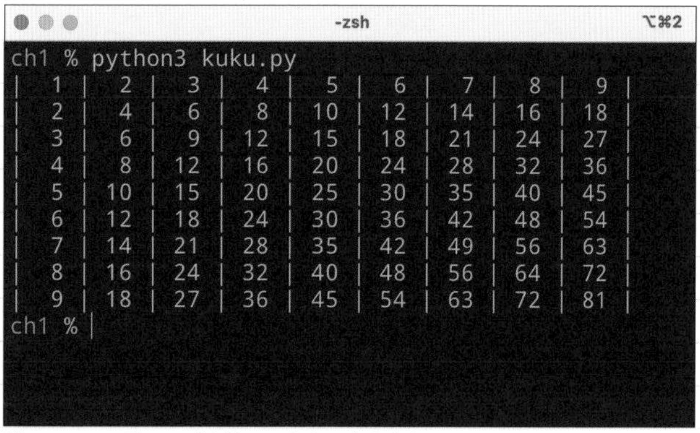

```
ch1 % python3 kuku.py
|  1 |  2 |  3 |  4 |  5 |  6 |  7 |  8 |  9 |
|  2 |  4 |  6 |  8 | 10 | 12 | 14 | 16 | 18 |
|  3 |  6 |  9 | 12 | 15 | 18 | 21 | 24 | 27 |
|  4 |  8 | 12 | 16 | 20 | 24 | 28 | 32 | 36 |
|  5 | 10 | 15 | 20 | 25 | 30 | 35 | 40 | 45 |
|  6 | 12 | 18 | 24 | 30 | 36 | 42 | 48 | 54 |
|  7 | 14 | 21 | 28 | 35 | 42 | 49 | 56 | 63 |
|  8 | 16 | 24 | 32 | 40 | 48 | 56 | 64 | 72 |
|  9 | 18 | 27 | 36 | 45 | 54 | 63 | 72 | 81 |
ch1 %
```

図1-7-4　二重ループを使って九九の表を出力したところ

プログラムを確認してみましょう。**1**では外側のforを記述して、そのブロック（for文よりもインデントの深い部分）を繰り返します。ここでは変数nを1から9まで順に繰り返します。そして、**2**では内側のforを記述します。変数mを1から9まで繰り返します。

3ではf-string（f文字列）を使って、文字列の中に変数や計算式を埋め込んでいます。f文字列は「f'…'」のように記述し、「f' … {value} …'」のように書くと変数valueの値を文字列に展開します。また、プログラム中の**3**のように「f'{value:3d}'」と書くと、変数valueの値（整数）を3桁の右寄せで表示します。詳しくは、Chapter 2のTips（p.083）「f-stringについて」をご確認ください。

なお、二重ループを記述したとき、ループ変数がどのように変化していくかをしっかり押さえておく必要があります。上記のプログラムで、**1**の外側のループ変数nの値と、**2**の内側のループ変数mがどのように変化していくかに注目してみましょう。このように二重ループを記述するとき、nとmの値は次のように変化していきます。

```
n = 1
    m = 1
    m = 2
    m = 3
    ～省略～
    m = 9
n = 2
    m = 1
    m = 2
    m = 3
    ～省略～
    m = 9
n = 3
    m = 1
    ～省略～
    m = 9
n = 9
    m = 1
    ～省略～
    m = 9
```

このように変数nとmの値が変化していくので、九九の表を漏れなく左上の1×1から、右下の9×9まで作成できるのです。

COLUMN

プログラムを簡略化して実行する技を身につけよう

本書では、2章以降、さまざまなプログラムを紹介します。ちょっと複雑な構造のものも登場します。しかし、ほとんどのプログラムは、本節で紹介した単純なフローの組合せで成り立っています。そこで、プログラムの動きが分かりづらいと思ったら、プログラムを簡略化して実行すると、仕組みが分かりやすくなります。

上記の二重ループを使った九九のプログラムであれば、f-stringで文字列の書式化部分を省いて値だけを表示させるのも1つの手でしょう。また、ループ変数のnとmの値を分かりやすく表示させてみるのもよいでしょう。次のプログラムは表形式ではなく、計算式を順に出力するようプログラムを簡略化したものです。

src/ch1/kuku_debug.py

```
01  # 外側nのfor文
02  for n in range(1, 9+1):
03      print('n=', n) # 変数nを表示
04      # 内側mのfor文
05      for m in range(1, 9+1):
06          value = n * m
07          # 九九の結果を表示
08          print('    ', n, '*', m, '=', value)
```

実行すると次のように表示されます。表示結果とプログラムの構造が対応しており、より理解しやすいものとなりました。

ターミナルで実行

```
$ python3 kuku_debug.py
n= 1
     1 * 1 = 1
     1 * 2 = 2
     1 * 3 = 3
     ～省略～
     1 * 9 = 9
n= 2
     2 * 1 = 2
     2 * 2 = 4
     2 * 3 = 6
     ～省略～
```

本書では自身で考えて問題を解く「練習問題」も用意しましたが、それ以外のプログラムも積極的に書き換えてみるとよいでしょう。自分で考えて試行錯誤することが、プログラミング上達の近道です。

関数呼び出しについて

関数とは与えられた引数を受け取り、独自の処理を行って結果を返す命令のことです。右の図のように、関数呼び出しを行うと、定義した関数に処理を移して実行し、関数の終わりに達するか、return文を読むと関数の呼び出し位置に戻って処理を続けます。

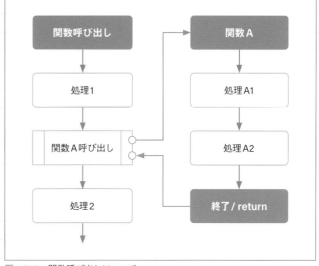

図1-7-5　関数呼び出しについて

Pythonで関数は次のような書式で定義して呼び出しを行います。関数の定義は、関数の呼び出しよりも前に記述する必要があります。

書式 関数の定義

```
def 関数名(引数1, 引数2, 引数3):
    関数の定義
    return 戻り値
```

書式 関数の呼び出し

```
変数 = 関数名(引数1, 引数2, 引数3)
```

簡単なプログラムで確認してみましょう。ここでは、掛け算を行う関数mulを定義して使ってみましょう。以下のプログラムを実行すると、24が表示されます。

src/ch1/def_sample.py

```
01  # 関数mulを定義
02  def mul(a, b):
03      return a * b
04
05  # 関数mulを呼び出す
06  print(mul(4, 6))
```

ラムダ式（無名関数）について

「ラムダ式（無名関数）」（英語：lambda expression）とは名前を持たない関数を作成する機能のことです。関数の引数に指定したい場合など、一度だけしか利用しない場合、関数を定義するほどでもない場合に、ラムダ式を利用します。次のような書式で記述します。

書式 ラムダ式

```
変数 = lambda 引数1, 引数2, ... : 式
```

簡単なサンプルでlambdaの使い方を確認してみましょう。以下は、lambda式を変数mulに代入して、それを利用するプログラムです。

src/ch1/lambda_sample.py

```
01  # ラムダ式で無名関数mulを定義
02  mul = lambda a, b: (a * b)
03  # mulを利用する
04  v = mul(4, 6)
05  print(v)
```

このように、一度、変数に代入するのであれば、関数を定義するのと同じ意味となります。p.045の関数定義のプログラム「def_sample.py」と全く同じ動きをします。しかし、lambda式が威力を発揮するのは、並び替えを行う関数sortedなどと組み合わせて使う場合です。

sortedに文字列のリストだけを与えると文字に基づいて並び替えを行います。しかし、key引数にlambda式を与えると任意の式に基づいた並び替えが可能になります。

以下のプログラムは、sortedとlambdaを組み合わせてリストを並び替えるプログラムです。

src/ch1/lambda_n_sorted.py

```
01  # 文字列のリスト
02  in_data = ['aa:50', 'bb:20', 'cc:80']
03
04  # 普通にソートした場合 ──────────────────────────1
05  print('普通にソート:')
06  print(sorted(in_data))
07
08  # 文字列の4文字目以降を整数に変換してソート ─────────2
09  print('4文字目以降を整数にしてソート:')
10  print(sorted(in_data, key=lambda s: int(s[3:])))
```

ターミナルで上記のプログラムを実行してみましょう。

ターミナルで実行

```
$ python3 lambda_n_sorted.py
普通にソート:
['aa:50', 'bb:20', 'cc:80']
4文字目以降を整数にしてソート:
['bb:20', 'aa:50', 'cc:80']
```

プログラムの **1** では文字列に基づいて変数in_dataの文字列リストを並び替えます。

そして、**2** では文字列の4文字目以降を取り出し、整数に変換してから並び替えを行います。ここでは特に関数sortedのkey数に与えた「lambda s: int(s[3:])」に注目してみてください。「int(s[3:])」で文字列sの4文字目以降を取り出して整数に変換します。

このように、データを並び替えるsorted関数や、リストの全要素に対して何かしらの処理を行うmap関数などでよく使われます。もう1つ例を見てみましょう。

以下のプログラムはlambda式を利用して、リスト変数aの値を10倍にして表示するプログラムです。

src/ch1/lambda_x10.py

```
01  a = [1, 2, 3]
02  print(list(map(lambda v: v*10, a)))
```

ターミナルで次のコマンドを入力してプログラムを実行してみましょう。

ターミナルで実行

```
$ python3 lambda_x10.py
[10, 20, 30]
```

map関数はリストの全要素に対して指定処理を適用します。「map(関数, リストなど)」の書式で使います。第1引数の関数を、第2引数のリストの要素すべてに対して適用し、結果を返します。なお、map関数の戻り値はイテレータ(反復子)なので、list(map(...))のように記述することで、リスト型で結果を得ることができます。

まとめ

以上、ここでは、プログラミングの基本であるフロー制御構文についてまとめました。条件分岐・繰り返し・関数はどんなプログラムにも出てくるものです。Pythonでどのように書くのか書式も確認しました。確実に覚えておきましょう。

プログラミング基本データ型のまとめ

アルゴリズムを記述する際、処理したいデータをどのように扱うのかというのは大きな鍵となります。Pythonには便利な組み込みデータ型があり、それらを活用することで処理を簡潔に記述できるのでまとめてみましょう。

ここで学ぶこと

● **数値型**

● **文字列型**

● **リスト型 / タプル型**

● **辞書型**

Python基本データ型について

Pythonはプログラミング言語の中でも「スクリプト言語」(英語：scripting language)に分類される言語の一種です。スクリプト言語は、柔軟でありデータ型にはそれほど厳しくないのが特徴です。それでも、プログラムを開発する際には、どんなデータをどのように扱うのかという点が鍵になるというのは、どんなプログラミング言語でも同じです。そこで、ここでは、Pythonの基本型をまとめてみましょう。

データ型を確認するには

なお、変数にどんなデータが入っているのかを確認するのに「type」が使えます。以下のプログラムは、変数value1からvalue4までにいろいろな値を代入して、typeを使ってデータ型を確認するプログラムです。

src/ch1/check_types1.py

```
01  # 整数型 (int)
02  value1 = 10
03  print(type(value1)) # <class 'int'>
04
05  # 実数型 (float)
06  value2 = 3.14
07  print(type(value2)) # <class 'float'>
```

```
08
09 # 文字列 (str)
10 value3 = 'abc'
11 print(type(value3)) # <class 'str'>
12
13 # 真偽型 (bool)
14 value4 = True
15 print(type(value4)) # <class 'bool'>
```

ターミナルからプログラムを実行すると、次のように表示されます。上から整数型(int)、実数型(float)、文字列型(str)、真偽型(bool)である旨が表示されます。

ターミナルで実行

```
$ python3 check_types1.py
<class 'int'>
<class 'float'>
<class 'str'>
<class 'bool'>
```

なお、いずれも実行結果は『<class 'xxx'>』のように表示されます。これはPythonの数値や文字列といった基本的なデータ型もオブジェクトの1つであることを表しています。

Pythonの対話型実行環境を使って確かめてみよう

Pythonの対話型実行環境を使って動作を確認してみましょう。ターミナルでPythonに何も引数を指定せずに実行すると、Pythonのプログラムを逐次実行する対話実行モードが起動します。なおWindowsの場合は「python」と入力します。

ターミナルで実行

```
$ python3
Python 3.10.8 (main, Nov  8 2022, 16:29:14) [Clang 14.0.0 (clang-1400.0.29.102)] on darwin
Type "help", "copyright", "credits" or "license" for more information.
>>>
```

Pythonのバージョンや簡単な使い方に続いて、「>>>」と表示されます。この「>>>」に続いて実行したいコードを入力します。これを使って、typeの使い方を確認してみましょう。

対話モードで実行

```
>>> type('abc')
<class 'str'>
```

これを見ると、typeの戻り値が文字列ではないことも分かります。プログラムの中でデータ型を判定したい場合には、次のように「==」演算子を使って、データ型strを指定して文字列かどうかを判定することもできます。

```
>>> type('abc') == str
True
>>> type(34567) == str
False
```

それから、対話型実行環境を終了するには、次のように「quit()」と入力してください。

```
>>> quit()
```

なお、本書では「>>>」から始まる行があれば、Pythonの対話型実行環境を試しているものとします。

それでは、ここから数値や文字列といった基本的なデータ型について見ていきましょう。

数値型について

Pythonで使用頻度の高い数値型には、整数型(int)、浮動小数点型(float)があります。1234(整数)や12.34(実数)のように数値を記述することで数値型を指定できます。なお、整数型は整数のみを扱い、浮動小数点型は実数が扱えます。数値型であれば、四則演算などの計算が可能です。

また、0xFFのように書くと16進数、0b11110000のように書くと2進数、0o777のように書くと8進数で値を指定できます。この点に関しては、Chapter 2の「N進数表現と変換」(p.087)で詳しく解説します。

文字列型について

次に文字列型について見ていきましょう。'文字列' や "文字列" のようにクォート(ダブルクォート)で文字列を括ることで記述します。なお、Pythonはスクリプト言語の一種であり、比較的データ型に緩やかな言語です。しかし、「'13' + 5」のように文字列型と数値型を演算しようとするとエラーになります。この場合「int('13') + 5」のように整数に変換してから利用する必要があります。

真偽型について

真偽型(bool)は真(True)か偽(False)のどちらかを表します。aとbが等しいことを調べる演算子「a == b」や等しくない「a != b」、aがbよりも大きい「a > b」などの比較演算子の結果は真偽型となります。if文やwhile文の条件式に指定することが多いでしょう。

リスト型と辞書型について

次に、リスト型(list)と辞書型(dict)について見ていきましょう。これらを使うことで、1つの変数の中に複数の値を持たせることができます。複数のデータを一元的に処理できるため、効率的に処理できます。

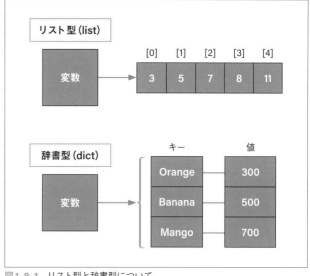

図1-8-1 リスト型と辞書型について

簡単に使い方を確認してみましょう。以下は、リスト型とタプル型と辞書型を初期化して、typeを使って型を確認するプログラムです。

src/ch1/check_types2.py

```
01  # リスト型 (list)
02  value1 = [3, 5, 7, 7, 11]
03  print(type(value1)) # <class 'list'>
04
05  # タプル型 (tuple)
06  value2 = (3, 5, 7, 7, 11)
07  print(type(value2)) # <class 'tuple'>
08
09  # 辞書型 (dict)
10  value3 = {'Orange': 300, 'Banana': 500, 'Mango': 700}
11  print(type(value3)) # <class 'dict'>
```

プログラムを実行してみましょう。リスト型(list)とタプル型(tuple)と辞書型(dict)である旨が表示されます。

ターミナルで実行

```
$ python3 check_types2.py
<class 'list'>
<class 'tuple'>
<class 'dict'>
```

リスト型について

複数のデータを1つの変数で一括管理できるのがリスト型 (英語：list) です。例えば次のように記述すると、1と2と3を要素に持つリストを作成して、変数aに代入します。

```
a = [1, 2, 3]
```

なお、リストに追加できるデータに型の制限はなく、文字列や数値、リストなど自由に追加できます。また、異なる型のデータを追加できます。以下の例は、整数、文字列、リストの要素を持つリストを作成して変数aに代入します。

```
a = [100, "abc", [1, 2, 3]]
```

リストを作った後で、その要素を参照したり変更したりするには、「変数[インデックス]」のように指定します。

src/ch1/list_sample.py

```
01  # リストを生成
02  a = [1, 2, 3]
03  # 要素を表示
04  print(a[1]) # 結果→2
05  # 要素を変更
06  a[1] = 200
07  print(a) # 結果→[1,200,3]
```

また、リストの一部を取り出す「スライス」という操作が可能です。開始と終了 +1のインデックスを次のように指定します。

書式 リストの一部を取り出す

```
新しいリスト = リスト[開始 : 終了+1]
```

簡単なプログラムで動作を確認してみましょう。変数aに0から5の要素を持つリストを作成して、変数bにそのうち1から3までの要素を取り出して代入するプログラムは次のようになります。

src/ch1/list_slice.py

```
01  a = [0, 1, 2, 3, 4, 5]
02  b = a[1:4]
03  print(b) # 結果→[1, 2, 3]
```

リストには、要素を追加するappend、要素を取り出すpop、要素を削除するremoveなどのメソッドがあります。

タプル型について

なお、リスト型に似たデータ型にタプル（英語：tuple）があります。タプルとリストの違いは、変更が可能かどうかという点にあります。リストは後から要素の追加や削除が可能で、値を変更できますが、タプルはそうした変更ができません。

タプルを作成するには、以下のように記述します。以下は、数値、文字列の要素を持つタプルを作成し変数bに代入します。

```
b = (100, 'abc')
```

なお、タプルとリストは相互変換が容易で、「list（タプル値）」や「tuple（リスト値）」のようにして変換できます。

src/ch1/list_tuple.py

```
01  # タプルを生成
02  b = (100, 'abc')
03  # タプルをリストに変換
04  a = list(b)
05  # リストなら要素が変更できる
06  a[1] = 'def'
07  print(a) # 結果→ [100, 'def']
```

辞書型について

キーと値を組にして利用するデータ型に辞書型（dict）があります。辞書型を使うとキーを指定して値を取り出すことができます。上記のリスト型が数値を指定して任意の要素にアクセスできるのと同じように、文字列を指定して任意の要素にアクセスできます。

辞書型のデータを作成するには次のように記述します。

```
c = { 'キー1': 値1, 'キー2': 値2, 'キー3': 値3, ... }
```

簡単に使い方を見てみましょう。辞書型では「変数['キー']」のようにして値を参照できます。
また、「'キー' in 変数」のように指定してキーが変数に含まれるかを確認できます。

src/ch1/dict_sample.py

```
01  # 辞書型変数を初期化
02  fruits = {
03    'Orange': 300,
04    'Banana': 500,
05    'Mango': 700
06  }
07  # 値を参照する
08  print( fruits['Banana'] ) # 結果: 500
09  # 値を更新する
10  fruits['Banana'] = 530
```

```
11  print( fruits['Banana'] ) # 結果: 530
12  # 値が存在するか確認
13  if 'Apple' in fruits:
14      print('Appleが存在する')
15  else:
16      print('Appleは存在しない')
```

リスト型や辞書型の要素の型について

リスト型や辞書型には、数値や文字列だけでなくリスト型や辞書型のデータを追加できます。しかも、それらのデータ型を混在させることもできます。

```
# さまざまなデータ型を持つリストを作成したところ
a = [1, 2, 'abc', [1, 2], {'a': 10, 'b': 20}]
```

しかし、実用面から言うと、大抵の場合、複数のデータ型を混在させるのはトラブルのもとです。要素に整数が入っているリストであるなら、そのリストには整数だけを追加するとよいでしょう。

まとめ

以上、本節ではPythonの基本的なデータ型についてまとめてみました。本書では上記のデータ型を利用してさまざまなアルゴリズムを解説します。これら基本的なデータ型については、多くのPython入門書で詳しい使い方を解説しています。しっかりと使い方を押さえておきましょう。

COLUMN

プログラムは丸暗記しても意味がない？

本書では多くのアルゴリズムを学ぶことができます。しかし、学んだプログラムを丸暗記するのはあまり意味がありません。プログラム自体を覚えるよりも、「どのような順序」で「どんな処理が行われているか」という点に注目してプログラムを見ると良いでしょう。

もちろん、定型句のような書き方やテクニックもありますので、一概にプログラムの丸暗記が悪いわけではないのですが、せっかくアルゴリズムを学ぶのですから、上辺のプログラムではなく考え方や本質を捕らえるように努力しましょう。

Chapter 2

条件分岐と
繰り返しのアルゴリズム

Chapter 2 からいろいろなアルゴリズムを紹介していきます。本章ではプログラミングに欠かせない繰り返しや条件分岐を使った基本的なアルゴリズムを紹介します。基本中の基本なので、しっかり身につけましょう。

FizzBuzz問題

具体的なアルゴリズムの最初に分岐と繰り返しを使ったアルゴリズムを見ていきましょう。最初に
FizzBuzz問題を取り上げます。基本的な条件分岐と繰り返しが分かって入れば解ける問題です。
プログラミングの基本を確認しましょう。

ここで学ぶこと

● **for文 / if文**

● **FizzBuzz問題**

● **ナベアツ問題**

● **PyTest**

FizzBuzz問題を解こう

「Fizz Buzz」ゲームとは英語圏で空き時間や宴会のときなどで行われる言葉遊びの1つです。そのルールですが、プレイヤーは円状に座って、一人ずつ順番に、1、2…と数字を数えていきます。ただし、3の倍数のときは「Fizz」、5の倍数のときは「Buzz」と数字の代わりに指定のフレーズを発言していきます。もし、言い間違えたらゲームから脱落します。そして、最後まで残ったプレイヤーの勝ちとなります。

そして、これをプログラミングによって解く課題を「FizzBuzz問題」と言います。具体的には、次のような処理を行うプログラムです。

【問題】

1から100までの数を順番に出力するプログラムを書いてください。ただし、3の倍数のときは数の代わりに「Fizz」と、5の倍数のときは「Buzz」と表示してください。3と5の倍数のときは「FizzBuzz」と表示してください。

実は、この問題はプログラマーの採用試験で、コードが書けないプログラマーを見分けるための問題として考案されたものです。

なぜ、この問題でコードが書けるかどうかが分かるのかと言うと、FizzBuzz問題を解くには、複数の条件分岐と繰り返しを組み合わせる必要があるからです。

まずは、実際にプログラムのフローチャートで、処理の流れを確認してみましょう。**図2-1-1**のようになります。

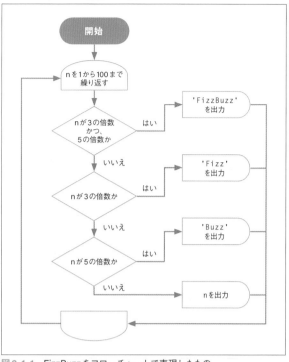

図 2-1-1 　FizzBuzz をフローチャートで表現したもの

実際にFizzBuzz問題のプログラムを作ってみよう

上記のフローチャートをそのままプログラムに落とし込むと次のようになります。for文とif文を組み合わせて記述している点に注目して確認していきましょう。

src/ch2/fizzbuzz.py

```
01  # 1から100まで繰り返す ──────────────────────────────────①
02  for n in range(1, 100+1):
03      # 変数nについて条件を一つずつ確認していく
04      if n % 3 == 0 and n % 5 == 0: # 3の倍数かつ5の倍数のとき ──②
05          print('FizzBuzz')
06      elif n % 3 == 0:            # 3の倍数のとき ──────③
07          print('Fizz')
08      elif n % 5 == 0:            # 5の倍数のとき ──────④
09          print('Buzz')
10      else:                      # その他のとき ──────⑤
11          print(n)
```

プログラムを確認してみましょう。①では、for文で1から100まで繰り返すように指定します。②では、3の倍数かつ5の倍数のときに「FizzBuzz」と表示します。3の倍数かどうかを調べるには「if n % 3 == 0」と記述します。つまり、nを3で割った余りが0かどうかを判定します。同様に、③では3の倍数を判定し、④では5の倍数を判定します。そして、⑤では上記の②から④のいずれの条件にも合致しなかった場合に、繰り返し変数のnを出力します。それでは、プログラムを実行してみましょう。ターミナルを開き、次のコマンドを実行します。Windowsでは

057

PowerShell や Windows Terminal、macOS ではターミナル.app を起動してコマンドを実行します。

```
$ python3 fizzbuzz.py
```

コマンドを実行すると次のように、1から100までのFizzBuzzの値が表示されます。

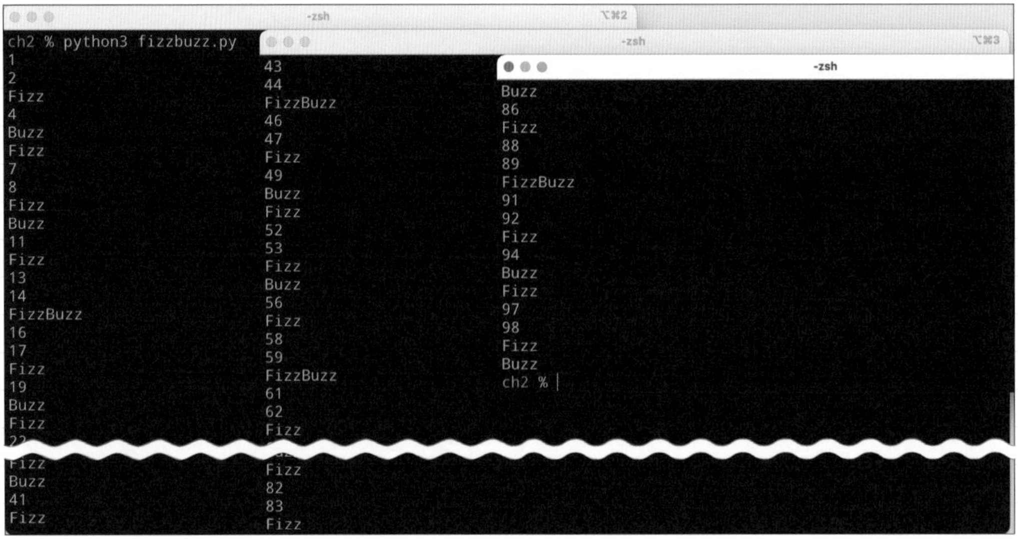

図 2-1-2　FizzBuzzのプログラムを実行した結果

答えが100行もあるので、プログラムの実行結果が正しいのかどうか、ぱっと見た感じでは分からないかもしれません。「Fizz」(3の倍数)と「Buzz」(5の倍数)、「FizzBuzz」(3の倍数であり5の倍数)が表示されている部分に注目して確認してみましょう。

FizzBuzz関数を作ってみよう

なお、すでにここまでの部分でFizzBuzz問題を解くプログラムを作ってみました。しかし、ただ解くだけでは面白くありません。そこで、次にFizzBuzz問題を関数にしてみましょう。

つまりFizzBuzzの規則に則って、引数として整数を与えると、3と5の倍数なら"FizzBuzz"、3の倍数なら"Fizz"、5の倍数なら"Buzz"、それ以外なら数値を返す関数を作りましょう。

なお、Chapter 1では、テスト駆動開発について紹介しました。ここでも、テスト駆動開発に則ってプログラムを作ってみましょう。テストのライブラリにはpytestを使ってみます。

最初に空っぽのget_fizzbuzz関数とそれをテストする関数test_get_fizzbuzzを作ります。

src/ch2/test_fizzbuzz_ng.py

```
01  # FizzBuzz問題の結果を返す関数（テストのみ）
02
03  # FizzBuzzの結果を返す関数（まだ空っぽ）─────────────■1
```

```
04   def get_fizzbuzz(num):
05       return "FizzBuzz"
06
07   # get_fizzbuzzをテストする関数 ━━━━━━━━━━━━━━━━━━ 2
08   def test_get_fizzbuzz():
09       assert get_fizzbuzz(3) == 'Fizz'
10       assert get_fizzbuzz(7) == '7'
11       assert get_fizzbuzz(15) == 'FizzBuzz'
12       assert get_fizzbuzz(25) == 'Buzz'
```

プログラムの **1** の部分で、空っぽのget_fizzbuzz関数を定義します。ここでは、何も処理をせず"FizzBuzz"と返します。

そして、**2** では関数get_fizzbuzzをテストするtest_get_fizzbuzz関数を定義します。pytestでは「test_xxx」のような名前の関数をテストと見なします。そのため、pytestを実行すると自動的にこの関数がテスト対象となります。ここでは、assertを使って4つの値をテストします。

このプログラムを実行してみましょう。なお、get_fizzbuzz関数は空であり常に'FizzBuzz'を返すだけなのでテストは失敗します。以下のコマンドを実行してPyTestを実行してみましょう。

ターミナルで実行

```
$ python3 -m pytest test_fizzbuzz_ng.py
```

すると、**図2-1-3**のように関数「test_get_fizzbuzz」が失敗した旨が表示されます。

なお、詳細を見るとtest_fizzbuzz_ng.pyの9行目で失敗した旨が表示されます。

図2-1-3　テストが失敗したところ

ここでの部分ではあえて失敗することを確かめました。それでは、テストが成功するように関数get_fizzbuzzを完成させましょう。

src/ch2/test_fizzbuzz_ok.py

```
01   # FizzBuzz問題の結果を返す関数（完成版）
02
03   # FizzBuzzの結果を返す関数 ━━━━━━━━━━━━━━━━━━━━ 1
04   def get_fizzbuzz(num):
```

```
05      if num % 3 == 0 and num % 5 == 0:
06          return 'FizzBuzz'
07      if num % 3 == 0:
08          return 'Fizz'
09      if num % 5 == 0:
10          return 'Buzz'
11      return str(num)
12
13  # get_fizzbuzzをテストする関数 ─────────────── 2
14  def test_get_fizzbuzz():
15      assert get_fizzbuzz(3) == 'Fizz'
16      assert get_fizzbuzz(7) == '7'
17      assert get_fizzbuzz(15) == 'FizzBuzz'
18      assert get_fizzbuzz(25) == 'Buzz'
```

プログラムを実行してみましょう。ターミナルで以下のコマンドを実行しましょう。

ターミナルで実行

```
$ python3 -m pytest test_fizzbuzz_ok.py
```

すると、**図2-1-4**のように表示されます。
コマンドの出力結果の最後に「1 passed」
（合格の意味）と表示されます。

図2-1-4　テストが成功したところ

改めて、プログラムをよく見てみましょう。ここでは、**1**の関数get_fizzbuzzは、数値numを引数に与えると数値に合わせたFizzBuzzの結果を文字列で返します。'FizzBuzz'、'Fizz'、'Buzz'、引数numを文字列にしたもののいずれかを返します。連続でifの条件文を記述することにより正しい判定ができるようにしました。

そして、**2**の関数test_get_fizzbuzzは、pytestでget_fizzbuzzをテストするものです。

なお、上記のプログラムでは、分かりやすさを重視したために、「num % 3」と「num % 5」の計算を二度ずつ行っています。計算が一度で済むように、次のようにプログラムを修正することもできます。

src/ch2/test_fizzbuzz_ok2.py

```
01  # FizzBuzzの結果を返す関数（改良版）
02  def get_fizzbuzz(num):
03      # FizzBuzz判定のために3と5で割った余りを最初に計算する
04      is_fizz = (num % 3 == 0) ───────────────┐
05      is_buzz = (num % 5 == 0) ───────────────┴── 1
06      # 上記の値を元にして順次判定を行う
07      if is_fizz and is_buzz: return 'FizzBuzz' ─── 2
```

```
08      if is_fizz: return 'Fizz'
09      if is_buzz: return 'Buzz'
10      return str(num)
```

先ほど作ったプログラムとほとんど同じですが、「num % 3」の結果を変数「is_fizz」に、「num % 5」の結果を変数「is_buzz」に置き換えました（**1**）。重複する計算を省略する目的で導入した変数ですが、よりプログラムが分かりやすくなりました。

また、if文を書くときに、改行とインデントを書くことなく一行で「if is_fizz: return 'Fizz'」と書いています（**2**）。

Pythonのif文はこのように一行で書くこともできます。

番外編 割り算の余り演算子(%)を使わずにFizzBuzzを解いてみよう

FizzBuzz問題にはいろいろな解法があります。この問題は非常に有名であるため、いろいろな亜流があります。それで、単純にプログラムを解くのではなく、ちょっと頭をひねって解法アルゴリズムを考えるのも楽しいものです。

ここでは、次のような、ひねりの利いたFizzBuzz問題を解いてみましょう。

> 【問題】
> 1から100までの数値を画面に出力してください。ただし、3の倍数のときは「Fizz」、5の倍数のときは「Buzz」、3と5の倍数のときは「FizzBuzz」と表示してください。
> なお、割り算の余り演算子「%」を使わないで解いてください。

基本的にはFizzBuzz問題と同じです。しかし、「割り算の余り演算子(%)」を使わずに問題を解く必要があります。皆さんなら、どのようにしてプログラムを作るでしょうか。

余り演算子（%）を使わないFizzBuzzの解法

いろいろなやり方がありますが、ここでは、余り演算子(%)を使わないという縛りを元に、掛け算を使って3の倍数と5の倍数と15の倍数（3と5の公倍数）を求める方針としました。

具体的には、次の手順でプログラムを完成させます。
① FizzBuzz問題の答えを保持する数値リストを作成
② リストで3の倍数の要素に「Fizz」を代入
③ リストの5の倍数の要素に「Buzz」を代入
④ リストの15の倍数の要素に「FizzBuzz」を代入
⑤ リストを出力する

この方法ならば、割り算の余り演算子を使わずにFizzBuzzの結果を出力できます。実際のプログラムにしてみましょう。

src/ch2/fizzbuzz_list.py

```python
01    # 実行結果を保持する数値リストを作成 ─────────────── 1
02    result = [str(i) for i in range(100+1)]
03    # 3の倍数の要素にFizzを代入 ─────────────────── 2
04    for i in range(1, 100//3+1):
05        result[i*3] = 'Fizz'
06    # 5の倍数の要素にBuzzを追記 ─────────────────── 3
07    for i in range(1, 100//5+1):
08        result[i*5] = 'Buzz'
09    # 15の倍数の要素にFizzBuzzを追記 ──────────────── 4
10    for i in range(1, 100//15+1):
11        result[i*3*5] = 'FizzBuzz'
12    # 結果を出力 ───────────────────────────── 5
13    print('\n'.join(result[1:101]))
```

ターミナルからプログラムを実行してみましょう。次のようにFizzBuzzの結果が表示されます。

ターミナルで実行

```
$ python3 fizzbuzz_list.py
1
2
Fizz
4
Buzz
Fizz
7
〜省略〜
```

プログラムを確認してみましょう。**1** では、リスト内包表記を利用してリストを初期化します。リストの内包表記を使うと手軽に任意の値で配列を初期化できるので便利です。これはPythonで使える便利な記法なので、簡単に復習してみましょう。

書式 リストの内包表記

```
a_list = [ (iを使った式) for i in range(n, m) ]
```

つまり、**1** のように書くと、連番を文字列に変換した'1','2','3',...'100'の値が変数resultに代入されます。**2** では、上記 **1** で作成したリストの要素で3の倍数の要素に'Fizz'を代入します。3の倍数なので33回繰り返せば100までをカバーできます。そこでfor文のrangeの終了値を「100//3+1」と指定します。「//」は割り算の演算子であり、小数点以下を切り捨てて整数にする演算子です。同様に **3** では、リストで5の倍数の要素にBuzzを代入します。こちらもfor文のrangeを「100//5+1」と指定することで100までの5の倍数に'Buzz'を代入します。そして、**4** では、15の要素の倍数の要素に'FizzBuzz'を代入します。最後に、**5** でリストの1から100までの要素を出力します。

このように、プログラム「fizzbuzz_list.py」では、最初にFizzBuzz問題の答えとなるリストを作成してから最後に結果を出力します。つまり、出力すべき値を最初に全部用意して、その後で問題の答えを出力します。

最初に作った「fizzbuzz.py」と全く同じ出力を行いますが、プログラムの仕組みは大きく異なっています。大抵、どんな問題でも、その問題を解く方法は一つではなく、いろいろなやり方があるということを覚えておきましょう。

「世界のナベアツ」という芸人さんをご存じでしょうか。1,2,3…と順に数字を数えていって「3の倍数と3が付く数字のとき」に面白い声で数字を叫ぶ芸で一世を風靡しました。実際、これは「FizzBuzz」ゲームを面白くアレンジしたものです。そこで、プログラマーの間では「ナベアツ問題」とか「ナベアツ算」と呼ばれています。面白い上に練習問題として役立つので解いてみましょう。次のような問題です。

【問題】

1から50までの数を出力するプログラムを書いてください。ただし、3の倍数のときと、3が付く数字のときは、数字の代わりに「A」と表示してください。同時に、pytestを利用したテストも書き加えてください。

【ヒント】ナベアツ問題を解く場合にも、FizzBuzz問題と同様、for文やif文の基本的な書き方を身につけている必要があるでしょう。また、Pythonで文字列内に '3' を含むかどうかを判定する方法を知っている必要があります。

答えのプログラムは以下のようになります。

src/ch2/nabeatu.py

```
01   # ナベアツ問題の答えを返す関数 ─────────────── 1
02   def get_nabeatu(num):
03       # 3の倍数のとき ─────────────── 2
04       if num % 3 == 0: return 'A'
05       # 3が付く数字のとき ─────────────── 3
06       if '3' in str(num): return 'A'
07       return str(num) # その他の数字のとき
08
09   # get_nabeatuのテスト ─────────────── 4
10   def test_get_nabeatu():
11       # 3の倍数のとき'A'を出力 ─────────────── 5
12       assert get_nabeatu(3) == 'A'
13       assert get_nabeatu(6) == 'A'
14       # 3が付く数字のとき'A'を出力 ─────────────── 6
15       assert get_nabeatu(13) == 'A'
16       assert get_nabeatu(31) == 'A'
17       # それ以外のとき数字を出力 ─────────────── 7
18       assert get_nabeatu(2) == '2'
19       assert get_nabeatu(5) == '5'
20
21   if __name__ == '__main__':
22       # 1から50までの値を出力 ─────────────── 8
23       for i in range(1, 51):
24           print(get_nabeatu(i))
```

最初にプログラムが正しく動くかどうかを確認してみましょう。まずは、pytestを実行してみましょう。ターミナルで次のコマンドを実行します。

chapter
2-1

```
# PyTestを実行する
$ python3 -m pytest nabeatu.py
```

テストが正しく動いた場合には「1 passed（合格の意味）」と表示されます。

続いてプログラムを実行してみましょう。以下のコマンドを実行します。

```
# プログラムを実行する
$ python3 nabeatu.py
```

プログラムが実行されると、図2-1-5のように表示されます。

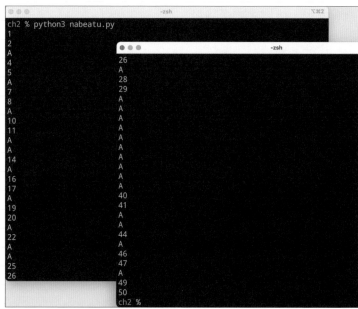

図2-1-5　ナベアツ問題を解いたところ

プログラムの実行結果を確認したら、プログラムを確認しましょう。

■ ではナベアツ問題の答えを返す関数get_nabeatuを定義します。■ では3の倍数のとき 'A' を返すようにします。■ で文字列に '3' が含まれるときに'A'を返すようにします。「if 文字列A in 文字列B:」のように書くと、文字列Bに文字列Aが含まれるかどうかを判定できます。

■ ではget_nabeatu関数をテストするtest_get_nabeatu関数を定義します。■ では3の倍数のとき正しく動くかをテストします。■ では文字列に '3' が含まれるかをテストします。そして、■ ではそれ以外の数字のときをテストします。最後、■ では■ で定義したget_nabeatu関数を使って1から50までの値を出力します。

まとめ

以上、本節では頭の体操を兼ねて、FizzBuzz問題を解いてみました。プログラミングの基本である、繰り返しと条件分岐の使い方が分かれば、解くことのできる問題です。しっかりと基本を押さえておきましょう。

素数判定（試し割り法）

素数は古来より多くの数学者の興味を引いてきました。ここでは、素数判定プログラムをつくってみましょう。また、FizzBuzz問題に続いて素数計算ゲームにも挑戦してみましょう。

ここで学ぶこと

● 素数について

● 素数判定（試し割り法）

素数とは

「素数」（英語：primeまたはprime number）とは正の約数が1とその数自身である約数で1でない自然数のことをいいます。つまり、1とその数自身でしか割り切れない数が素数です。最小の素数は2であり、3、5、7、11、13などの数が素数です。100以下の素数は25個、1000以下の素数は168個存在しています。

素数は暗号理論と密接な関係があります。例えば、RSA暗号はコンピューターで素因数分解の計算に時間がかかることを利用した暗号アルゴリズムです。RSA暗号はインターネットの電子署名のアルゴリズムとして普及しています。そのため、素数を判定したり素数を列挙したりするアルゴリズムを学ぶなら、暗号処理に役立てることができます。

素数判定について

なお、素数判定には、いろいろな方法がありますが、最も簡単なアルゴリズムは**図2-2-1**のようになるでしょう。素数判定における最も簡単な方法で「試し割り法」（英語：trial division）と呼ばれています。

このフローは以下の手順で判定を行うものです。箇条書きでも確認してみましょう。

❶ mを2からn-1まで繰り返す

❷ nがmで割り切れるか判定。割り切れるなら、素数ではない

❸ 最後まで割り切れなかったら素数である

それでは、この点を考えながらプログラムの流れを確認してみましょう。

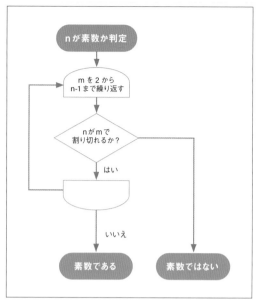

図2-2-1　素数判定のフロー

素数を判定する関数のテストを作ってみよう

インターネットの検索エンジンで「素数の一覧」を検索するとたくさんの結果が表示されます。そのため、素数かどうかを判定する関数をテストするには素数の一覧表を参考にしてテストを作成できます。

ここでは、素数かどうかを判定する「is_prime」という関数を作ったとして、この関数のテストを書いてみましょう。

src/ch2/is_prime_ng.py

```
01  # 引数nが素数かどうかを調べる関数（未完成）
02  def is_prime(n):
03      # TODO: ここに実装を作る
04      return False
05
06  # 関数is_primeをテストする関数 ━━━━━━━━━━━━━━1
07  def test_is_prime():
08      assert is_prime(3) == True
09      assert is_prime(8) == False
10      assert is_prime(89) == True
```

上記■以降が関数is_primeをテストするプログラムです。ただし、関数is_primeは実装していないので、ターミナルで以下のコマンドを実行して、テストを実行するとエラーが表示されます。

ターミナルで実行

```
$ python3 -m pytest is_prime_ng.py
```

コマンドを実行すると、**図2-2-2**のようにエラーが表示されます。

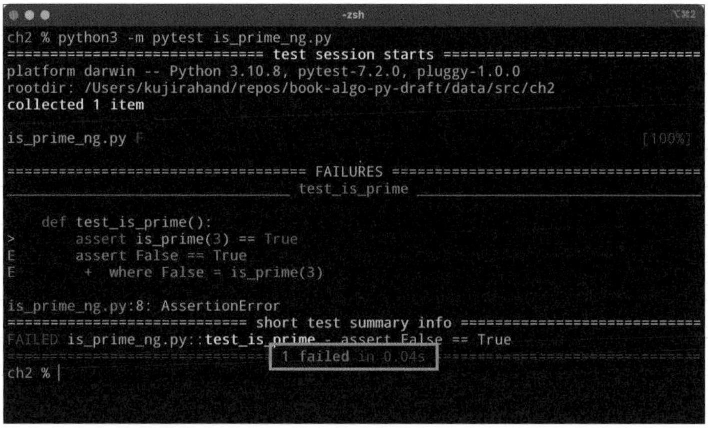

図2-2-2　テストを書いただけなのでテストは失敗する

試し割り法で素数判定するプログラム

それでは、プログラムを完成させましょう。関数is_primeを作るのに際して、試し割り法を使ってみます。nを、2からn-1までの値で順に割っていって割りきれなければ素数であることが分かります。

src/ch2/is_prime.py

```
01  # 引数nが素数かどうかを調べる関数（完成版）
02  def is_prime(n):
03      # 2未満の値は素数ではない ─────────────── 1
04      if n < 2:
05          return False
06      # 2からn-1まで順に割り切れるかどうかを試す ──── 2
07      for i in range(2, n):
08          if n % i == 0: # 割り切れるか？
09              return False
10      # 割り切れなかったので素数である ──────────── 3
11      return True
12
13  # 関数is_primeをテストする関数 ───────────── 4
14  def test_is_prime():
15      assert is_prime(3) == True
16      assert is_prime(8) == False
17      assert is_prime(89) == True
```

それでは、プログラムをテストしてみましょう。ターミナルで以下のコマンドを実行します。

ターミナルで実行

```
$ python3 -m pytest is_prime.py
```

すると、**図2-2-3**のようにテストの結果が表示されます。「1 passed」と表示され、テストに合格したことが分かります。テスト合格ということは、正しく関数is_primeが実装できているということです。

図2-2-3 関数is_primeのテストがすべて合格したところ

プログラムを確認してみましょう。**1**では最初に引数nが2未満の場合を考慮します。2未満の場合は素数でないとみなします。**2**以降ではfor文を利用して繰り返し、変数nが割り切れるかを確認します。もし割り切れたら素数ではないので、その時点でFalseを返します。それで、**3**で、2から(n-1)まで試して、いずれの値でも割りきれない場合は、素数なのでTrueを返します。そして、**4**ではpytestによってis_primeをテストする関数を記述します。

50以下のすべての値で素数判定をテストしよう

ところで、調べてみると分かりますが、50以下の素数は次の15個しかないことが分かります。

```
[2, 3, 5, 7, 11, 13, 17, 19, 23, 29, 31, 37, 41, 43, 47]
```

そうであれば、1から50までのすべての値について、網羅的に素数判定のテストを行うことで、より正確に関数のテストが可能になるでしょう。

以下は、50以下の素数を求めた後、pytestで実際の素数の値と照合して、テストするものです。

src/ch2/is_prime_test50.py

```
01  # 関数is_primeを網羅的にテストする関数
02  def test_is_prime_all():
03      answer = [2, 3, 5, 7, 11, 13, 17, 19, 23, 29, 31, 37, 41, 43, 47]
04      prime_list = []
05      for i in range(1, 51): # 50以下の値をすべて試す
06          if is_prime(i):
07              prime_list.append(i)
08      assert prime_list == answer # 答え合わせ
09
10  # 試し割り法でnが素数か確認する関数
11  def is_prime(n):
12      if n < 2: return False
13      for i in range(2, n):
14          if n % i == 0: return False
15      return True
```

それでは、プログラムをテストしてみましょう。ターミナル上で次のようなコマンドを実行します。

ターミナルで実行

```
$ python3 -m pytest is_prime_test50.py
```

実行すると「1 passed」と表示されてテストに合格したことが分かります。

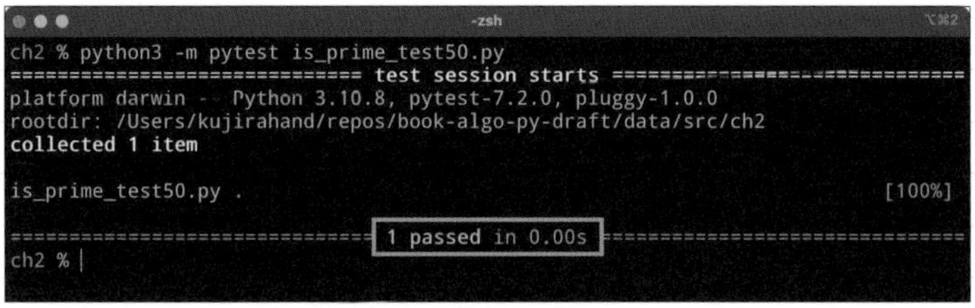

図2-2-4 50以下の素数一覧を用いて素数判定関数をテストしたところ

filter関数を使ってテストをスッキリ記述しよう

なお、上記のプログラムですが、filter関数を使うことで、より簡単に記述できます。ここでは、すでに作成した
Pythonファイル「is_prime.py」をモジュールとして利用しつつ、素数判定関数is_primeの動作テストを記述して
みましょう。

src/ch2/is_prime_test50_filter.py

```
01  # 別ファイル「is_prime.py」にある関数「is_prime」を取り込む
02  from is_prime import is_prime
03
04  # 関数is_primeを網羅的にテストする関数
05  def test_is_prime_all():
06      answer = [2, 3, 5, 7, 11, 13, 17, 19, 23, 29, 31, 37, 41, 43, 47]
07      prime_list = list(filter(is_prime, range(1, 51)))
08      assert prime_list == answer
```

ターミナルで以下のコマンドを実行して、テストしてみましょう。すると先ほどと同じように「1 passed」と表示さ
れます。

ターミナルで実行

```
$ python3 -m pytest is_prime_test50_filter.py
```

それでは、上記のプログラムにある関数test_is_prime_allに注目してみましょう。「is_prime_test50.py」の関
数test_is_prime_allは、コメントを除いて6行ありました。しかし、今回のプログラムでは、これを3行に減ら
すことができました。
このfilter関数は、リストの要素から条件に合致する要素のみを抽出してくれる関数です。次の書式で使います。

書式 filter関数の使い方

```
結果 = filter(判定関数, リストなど)
```

filter関数の第1引数にはどんな条件で抽出するのかを関数で指定します。そして、第2引数にはリストやタプル、
辞書型、range関数など繰り返し処理できるイテラブル(iterable)な値を指定します。
上記のテストでは、1から50までの値を順にis_prime関数で実行してみて、Trueを返す値(つまり素数)のみを結
果として返します。

ここまで学んだ素数判定関数を使った練習として、前節のFizzBuzz問題をもじった素数計算ゲームを解いてみましょう。このゲームは次のような問題です。

【問題】

1から200までの整数を出力するプログラムを書いてください。ただし、素数のときは数値ではなく「P」と表示してください。なお、値はカンマで区切り、10個ごとに改行を出力してください。

【ヒント】 この問題を解くには以下の2つのポイントを押さえる必要があります。
❶ 数値が素数かどうかを判定する処理
❷ 1から200までの整数をカンマと改行で区切って出力する処理

このうち、❶の点は、前節のFizzBuzz問題と同じように、for文やif文を組み合わせることで解くことができるでしょう。

図2-2-5は素数計算ゲームの動きをフローチャートで示したものです。なお、フローチャート内の「|| 素数判定 ||」のボックスは「定義済みの処理」を表す記号で、すでに作成した素数判定の処理（関数is_prime）を使うという意味です。

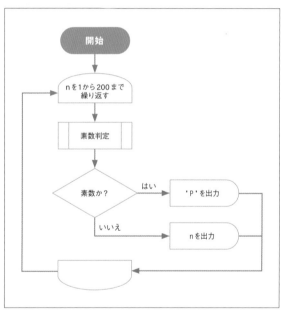

図2-2-5　素数ゲームのフロー

答え 素数計算ゲームを作ってみよう

それでは、1から200まで素数判定しながら表示する問題を解くプログラムを作ってみましょう。最初に効率を求めず、分かりやすさを重視したプログラムを作ってみましょう。

src/ch2/prime_game.py

```
01  # 素数かどうかを判定する関数 ─────────────────────────────1
02  def is_prime(n):
03      if n < 2: return False
04      # 順にn-1の値で割り切れるか試す
```

```
05      for i in range(2, n):
06          if n % i == 0: return False
07      return True
08
09  # 値をカンマで区切り10個ずつ改行して返す
10  def get_prime_game(max_value):
11      res = ''
12      # 1からmax_valueまで繰り返す ─────────────────────2
13      for n in range(1, max_value+1):
14          # 素数ならPを、素数でなければ数値を返す ──────3
15          if is_prime(n):
16              v = 'P'
17          else:
18              v = n
19          res += '{:>4}'.format(v)
20          # 値をカンマで区切り10個ずつ改行を出力 ──────4
21          if (n-1) % 10 == 9:
22              res += '\n'
23          else:
24              res += ','
25      return res
26
27  if __name__ == '__main__':
28      # 1から200までの値を順に出力 ────────────────5
29      print(get_prime_game(200))
```

プログラムを確認してみましょう。**1**では素数を判定する関数is_primeを定義します。**2**では、ループ変数nで1からmax_valueまで繰り返し処理します。**3**ではnが素数なら'P'を、素数でなければ数値を返します。

4では値を10個ずつ改行に区切って出力するようにします。nの値は1からmax_valueまで繰り返されます。そのため、10で割った余りが9であれば改行を追加し、そうでなければカンマを追加するようにします。

5では1から200までの値を出力するように、関数get_prime_ageを呼び出し、printで結果を出力します。

素数計算ゲームを実行しよう

それでは、ターミナルで次のコマンドを実行してプログラムを実行してみましょう。

ターミナルで実行

```
$ python3 prime_game.py
```

すると、**図2-2-6**の画面のように表示されます。

```
●●●                              -zsh
ch2 % python3 prime_game.py
   1,   P,   P,   4,   P,   6,   P,   8,   9,  10
   P,  12,   P,  14,  15,  16,   P,  18,   P,  20
  21,  22,   P,  24,  25,  26,  27,  28,   P,  30
   P,  32,  33,  34,  35,  36,   P,  38,  39,  40
   P,  42,   P,  44,  45,  46,   P,  48,  49,  50
  51,  52,   P,  54,  55,  56,  57,  58,   P,  60
   P,  62,  63,  64,  65,  66,   P,  68,  69,  70
   P,  72,   P,  74,  75,  76,  77,  78,   P,  80
  81,  82,   P,  84,  85,  86,  87,  88,   P,  90
  91,  92,  93,  94,  95,  96,   P,  98,  99, 100
   P, 102,   P, 104, 105, 106,   P, 108,   P, 110
 111, 112,   P, 114, 115, 116, 117, 118, 119, 120
 121, 122, 123, 124, 125, 126,   P, 128, 129, 130
   P, 132, 133, 134, 135, 136,   P, 138,   P, 140
 141, 142, 143, 144, 145, 146, 147, 148,   P, 150
   P, 152, 153, 154, 155, 156,   P, 158, 159, 160
 161, 162,   P, 164, 165, 166,   P, 168, 169, 170
 171, 172,   P, 174, 175, 176, 177, 178,   P, 180
   P, 182, 183, 184, 185, 186, 187, 188, 189, 190
   P, 192,   P, 194, 195, 196,   P, 198,   P, 200
ch2 % |
```

図2-2-6　プログラムを実行したところ

なお、この出力はCSV形式です。ファイルに保存すると、Excelなどの表計算ソフトで開くことが可能です。

```
$ python3 prime_game.py > prime_game.csv
```

Excelで開いて「条件付き書式」の機能を使って「P」に色を付けてみると、図2-2-7のように表示されます。

なお、条件付き書式を使うには、Excelの「ホーム」タブで「条件付き書式」のボタンから「セルの強調表示のルール」→「文字列」を選び、「P」に対してスタイルを選びます（図2-2-8）。

	A	B	C	D	E	F	G	H	I	J	K
1	1	P	P	4	P	6	P	8	9	10	
2	P	12	P	14	15	16	P	18	P	20	
3	21	22	P	24	25	26	27	28	P	30	
4	P	32	33	34	35	36	P	38	39	40	
5	P	42	P	44	45	46	P	48	49	50	
6	51	52	P	54	55	56	57	58	P	60	
7	P	62	63	64	65	66	P	68	69	70	
8	P	72	P	74	75	76	77	78	P	80	
9	81	82	P	84	85	86	87	88	P	90	
10	91	92	93	94	95	96	P	98	99	100	
11	P	102	P	104	105	106	P	108	P	110	
12	111	112	P	114	115	116	117	118	119	120	
13	121	122	123	124	125	126	P	128	129	130	
14	P	132	133	134	135	136	P	138	P	140	
15	141	142	143	144	145	146	147	148	P	150	
16	P	152	153	154	155	156	P	158	159	160	
17	161	162	P	164	165	166	P	168	169	170	
18	171	172	P	174	175	176	177	178	P	180	
19	P	182	183	184	185	186	187	188	189	190	
20	P	192	P	194	195	196	P	198	199	200	

図2-2-7　色をつけてみたところ

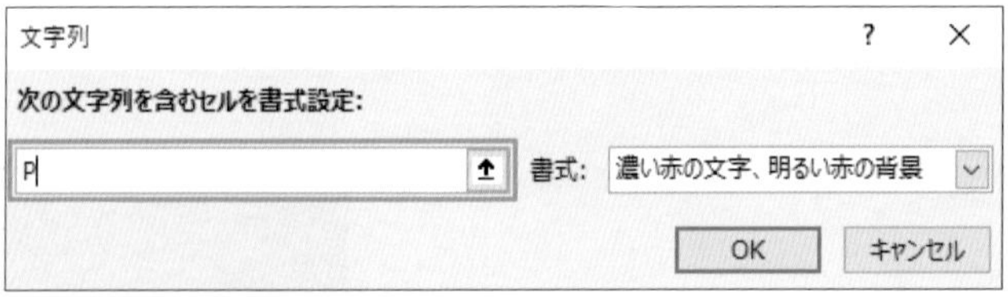

図2-2-8　「セルの強調表示のルール」を設定

素数は「現れる順番に法則性がない」と言われています。このExcelシートで色の分布を見ても、どのタイミングで素数が現れるのか分からないという点が真実であることが分かるでしょう。

まとめ

以上、ここでは素数を判定するプログラムについて紹介しました。特に、正しく素数を判定できているのか、pytestを用いてテストする方法について紹介しました。また、練習問題で200までの素数を出力するプログラムも作ってみました。素数が現れる順番に規則性がないことも確認しました。

Chapter 2-3

素数判定の最適化と素数列挙
（エラトステネスのふるい）

前節では試し割り法を利用して、素数を判定するプログラムを作りました。ここでは、試し割り法のプログラムを改良したり、エラトステネスのふるいと呼ばれるアルゴリズムを利用したりして、高速に素数を求めるプログラムを作ってみましょう。

ここで学ぶこと

● **素数判定（試し割り法の最適化）**

● **素数列挙（エラトステネスのふるい）**

● **素数に関する計算量**

● **perfplot を用いたベンチマーク**

効率的な素数判定関数を作ろう
──「試し割り法」の最適化

前節で作成した素数判定プログラムは、実直に値を順に割っていって素数かどうかを判定するプログラムでした。しかし、少し工夫するだけで、素数判定が高速になります。それでは、簡単な最適化をしてみましょう。

先ほどの例では、2から（n-1）までの数を順に割って素数かどうかを試していました。しかし、2の倍数は素数ではないので最初に計算して候補から除外できるでしょう。これだけで1/2の確率で素数判定処理を省略できます。

さらに、試し割り法のforループ（p.067）において、偶数は素数でないことが明らかそうであれば、最初から1つ飛ばしにループするようにするとよいでしょう。また、前節では、n-1までの値を愚直に試していましたが、実際には、3からnの平方根までを調べれば十分なのです。つまり、前節から次の点について改良してみます。

● 2以外の偶数を最初から除外する
● forループで1つ飛ばしにする
● 3からnの平方根までを試し割りする

上記の最適化によって、どのくらい計算量が少なくなるのか図でも確認してみましょう。図2-3-1の数字入りの○の個数が計算回数を表しています。実直に行う試し割りでは、3からn-1まで順に数値を割っていく必要がありますが、最適化を行うだけで計算回数が大幅に減っているのが分かるでしょう。

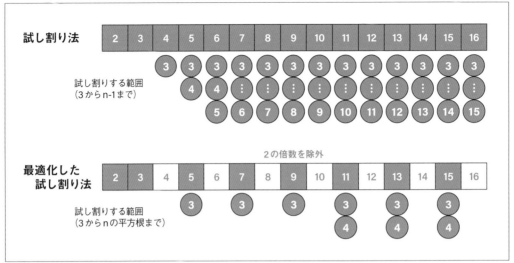

図 2-3-1　最適化の威力を図で確認しよう

最適化した「試し割り法」で素数判定するプログラム

「試し割り法」で素数判定を行う関数に関して、上記の最適化を実装したプログラムが次のものです。

src/ch2/is_prime_opt.py

```
01  import math
02
03  # 最適化した試し割り法で素数かどうかを判定する関数
04  def is_prime(n):
05      # 2未満の値は素数ではない
06      if n < 2: return False
07      # 2は素数である                                          ■1
08      if n == 2: return True
09      # 2の倍数は素数ではない                                   ■2
10      if n % 2 == 0: return False
11      # 素数判定のためには、nの平方根までを割れば良い             ■3
12      sq = math.ceil(math.sqrt(n))
13      # 3からsqまで偶数を飛ばして割り切れるかを試す              ■4
14      for i in range(3, sq+1, 2):
15          if n % i == 0: return False
16      return True
17
18  # 関数is_primeを網羅的にテストする関数                        ■5
19  def test_is_prime_all():
20      answer = [2, 3, 5, 7, 11, 13, 17, 19, 23, 29, 31, 37, 41, 43, 47]
21      prime_list = list(filter(is_prime, range(1, 51)))
22      assert prime_list == answer
```

プログラムを確認してみましょう。■1では、nが2の場合に素数である旨を返します。■2では2の倍数を考慮します。2以外の偶数は素数ではありません。■3ではnの平方根を求めます。そして、■4では3から■3の値までの値を試し割りしていきます。

このとき、関数「math.ceil(数値)」を使うと小数点以下を切り上げることができます。そして、関数「math.sqrt(数値)」で数値の平方根を計算できます。なお、平方根とは $a = b^2$ のとき、aに対するbのことを言います。それで、例えば25が素数か調べたい場合には、25の平方根である5までを調べればよいことになります。

ところで最適化により、素数判定処理が不完全になっては元も子もありません。**5** では、テストを記述して素数判定が正しく行われるかを確認します。

プログラムが正しく動くことを確認しましょう。「1 passed」と表示されたら問題なく動くことが確認できます。

ターミナルで実行

```
$ pyhton3 -m pytest is_prime_opt.py
```

図2-3-2のように表示されます。

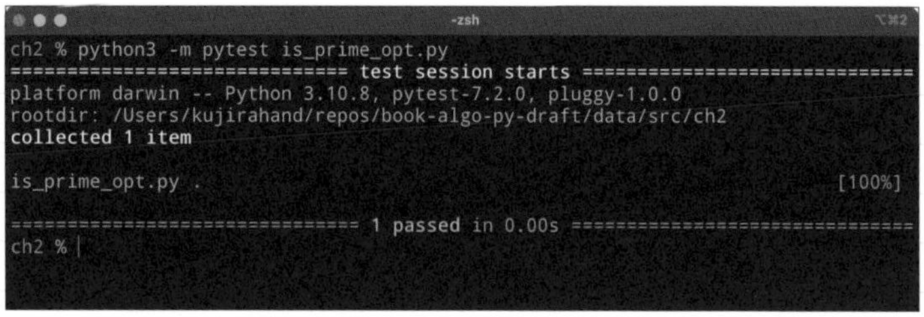

図2-3-2 最適化した素数判定関数をテストしたところ

POINT

アルゴリズムを工夫すると計算量をグッと減らせる

p.067で紹介した関数is_primeはfor文でn-1までの値を順に割って試していました。そのため、計算量は『$O(n)$』が必要です。しかし、for文の偶数計算を省略し、無意味なnの平方根以降の試行を省略しました。つまり、計算量を『$O(\frac{\sqrt{n}}{2})$』にまで減らすことができました。

最適化前と最適化後でベンチマークを取ってみよう

さて、上記の最適化によって、計算量を大幅に減らすことができました。それでは、実際にどれだけプログラムが速くなったのかベンチマークを取って比較してみましょう。

ベンチマークライブラリ「perfplot」のインストール

ここでは、ベンチマークライブラリの「perfplot」を利用してみましょう。perfplotをインストールするには、ターミナルで次のコマンドを実行します。

ターミナルで実行

```
$ python3 -m pip install perfplot
```

ここまでで、全く最適化をしていない素数判定プログラム「is_prime.py」と、最適化をした素数判定プログラム「is_prime_opt.py」を作りました。それぞれのプログラムをモジュールとして利用して、ベンチマークを取ってみましょう。ベンチマークを行うプログラムは次の通りです。

src/ch2/prime_bench.py

```
01  import perfplot
02  import is_prime, is_prime_opt
03
04  pp = perfplot.live(
05      setup=lambda n: n, # 関数に与える引数を返す
06      n_range=[k for k in range(1, 300)], # テストする値の範囲を指定
07      kernels=[is_prime.is_prime, is_prime_opt.is_prime],
08      labels=['is_prime', 'is_prime_opt']
09  )
```

最初にプログラムを確認してみましょう。perfplotモジュールの関数liveを呼び出しているだけです。この関数はベンチマークを取りながら、リアルタイムにグラフを描画するものです。この関数の引数kernelsに、比較する関数のリストを指定します。引数n_rangeにはどんな値を与えてベンチマークをとるのかを指定します。上記のプログラムを実行するとリアルタイムに、ベンチマークの結果を表示します。

ターミナルで実行

```
$ python3 prime_bench.py
```

図2-3-3～2-3-5の画面がリアルタイムにベンチマークを表示している様子です。求める素数の値が10くらいまではほとんど同じ時間で計算できていましたが、値が大きくなるに従って計算にかかる時間に大きな差が開いていきます（なお、実行するマシンによっては比較的まっすぐな線が描画される場合もあります）。

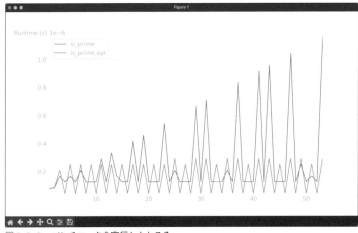

図2-3-3　ベンチマークを実行したところ

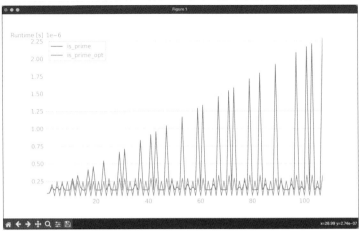

図2-3-4　アルゴリズムを工夫したis_prime_optとの差が明確になってきた

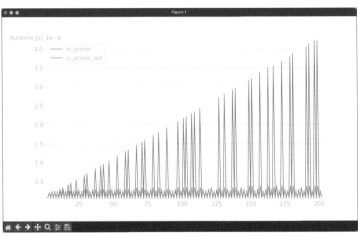

図2-3-5　ベンチマークの結果 - is_primeとis_prime_optで歴然の差が出た

素数を列挙する手法も確認しよう

ここまでの部分で、素数判定で効率的なアルゴリズムを紹介しましたが、素数の一覧を列挙する場合には、「エラトステネスのふるい」と呼ばれるアルゴリズムを使うと、高速に素数が列挙できるのでアルゴリズムを確認してみましょう。

エラトステネスのふるい

「エラトステネスのふるい」とは、古代ギリシアの科学者、エラトステネスが考案したとされるアルゴリズムです。指定された整数n以下のすべての素数を発見するための手法です。

これは「素数pの倍数は素数ではない」という性質を利用して、素早く素数を発見します。n個のカードを用意しておいて、先頭から順に素数を見つけては、その倍数枚目にあるカードをふるい落とすという手順を繰り返すことで、n以下にある素数を見つけるのです。

具体的な処理は次のようになります。

❶ 要素がn個の候補リストを用意し、1番目の要素をFalseに、2番目以降をTrueにする

❷ リストの先頭から順に調べて、Trueの要素（素数）を探す。

❸ Trueがp番目のときpを素数リストに追加し、pの2乗以上のpの倍数をすべてFalseにする

❹ 上記のふるい落としの操作をnの平方根に達するまで行う

❺ 最後までTrueだった要素のインデックスを素数リストに追加

愚直に、試し割り法を使って、n以下の素数をすべてもとめる場合、計算量は『$O(n^2)$』になりますが、「エラトステネスのふるい」を使う場合『$O(n\sqrt{n})$』と大幅に計算量を削減できます。計算量でどのくらい差ができるのかは、実際の数値をO記法に当てはめてみたり、Chapter 1-3にあるグラフを確認することで比較することができるでしょう。

図2-3-6で考えてみましょう。
表に1から100までの数値を書き込みます。最初に、表の中の1を消して、2を素数にします。
それから2の倍数に線を引いて消します。
次に3を素数にします。それから3の倍数に線を引いて消します。
次に5を素数にします。そして、5の倍数に線を引いて消します。
次に7を素数にします。そして7の倍数に線を引いて消します。
すると、線が引かれていないマスが素数として残るという訳です。これが「エラトステネスのふるい」です。

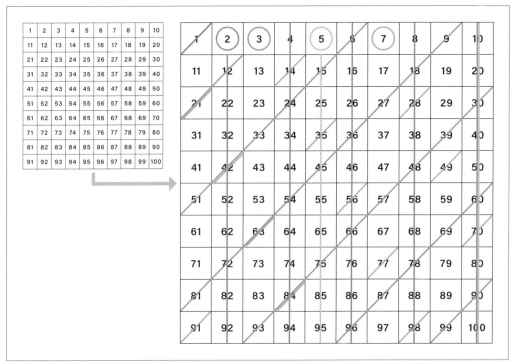

図2-3-6　エラトステネスのふるいの仕組み

「エラトステネスのふるい」で素数列挙するプログラム

それでは、実際に「エラトステネスのふるい」のプログラムを見てみましょう。

src/ch2/prime_eratosthenes.py

```
01  import math
02
03  # エラトステネスのふるいを使って素数を素早く探す
04  # n以下の素数をすべて探す
05  def get_primes(n):
06      result = [] # 素数の結果を入れるリスト
07      # 候補リストを初期化 (1以前をFalse、2以降をTrue) ──────────1
08      p_list = [False, False] + [True] * (n-2)
09      # 繰り返し素数を探す ──────────────────────────────2
10      sq_n = math.ceil(math.sqrt(n))
11      for p in range(2, sq_n):
12          if p_list[p]: # 素数を見つけた ────────────────────3
13              result.append(p)
14              # pの倍数を素数候補から外す ────────────────────4
15              for q in range(p*p, n, p):
16                  p_list[q] = False
17      # 最後までTrueだった要素を素数の結果に追加 ──────────────5
18      for i in range(sq_n, n):
19          if p_list[i]: result.append(i)
20      return result
21
22  def test_get_primes():
23      answer = [2, 3, 5, 7, 11, 13, 17, 19, 23, 29, 31, 37, 41, 43, 47]
24      assert get_primes(50) == answer
25
26  if __name__ == '__main__':
27      print(get_primes(50))
```

プログラムを確認してみましょう。 **1** では素数の候補となるリストを用意します。ここで注意したいのは、Pythonではリストのインデックスが0起点であるという点です。そのため、0番目と1番目をFalse (素数ではない) とし、2番目以降をTrueにします。

そして、**2** 以降で繰り返し素数を探します。**2** では2からnの平方根までを繰り返します。というのも、「試し割り法」の最適化をしたときに解説したように、素数を探すにはnの平方根までを探せば十分だからです。

3 では素数を見つけたときの処理を記述します。まずは素数の結果を表す変数resultにpを追加します。それから **4** の部分でpの倍数を素数の候補から外します。このために、for文を使ってpの倍数をすべてFalseにします。

なお、その際に「range(p*p, n, p)」という範囲をfor文に指定しています。この部分ですが、なぜ(p*p)を指定しているのか解説します。

一般的にpを除くpの倍数であれば、range(p*2, n, p)」と書くことでしょう。ただし、ループ変数pは小さな値から順に確認しているため、pの倍数のうち(p*p)未満の倍数はすでに候補から除外されているのです。そのため、(p*p)の値から確認しはじめればよいことになります。

具体例で確認してみましょう。例えば、p=7のとき、7×7=49未満の7の倍数は[14, 21, 28, 35, 42]になります。これらを見てもすでに6以下の倍数 (それぞれ[2, 3, 2, 5, 2]の倍数) により除外されています。

そして、最後 **5** の部分で、候補リスト (変数p_list) でTrue (素数) のものを結果に追加します。

なお、4でfor文に指定したrangeに対して引数を3つ指定しています。rangeは引数の数に応じて次のように異なる範囲を返します。

rangeの使い方

```
range(終了値+1) … 0から終了値までの範囲を返す
range(開始値，終了値+1)…開始値から終了値までの範囲を返す
range(開始値，終了値+1，ステップ)…開始値から終了値までステップずつ増やす範囲を返す
```

それで、プログラムの4では、range(3，sq+1，2)を指定していますが、これは、3からsqまで2つ飛ばしに奇数のみの値を返します。例えば、sqが9であれば、[3，5，7，9]を返します。

「エラトステネスのふるい」のプログラムを実行しよう

それでは、ターミナルでプログラムを実行してみましょう。ここでは、50以下の素数を列挙します。次のように表示されます。

ターミナルで実行

```
$ python3 prime_eratosthenes.py
[2, 3, 5, 7, 11, 13, 17, 19, 23, 29, 31, 37, 41, 43, 47]
```

まとめ

以上、本節では素数判定と素数列挙の方法を解説しました。アルゴリズムを工夫せず、実直に実装した場合と、アルゴリズムに工夫をした場合を比較して、ベンチマークを取ってみました。ちょっとアルゴリズムを工夫することで、処理時間にかなり差が出ることが分かったのではないでしょうか。

COLUMN

最も巨大な素数を見つけると懸賞金が貰える

素数は無数に存在します。それは紀元前3世紀頃にユークリッドによってすでに証明されています。それで現代でも多くの数学者によって「最も巨大な素数の探索」が行われています。

興味深いことに、これまで最も巨大な素数を見つけた人には懸賞金と栄誉が与えられてきました。実際、1999年に100万桁を超える素数が発見されたときには50,000米ドル、2008年に1000万桁を超える素数を発見されたときには100,000米ドルが授与されました。

なお、素数の探索は専門家でなくても挑戦できます。実際、2017年12月に約2325万桁の素数を発見したのは、数学好きの51才のアメリカ人で3,000米ドルの懸賞金を授与されています。

ちなみに、原稿執筆時点では、最初に1億桁以上の素数を発見した者に対して、電子フロンティア財団より懸賞金として150,000米ドルが用意されています。皆さんも挑戦してみるのはどうでしょうか。

コインの組み合わせ問題

次にコインの組み合わせをプログラミングで求める問題を解いてみましょう。いろいろな解法があ
りますが、繰り返しと条件分岐を使って答えを求めてみましょう。難しく考えなくても総当たりで試
すことで答えを計算できます。

ここで学ぶこと

● コインの組み合わせ問題について

● forの多重ループ

コインの組み合わせ問題とは？

世界中のいろいろな国が貨幣にコインを利用しています。日本であれば、1円、5円、10円、50円、100円、500円と
6種類があります。こうしたコインをいろいろ組み合わせて、特定の金額を作る方法を求めるのが、コインの組み合
わせ問題です。

ちなみに、イギリスであれば、1ペニー、2ペンス、5ペンス、10ペンス、20ペンス、50ペンス、1ポンド、2ポンド
とかなりの種類のコインがあり、多様なコインを題材にしたプログラミングの練習問題も多く存在しています。本書
では、日本円を題材にして問題を解いてみましょう。

コインの組み合わせを調べる

それでは、最初に一番簡単な組み合わせ問題を解いてみましょう。

【問題】
財布の中に1円玉が12枚、5円玉が9枚、10円玉が30枚あります。支払いのため、325円を用意したいと思
います。財布の中の硬貨をどのように組み合わせて支払いができるでしょうか。すべての組み合わせを表示してく
ださい。

この問題を解く最も簡単なプログラムは、すべての組み合わせを試してみることです。

当然、手で数えてすべての組み合わせを試すのは大変です。しかし、プログラミングならそれほど大変ではありません。
1円で考えられる組み合わせ、5円で考えられる組み合わせ、10円で考えられる組み合わせを試すためには、for文を

入れ子状に（ネストして）使います。

この状態を分かりやすく確認するため、**図2-4-1**を確認してみましょう。ここでは、1円の枚数を[C1]、5円の枚数を[C5]、10円の枚数を[C10]として表しています。

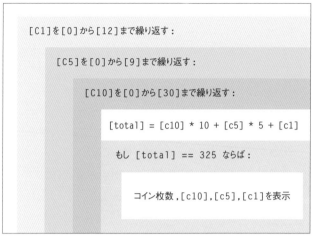

図2-4-1　繰り返しを入れ子にして総当たりで計算を行う

この**図2-4-1**を元にして、Pythonのプログラムを作ってみましょう。

src/ch2/coin325.py

```
01   # 1円のすべての組み合わせを試す ─────────────────────────────── ■
02   for c1 in range(0, 12+1):
03       # 5円のすべての組み合わせを試す
04       for c5 in range(0, 9+1):
05           # 10円のすべての組み合わせを試す
06           for c10 in range(0, 30+1):
07               # コインを組み合わせたときの合計金額を計算 ───────── ■
08               total = (c10 * 10) + (c5 * 5) + c1
09               # 金額びったりのときに画面に出力する ──────────── ■
10               if total == 325:
11                   print(f'10円*{c10} + 5円*{c5} + 1円*{c1}')
```

最初にターミナルからプログラムを実行してみましょう。以下のコマンドを実行します。

ターミナルで実行

```
$ python3 coin325.py
```

すると、**図2-4-2**のように結果が表示されます。

プログラムを確認してみましょう。■では for文を入れ子状に配置して1円の組み合わせ、5円の組み合わせ、10円の組み合わせをすべて試していきます。それぞれ問題文に硬貨が何枚ずつあるのかが指示されているので、迷うことなく指定できたことでしょう。

```
ch2 % python3 coin325.py
10円 *30 + 5円 *5 + 1円 *0
10円 *29 + 5円 *7 + 1円 *0
10円 *28 + 5円 *9 + 1円 *0
10円 *30 + 5円 *4 + 1円 *5
10円 *29 + 5円 *6 + 1円 *5
10円 *28 + 5円 *8 + 1円 *5
10円 *30 + 5円 *3 + 1円 *10
10円 *29 + 5円 *5 + 1円 *10
10円 *28 + 5円 *7 + 1円 *10
10円 *27 + 5円 *9 + 1円 *10
ch2 %
```

図2-4-2　財布から小銭を出して325円を支払う方法をすべて列挙したところ

■2では10円玉の枚数（c10）、5円玉の枚数（c5）、1円玉の枚数（c1）のとき、合計いくらになるのかを計算します。
■3の部分では、上記■2の合計金額が325円になるかどうかを判定し、ぴったりの金額になれば、その組み合わせを
画面に表示します。

chapter 2-4

TIPS

f-stringについて

Python3.5以上のバージョンでは、f-string（f文字列）と呼ばれる便利な記述方法が使えます。これを使うと、
変数を手軽に文字列の中に埋め込むことができるので便利です。
f-stringを使うには、f'...文字列...'のように記述します。そして、f-stringの中で、{変数名}のように
書くと変数名の値が文字列に展開されます。
Pythonの対話型実行環境（p.049参照）を使って、f-stringの動作を確認してみましょう。

`対話モードで実行`

```
$ python3
>>> # 対話環境が起動したら変数に値を代入
>>> apple, orange = 3, 4
# f-stringの中には変数が埋め込める
>>> f'リンゴは{apple}個'
'リンゴは3個'
>>> f'ミカンは{orange}個'
'ミカンは4個'
```

なお、f-stringには計算式も埋め込むことができます。

`対話モードで実行`

```
>>> price, num = 300, 5
>>> f'金額は{price * num}円'
'金額は1500円'
```

また、右寄せや値をゼロで埋めるなどの書式が指定できます。書式を指定するには、f-stringの中で、
{変数名:書式指定}のように記述します。
よく使うのは0埋めで、{変数名:04}のように書くと、0010とか0123のようにゼロで桁数を埋めて表示で
きます。また、{変数名:>4}と書くと空白文字を使って4桁で右寄せ、{変数名:^4}で中央寄せ、{変数名
:<4}で左寄せを行います。

`対話モードで実行`

```
>>> y,m,d = 2023, 1, 1
>>> f'{y}年{m:02}月{d:02}日'
'2023年01月01日'
>>> f'{y}年{m:>4}月{d:>4}日'
'2023年　1月　1日'
```

本節冒頭のプログラム「coin325.py」でもコインの枚数をf-stringを使って手軽に文字列中に変数の値を埋
め込んでいます。

コインの組み合わせが何通りあるのか調べよう

次に、よくある組み合わせ問題を解いてみましょう。

【問題】

財布の中に、1円玉が18枚、5円玉が20枚、10円玉が30枚あります。硬貨を組み合わせて、ちょうど278円を用意したいとします。

1．この金額を用意する組み合わせは何通りあるでしょうか。

2．一番少ない硬貨で用意する組み合わせを教えてください。

3．手元の小銭を少なくするため、一番多い硬貨で用意する組み合わせを教えてください。

この問題では、コインの組合せ数、最小枚数の組合せ、最大枚数の組合せと、3つの答えを出力する必要があります。
これらは、自動販売機などのお釣り精算を行うプログラムを作るのにも役立ちます。
先ほどの解法と同様の総当たりの方法で、答えを求めることができます。さっそく作ってみましょう。

src/ch2/coin278.py

```
01   # 変数の初期化 ──────────────────────────────────────1
02   AMOUNT = 278 # 用意したい金額
03   num_pattern = 0 # 組合せ数の調査用
04   min_coin = 9999 # 最小コイン枚数（適当に大きな値を指定）
05   min_comb = [0,0,0] # 最小コイン枚数の組合せ
06   max_coin = 0 # 最大コイン枚数
07   max_comb = [0,0,0] # 最大コイン枚数の組合せ
08
09   # 総当たりで調べる ──────────────────────────────────2
10   for c1 in range(0, 18 + 1):
11       for c5 in range(0, 20 + 1):
12           for c10 in range(0, 30 + 1):
13               # 合計金額を求める ────────────────────3
14               total = c10 * 10 + c5 * 5 + c1
15               # 用意したい金額と異なれば次へ ─────────4
16               if total != AMOUNT:
17                   continue
18               # 組合せ数 ───────────────────────────5
19               num_pattern += 1
20               # コインの枚数は？
21               num_coin = c10 + c5 + c1
22               # 一番少ない硬貨か調べる ──────────────6
23               if min_coin > num_coin:
24                   min_coin = num_coin
25                   min_comb = [c10, c5, c1]
26               # 一番多い硬貨か調べる ────────────────7
27               if max_coin < num_coin:
28                   max_coin = num_coin
29                   max_comb = [c10, c5, c1]
30   # 結果を表示 ────────────────────────────────────────8
31   print('組合せ数=', num_pattern)
32   c10, c5, c1 = min_comb
```

```
33  print('最小枚数の組合せ=', f'10円*{c10} + 5円*{c5} + 1円*{c1}')
34  c10, c5, c1 = max_comb
35  print('最大枚数の組合せ=', f'10円*{c10} + 5円*{c5} + 1円*{c1}')
```

プログラムを実行してみましょう。ターミナルで以下のコマンドを実行します。すると次のように答えが表示されます。

ターミナルで実行

```
$ python3 coin278.py
組合せ数= 42
最小枚数の組合せ= 10円*27 + 5円*1 + 1円*3
最大枚数の組合せ= 10円*16 + 5円*20 + 1円*18
```

プログラムを確認してみましょう。■ではプログラム内で利用する変数を初期化します。AMOUNTが用意したい金額、続いて、組合せ数、最小コイン枚数、最大コイン枚数を調べるための変数を初期化します。

なお、最小コイン枚数を調べるための変数min_coinを9999で初期化していますが、より小さな枚数の組合せが見つかったときに、この値が更新されるようにするためです。総当たりの調査の後、この変数が9999のままであったなら、1つも用意したい金額の組合せが見つからなかったことを表しています。

■ではfor文を入れ子状に配置して、各硬貨の枚数を総当たりで調査します。■では合計金額を計算します。■では、用意したい金額と異なればcontinueして、繰り返しで次の組合せを試します。

■以降の部分は用意したい金額に合う組合せの処理です。そのため、組合せ数を表すnum_patternに1を足します。

■では使用するコイン枚数が最も少ない組合せか調べます。最も少ない場合に変数min_combに組合せを代入します。同様に、■では一番コイン枚数が多い場合に変数max_combに組合せを代入します。

そして、最後に■では結果を表示します。

3種類のコインを総当たりで調査する計算量は？

ところで、上記では、1円玉、5円玉、10円玉の3種類のコインを総当たりで調査しました。それでは、この場合の計算量は、どのように計算できるでしょうか。

1種類のコインだけを調べる場合には、for文で0からn-1までを調査します。それで計算量は「$O(n)$」となります。それで、2種類のコインを調べる場合には「$O(n^2)$」、3種類の場合には「$O(n^3)$」となります。

枚数制限がないコインの組み合わせ問題

次に、各コインの枚数の制限がない場合も考慮してみましょう。そして、50円玉、100円玉、500円玉も登場させてみましょう。

【問題】

手元に、1円、5円、10円、50円、100円、500円の硬貨が大量にあります。この硬貨を組み合わせて、521円を用意します。コインの組合せは何通りあるでしょうか。

最初に、これまで通り、for文の多重ループを作り、総当たりで組合せを確かめてみましょう。

src/ch2/coin521.py

```
01  AMOUNT = 521
02  pattern = 0
03  for c1 in range(0, AMOUNT+1):
04      for c5 in range(0, AMOUNT//5+1):
05          for c10 in range(0, AMOUNT//10+1):
06              for c50 in range(0, AMOUNT//50+1):
07                  for c100 in range(0, AMOUNT//100+1):
08                      for c500 in range(0, AMOUNT//500+1):
09                          total = c500*500 + c100*100 + c50*50 + c10*10 + c5*5 + c1
10                          if total == AMOUNT:
11                              pattern += 1
12                              if pattern % 10 == 9:
13                                  print('（経過）組合せ数=', pattern)
14  print('（結果）組合せ数=', pattern)
```

プログラムを実行するには、ターミナルで次のコマンドを実行します。

ターミナルで実行

```
$ python3 coin521.py
（経過）組合せ数= 9
（経過）組合せ数= 19
（経過）組合せ数= 29
...
（結果）組合せ数= 21958
```

すると、次々と実行経過が表示され、しばらくしてから21958と結果が表示されます。よほど性能のよいマシンでない限り実行に時間がかかります。

ちなみに、MacBook Pro（2021 M1 Pro）で試したところ、答えが表示されるまでに114秒も掛かりました。なぜなら、この問題の計算量は「$O(n^6)$」になるからです。

TIPS

総当たりでは時間がかかり過ぎる場合がある

もしも、金額をより大きな値にした場合には、計算量が膨大になり、この方法では解くことができないでしょう。このように、組合せ数が膨大な場合には、アルゴリズムに工夫が必要になります。後ほどChapter 5で紹介する「動的計画法」（p.307参照）を使うことで、より簡潔に問題を解くことができます。

まとめ

本節では、for文を入れ子状に配置する、多重ループを活用して、総当たりでコインの組み合わせを調べてみました。ここで紹介したように、組合せがそれほど多くない場合には、総当たりでの探索は悪くない方法です。プログラムも分かりやすく作成も容易でしょう。

N進数表現と変換

あまり意識することはありませんが日常生活で使う数値は10進数を基準にしています。しかし、コンピューターの世界では16進数、8進数、2進数も使うこともあります。そこでN進数に関する計算を確認しましょう。

ここで学ぶこと

● **10進数 / 16進数 / 2進数 / 8進数**

● **ビット演算子 / 論理演算 / ビットシフト**

10進数と16進数と2進数について

日常生活では、0から9までの10個の数値を利用した「10進数」（英語：decimal number）が使われています。10進数では、7、8、9の次に10になります。つまり、数えていくと10で桁があがります。そして、19の次が20になり、29の次が30、99の次が100となります。普段から使っているので、このことを当然と感じることでしょう。

次に「16進数」について考えましょう。「16進数」（英語：hexadecimal numberまたはhex）とは、0から9とAからFの16個の数字とアルファベットを使って数値を表現する方法です。16進数で数値を数える場合には、0、1、2、3、4、5、6、7、8、9、A、B、C、D、E、Fと数えます。そして、Fの次が10となり、11、12…と数えます。その後は、19、1A、1B、1C、1D、1E、1F、20、21…のように数えます。つまり、9の次はAとなり、Fの次が10で、1Fの次が20で、2Fの次が30で、FFの次が100です。

それから「2進数」についても考えます。「2進数」（英語：binary number）とは0と1を用いて数値を表現する方法です。コンピューターの内部ではすべての情報が2進数で扱われています。0、1、10、11、100、101…のように数値を数えます。つまり、1の次が10で、11の次が100となります。このように、0と1だけでいろいろな数値を表現します。そもそも、コンピューターで2進数が使われるのは、電気信号のオン・オフの状態を、1と0に対応させて扱うことができるからです。そのため、2進数の1桁がデータの最小単位であり「ビット」と言います。

なお、「バイナリーデータ」（英語：Binary data）とは、2進数で表現されるデータのことで、コンピュータが直接処理しやすい形式のデータです。Chapter4-4（p.230）ではバイナリデータとテキストデータの比較について解説しています。

表でどのように数値が増えていくのか見てみましょう。

10進数	16進数	2進数	10進数	16進数	2進数	10進数	16進数	2進数	10進数	16進数	2進数
0	0	0	30	1E	11110	60	3C	111100	90	5A	1011010
1	1	1	31	1F	11111	61	3D	111101	91	5B	1011011
2	2	10	32	20	100000	62	3E	111110	92	5C	1011100
3	3	11	33	21	100001	63	3F	111111	93	5D	1011101
4	4	100	34	22	100010	64	40	1000000	94	5E	1011110
5	5	101	35	23	100011	65	41	1000001	95	5F	1011111
6	6	110	36	24	100100	66	42	1000010	96	60	1100000
7	7	111	37	25	100101	67	43	1000011	97	61	1100001
8	8	1000	38	26	100110	68	44	1000100	98	62	1100010
9	9	1001	39	27	100111	69	45	1000101	99	63	1100011
10	A	1010	40	28	101000	70	46	1000110	100	64	1100100
11	B	1011	41	29	101001	71	47	1000111	101	65	1100101
12	C	1100	42	2A	101010	72	48	1001000	102	66	1100110
13	D	1101	43	2B	101011	73	49	1001001	103	67	1100111
14	E	1110	44	2C	101100	74	4A	1001010	104	68	1101000
15	F	1111	45	2D	101101	75	4B	1001011	105	69	1101001
16	10	10000	46	2E	101110	76	4C	1001100	106	6A	1101010
17	11	10001	47	2F	101111	77	4D	1001101	107	6B	1101011
18	12	10010	48	30	110000	78	4E	1001110	108	6C	1101100
19	13	10011	49	31	110001	79	4F	1001111	109	6D	1101101
20	14	10100	50	32	110010	80	50	1010000	110	6E	1101110
21	15	10101	51	33	110011	81	51	1010001	111	6F	1101111
22	16	10110	52	34	110100	82	52	1010010	112	70	1110000
23	17	10111	53	35	110101	83	53	1010011	113	71	1110001
24	18	11000	54	36	110110	84	54	1010100	114	72	1110010
25	19	11001	55	37	110111	85	55	1010101	115	73	1110011
26	1A	11010	56	38	111000	86	56	1010110	116	74	1110100
27	1B	11011	57	39	111001	87	57	1010111	117	75	1110101
28	1C	11100	58	3A	111010	88	58	1011000	118	76	1110110
29	1D	11101	59	3B	111011	89	59	1011001	119	77	1110111

図 2-5-1　10進数、16進数、2進数の数え方

Pythonプログラムで2進数や16進数を記述する方法

Pythonでも、2進数や16進数の表現に対応しています。2進数をプログラムに書くには、「0b1010」のように2進数の前に「0b」を書きます。16進数を書くには「0x8F」のように16進数の前に「0x」を記述します。

Pythonの対話型実行環境で確かめてみましょう。

対話モードで実行

```
>>> # 2進数を試す
>>> 0b0110
6
>>> 0b0111
7
>>> # 16進数を試す
>>> 0x10
16
>>> 0xFF
255
```

なお、Pythonでは10進数、16進数、2進数が手軽に扱えるようになっています。format関数を使うと手軽に16進数、2進数を書式化して表示できます。

src/ch2/show_10_16_2.py

```
01  for i in range(0, 30):
02      print('{:2d}, {:2X}, {:8b}'.format(i,i,i))
```

なお、format関数を使うと数値を一定の書式で出力できます。「{:2d}」と書くと10進数の数値を2桁の右詰で出力できます。同様に「{:2X}」と書くと16進数の数値を2桁の右詰で出力、「{:8b}」と書くと2進数の数値を8桁の右詰で出力します。ターミナルで「python3 show_10_16_2.py」のコマンドを実行すると**図2-5-2**のように表示されます。

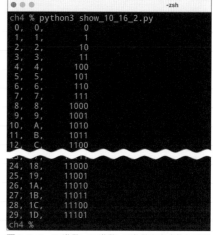

図2-5-2　10進数、16進数、2進数を書式化して出力したところ

10進数と16進数の相互変換について

それでも、実際に自分で10進数から16進数に変換するプログラムを記述できると、よりいっそう16進数を理解できることでしょう。

10進数を16進数に変換するには、次のような処理を行います。
❶ **変換したい値Nを16で割り、その余りをMに、次の桁の値をNとする**
❷ **Mに相当する値を、0123456789ABCDEFから選び、結果の左端に追記する**
❸ **Nが0以上であれば❶に戻る**

16進数を10進数に変換するには、次のような処理を行います。
❶ **結果を0とする**
❷ **16進数文字列を左から1文字だけ取り出してCに代入する**
❸ **結果に16を掛ける（16進数の桁を1つ上げる）**
❹ **文字Cに対応する値を得て結果を加算する**
❺ **16進数文字列が空でなければ❷に戻る**

10進数と16進数の相互変換プログラム

それでは、手順をプログラムに直してみましょう。以下は10進数と16進数を相互に変換するプログラムです。

src/ch2/dec_hex.py

```python
01  # 10進数を16進数に変換する関数 ─────────────────────────── 1
02  def dec_to_hex(n):
03      label = '0123456789ABCDEF'
04      result = ''
05      if n == 0:
06          return '0'
07      while n > 0:
08          m = n % 16 # 今回の桁を求める ─────────────────── 2
09          n = n // 16 # 次回の値
10          result = label[m] + result # 今回の桁を文字列で追加
11      return result
12
13  # 16進数を10進数に変換する関数 ─────────────────────────── 3
14  def hex_to_dec(hex_str):
15      result = 0
16      for c in hex_str:
17          result *= 16 # 結果の桁を繰り上げる ─────────────── 4
18          # 今回の桁の値を調べる ───────────────────────── 5
19          v = 0
20          if c in '0123456789':
21              v = ord(c) - ord('0')
22          elif c in 'ABCDEF':
23              v = ord(c) - ord('A') + 10
24          elif c in 'abcdef':
25              v = ord(c) - ord('a') + 10
26          result += v
27      return result
28
29  # テスト ───────────────────────────────────────────── 6
30  def test_dec_hex():
31      assert dec_to_hex(255) == 'FF'
32      assert dec_to_hex(256) == '100'
33      assert dec_to_hex(0) == '0'
34
35      assert hex_to_dec('FF') == 255
36      assert hex_to_dec('100') == 256
37      assert hex_to_dec('F') == 15
38
39  if __name__ == '__main__':
40      print('dec_to_hex(255)  =>', dec_to_hex(255))
41      print('hex_to_dec("FF") =>', hex_to_dec('FF'))
```

ターミナルからプログラムを実行してみましょう。

ターミナルで実行

```
$ python3 dec_hex.py
dec_to_hex(255)  => FF
hex_to_dec("FF") => 255
```

プログラムを確認してみましょう。■では10進数を16進数に変換する関数dec_to_hexを定義します。この関数では、10進数の値nを16で割ることで1つずつ右端の桁を求めていきます。■で、16で割った余りを今回の桁m、次回の値をnに代入します。

■では16進数を10進数に変換するhex_to_decを定義します。for文で文字列変数から1文字ずつ変数cに取り出して繰り返します。■では前回の繰り返しで取り出した値に16を掛けて桁を繰り上げます。■では文字cから16進数に応じた値を求めて、結果に加算します。

最後の■ではpytest用のテストを記述し、その後、実行テスト用のプログラムを記述します。

■で記述したテストプログラムを実行するには、次のコマンドを実行しましょう。「1 passed」と表示されたらテスト成功です。

ターミナルで実行

```
$ python3 -m pytest dec_hex.py
```

10進数と2進数の相互変換について

上記と同様の方法で10進数と2進数の相互変換ができます。なお、ビット演算を使うことでより手軽に変換を行えます。10進数と2進数の相互変換するプログラムは次の通りです。

src/ch2/dec_bin.py

```python
01  # 10進数から2進数に変換                                    ■
02  def dec_to_bin(n):
03      result = ''
04      while n > 0:
05          m = n & 1 # 2進数の末尾1桁を取り出す                 ■
06          n = n >> 1 # ビットを1桁右にずらす
07          result = ('0' if m == 0 else '1') + result
08      return result
09
10  # 2進数から10進数に変換                                    ■
11  def bin_to_dec(bin_str):
12      result = 0
13      for c in bin_str:
14          result = result << 1 # 桁を1つ左にずらす            ■
15          result += 1 if c == '1' else 0
16      return result
17
18  # テスト                                                 ■
19  def test_dec_bin():
20      assert dec_to_bin(3) == '11'
21      assert dec_to_bin(15) == '1111'
22      assert dec_to_bin(5) == '101'
23      assert bin_to_dec('11111111') == 255
24      assert bin_to_dec('101') == 5
25
26  if __name__ == '__main__':
27      print('dec_to_bin(5)    =>', dec_to_bin(5))
28      print('bin_to_dec("101") =>', bin_to_dec('101'))
```

ターミナルからプログラムを実行してみましょう。

```
$ python3 dec_bin.py
dec_to_bin(5)     => 101
bin_to_dec("101") => 5
```

プログラムを確認してみましょう。■では10進数から2進数に変換する関数dec_to_binを定義します。■ではビット演算（AND）の「&」を用いて末尾の1桁を取り出します。どうして取り出せるのでしょうか。例えば、n=3のときを考えてみましょう。2進数で3は0b0011であり1（0b0001）とAND演算を行うと1になります。2（0b0010）のときは0となります。つまり、「m = n & 1」のように書くことで、2進数の末尾の1桁を取り出すのと同じ意味になります。そして、■の次の行でビットシフト演算子「>>」を利用して1桁右に値にずらします。そして、結果resultの左端にmの値（末尾1桁の値）を加算します。

そして、■では2進数から10進数に変換する関数bin_to_decを定義します。■ではビットシフト演算子「<<」を利用して1ビット左に桁をずらします。そして、文字cに基づいて0か1の値を加算します。

■ではpytestのテストを記述し、その後、簡単な変換テストを記述します。

基本的に「10進数から16進数への変換」する処理（dec_hex.pyの関数dec_to_hex）と「10進数から2進数への変換」する処理（dec_bin.pyの関数dec_to_bin）は似たような処理になっています。プログラムを理解するために、プログラムを見比べるのも役立つことでしょう。

「ビット演算子」について

Pythonの演算子の中には、ビット演算が可能な演算子が用意されています。基本的にビット演算とは、データの2進数表現に対して処理を行う演算子です。これを利用することで、2進数を基本とした演算やN進数の変換が可能です。とは言え、あまり馴染みがないという方も多いでしょう。簡単にビット演算についてまとめてみます。

まず、Pythonのプログラムの中に2進数を記述したい場合には「0b1111」や「0b1010」のように値を「0b」から始めます。そして、数値を2進数に変換するには関数binを利用して「bin(15)」のように記述できます。上記のプログラムではあえて関数dec_to_binを定義しましたが、最初からPythonには組み込まれているのです。

Pythonの対話実行環境を利用して試してみましょう。

```
$ python3
>>> # プログラム中で2進数を使う
>>> 0b1111
15
>>> # 数値を2進数に変換する
>>> bin(15)
'0b1111'
```

論理演算について

ビットごとの論理演算には、AND演算（＆）、OR演算（｜）、XOR演算（＾）、NOT演算（～）があります。これらの演算は2進数で各ビットに対して演算を行うものです。

「AND演算」(論理積)は右のような演算を行います。日本語の「AかつB」に相当する演算です。AもBも真(1)のときに真(1)になりますが、それ以外は偽(0)となると覚えるとよいでしょう。

入力1	入力2	結果
1	1	1
1	0	0
0	1	0
0	0	0

「OR演算」(論理和)は右のような演算を行います。日本語の「AまたはB」に相当する演算です。AかBのどちらかが真(1)のとき真(1)になります。

入力1	入力2	結果
1	1	1
1	0	1
0	1	1
0	0	0

「XOR演算」(排他的論理和)は右のような演算を行います。OR演算に似ていますが、入力が1と1のときに結果が0になります。暗号化や乱数生成など多くのアルゴリズムで利用されます。

入力1	入力2	結果
1	1	0
1	0	1
0	1	1
0	0	0

「NOT演算」(論理否定)は、1なら0に反転、0なら1に反転する演算を行います。

入力	結果
1	0
0	1

実際のビット演算では数値を2進数に変換し、その各ビットについて演算を行います。

例えば、0b1100と0b0010についてOR演算の結果を見てみましょう。ビットごとにOR演算を行って0b1110を計算できます。

入力1		1	1	0	0
入力2	｜	0	0	1	0
結果	＝	1	1	1	0

対話環境で簡単に試してみましょう。

対話モードで実行

```
>>> # AND演算を試す
>>> bin(0b11001100 & 0b1111)
'0b1100'
>>> # OR演算を試す
>>> bin(0b1100 | 0b0011)
'0b1111'
```

ビットシフト演算

ビットを左右にずらすシフト演算には、左シフト演算（<<）、右シフト演算（>>）があります。ビット単位で右側や左側に値をシフトできます。対話型実行環境で試してみましょう。

```
>>> # 左に4ビットシフトする
>>> bin(0b1111 << 4)
'0b11110000'
>>> # 右に4ビットシフトする
>>> bin(0b11110000 >> 4)
'0b1111'
```

なお、ビットシフト演算を使うと、10進数と16進数の変換を次のように記述できます。16進数の1桁が4ビットに相当するので、「N << 4」のように左に4ビットシフトすることで16進数の1桁を繰り上げることができます。

ビットシフトを利用して、10進数を16進数に変換する関数 dec_to_hex を書くと次のようになります。

src/ch2/dec_hex_shift.py

```
01  # ビットシフトで10進数を16進数に変換する関数
02  def dec_to_hex(n):
03      label = '0123456789ABCDEF'
04      result = ''
05      if n == 0:
06          return '0'
07      while n > 0:
08          m = n & 0b1111 # 今回の桁を求める ─────────────────1
09          n = n >> 4     # 次回の値
10          result = label[m] + result # 今回の桁を文字列で追加
11      return result
12
13  def test_dec_to_hex():
14      assert dec_to_hex(255) == 'FF'
15      assert dec_to_hex(256) == '100'
16      assert dec_to_hex(0) == '0'
```

プログラムを pytest で実行するにはターミナルで次のコマンドを実行します。「1 passed」と表示されたらテストは成功です。

```
$ python3 -m pytest dec_hex_shift.py
```

プログラムを確認してみましょう。本節ですでに紹介した「dec_hex.py」と比べてみましょう。ほとんど同じですが、1で算術演算の「%」や「//」の代わりにビット演算の「&」と「>>」が登場しています。

本書ではこの後もいろいろなアルゴリズムが登場しますが、ビット演算が重要となる場面も多くあるので覚えておきましょう。

練習問題　8進数の相互変換プログラムを作ろう

ここまでの部分で16進数と2進数と10進数を相互変換するプログラムを記述しました。次にこれを応用して8進数を扱ってみましょう。

【問題】
「8進数」（英語：octal）とは8を基数とする数値表現です。8になると桁があがります。それでは、10進数から8進数に変換する関数 dec_to_oct、その逆で8進数を10進数に変換する関数 oct_to_dec を作ってみてください。

【ヒント】基数である8で割ったり掛けたりすることで変換できます。

答え　8進数の相互変換プログラム

10進数と8進数を相互変換するプログラムは次のようになります。

src/ch2/dec_oct.py

```
01  # 10進数から8進数に変換                          ■1
02  def dec_to_oct(n):
03      result = ''
04      while n > 0:
05          m = n % 8 #                             ■2
06          n = n // 8
07          result = str(m) + result
08      return result
09
10  # 8進数から10進数に変換                           ■3
11  def oct_to_dec(oct_str):
12      result = 0
13      for c in oct_str:
14          result *= 8
15          result += int(c) if c in '01234567' else 0
16      return result
17
18  # テスト                                         ■4
19  def test_oct_dec():
20      assert dec_to_oct(8) == '10'
21      assert dec_to_oct(10) == '12'
22      assert oct_to_dec('10') == 8
23      assert oct_to_dec('12') == 10
```

上記のプログラムではpytest用のテストを記述しました。ターミナルで以下のコマンドを実行するとテストの結果を確認できます。実行してみて「1 passed」と表示されたら成功です。

ターミナルで実行

```
$ python3 -m pytest ./dec_oct.py
```

プログラムを確認してみましょう。**1**では10進数から8進数に変換する関数dec_to_octを定義します。**2**で書いているように、繰り返し8で割ることで、10進数から8進数に変換できます。

3では8進数から10進数に変換する関数oct_to_decを定義します。for文で1文字ずつ読んでいって8進数の表記を足して、桁をずらすために8を掛けていくことで8進数から10進数に変換します。

まとめ

本節では日常生活で使っている10進数のほかに、2進数、8進数、16進数について考えてみました。そして、N進法の表記や変換、またビット演算子について解説しました。これらの基本的な知識は、暗号化やエンコードなど、この後で出てくるアルゴリズムを理解するための下地となります。しっかり押さえておきましょう。

シーザー暗号

シーザー暗号とは、古代ローマの軍司令官カエサルが使用したことで有名です。最も簡単な暗号アルゴリズムで暗号の初歩について学ぶのに最適です。本節では、このシーザー暗号を使った暗号化と復号化の仕組みを学びましょう。

ここで学ぶこと

● シーザー暗号

● 暗号化・復号化

シーザー暗号とは

「シーザー暗号」(英語：Caesar cipher)」とは、アルファベットの文字をABC順にN文字分ずらすことで作成する暗号のことです。

例えば、3文字ずらして暗号文を作る場合、AであればD、BであればE、CであればF…のように変更します。つまり、「CAT」を暗号化すると「FDW」という暗号文になります。「LOVE」であれば「ORYH」となります。

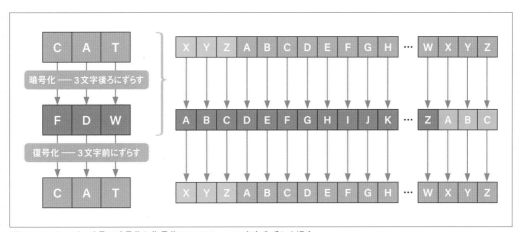

図2-6-1　シーザー暗号の暗号化と復号化について──3文字分ずらす場合

それで、シーザー暗号の暗号文を平文に戻す（復号する）場合には、辞書順と反対方向にN文字ずらします。このように、辞書順にアルファベットをずらすだけでできる暗号がシーザー暗号です。暗号化も復号化も簡単です。

シーザー暗号は次のような数式で表現できます。文字xをn個ずらす（シフトする）ものとします。この数式で「mod」は割り算の余り（Pythonの%演算子）を表します。割り算の余りを使うことで26を越えた分は先頭（0）に戻るため、アルファベットの範囲（a-z）をはみ出すことがありません。

$$E_n(x) = (x + n) \bmod 26$$

なお、シーザー暗号では何文字分ずらすかが暗号化・復号化のカギとなります。なお、シーザー暗号でよく使われるのが13文字ずらすものです。よく使われるので「ROT13」（Rotate by 13 placesの略）という名前もついてみます。英語圏のネット掲示板では、冗談やネタばれ情報など、直接的な答えを隠すためにROT13暗号文が使われることがあります。

シーザー暗号は簡単に解読が可能なので注意

ただし、解読が簡単であるため、現代では一般的な用途でもシーザー暗号を使うことはありません。と言うのも、英語におけるアルファベットの出現頻度が統計的に分かっており、暗号文に出てくるアルファベットの出現頻度を調べるだけで、シーザー暗号の解読が可能だからです。

それでは、シーザー暗号を学ぶ意義とは何でしょうか。まず、「暗号とは何なのか」を学ぶことができます。そして、多くの人は、暗号がどのようにして作成されて、どのくらい安全なのかを意識していません。簡単な暗号を学ぶことで、セキュリティ意識を高めることができるでしょう。

シーザー暗号を実装してみよう

最初に、シーザー暗号をテストするプログラムを作ってみましょう。pytestのテストを作ってみましょう。ここでは、シーザー暗号で文字列を暗号化するencrypt関数、暗号文を元に戻す（復号する）decrypt関数を作ろうと思います。

src/ch2/caesar_ng.py

```
01  # シーザー暗号をテストするプログラム（テストのみ作ったもの）
02  def test_encrypt_caesar():
03      assert encrypt('CAT', 3) == 'FDW'
04      assert encrypt('LOVE', 3) == 'ORYH'
05      assert decrypt('FDW', 3) == 'CAT'
06
07  # 暗号化
08  def encrypt(src, key_no):
09      # 後で実装する
10      return ''
11
12  # 復号化
13  def decrypt(src, key_no):
14      return encrypt(src, key_no * -1)
```

最初に、テストが失敗するか確認してみましょう。

シーザー暗号を返すencrypt関数を試すには以下のコマンドを実行します。

```
$ python3 -m pytest ./caesar_ng.py
```

実行すると赤い文字で「1 failed」と表示されることでしょう。ここでは、encrypt関数は未実装であるため、失敗するのが正しい挙動です。

シーザー暗号のプログラムを完成させよう

なお、本節の冒頭で紹介したシーザー暗号の計算式は、文字コードなどの要素を考慮していない概念的なものです。実際のプログラムに落とし込む際には、文字コードを考慮したプログラムを作る必要があります。

なお、文字コードとは、コンピューターで扱う文字や記号などに固有の識別番号を与えたものです。一般的に使われる文字コードでは、アルファベットの「A」には10進数の65が割り振られており、「B」には66、「C」には67、「D」には68が割り振られています。

それで、この点を考慮して、実際のプログラムでは、次のような操作を行う必要があります。

❶ 暗号化したい文字列に対して1文字ずつ以下の操作を行う
❷ 操作対象の文字について文字コードを得る
❸ 文字コードにずらす値を加える、ただしアルファベット26文字内に収まるようにする
❹ 文字コードを文字に戻す

上記の❸の部分が分かりにくいと思いますが、例えば「A」なら3文字ずらすと「D」となり問題はないのですがアルファベット末尾「Z」の場合は冒頭「A」に戻って「C」にしなくてはなりません。そのために、Zを超えたときには文字コードから26を引くという処理が必要です。

それでは、上記の点を踏まえて、実際にプログラムを作成してみましょう。なお、コマンドラインから実行できるように、コマンドライン引数（ターミナルからユーザーが入力した内容）を受け取って、プログラムを実行するようにします。まずは、指定された文字数の分をずらす処理の部分のみを作りましょう。完成したプログラムは次の通りです。

src/ch2/caesar.py

```
01  # シーザー暗号のプログラム（完成版）
02
03  # シーザー暗号をテストする関数
04  def test_encrypt_caesar():
05      assert encrypt('CAT', 3) == 'FDW'
06      assert encrypt('LOVE', 3) == 'ORYH'
07      assert decrypt('FDW', 3) == 'CAT'
08
09  # 暗号化
10  def encrypt(src, key_no):
11      result = ''
12      # 1文字ずつ処理する                                    ■1
13      for c in src:
14          # 大文字ならkey_no分ずらす                        ■2
15          if 'A' <= c <= 'Z':
16              ci = ord(c)  # 文字を文字コードに変換          ■3
```

```
17          base = ord('A')  # 'A'の文字コードを取得
18          ci = (ci - base + key_no) % 26 + base  # ──────── 4
19          c = chr(ci) # 文字コードを文字に変換 ──────── 5
20      # 変換結果を追加 ──────── 6
21      result += c
22   return result
23
24 # 復号化
25 def decrypt(src, key_no):
26   return encrypt(src, key_no * -1)
```

ターミナルを開いて、プログラムを実行してみましょう。まずはテストが成功するのか確認します。

```
$ python3 -m pytest ./caesar.py
```

図2-6-2のように、緑色の文字で「1 passed」と表示されたらテストに合格です。

図2-6-2　シーザー暗号のテストを実行したところ

それでは、プログラムを確認してみましょう。

1 では変数srcに入っている文字列をfor文で1文字ずつ繰り返し処理します。それで、繰り返しに際して変数cには1文字が入ります。

2 以降の部分ではアルファベット大文字の'A'から'Z'までの文字が指定されたとき、変数key_noで指定した文字数分ずらします。

なお、アルファベットの範囲（AからZの26文字）に収まるように、少し工夫をしています。アルファベットの文字数はAからZまでの26文字です。そのため、文字コードに対して、単純にkey_no分だけ足すと、アルファベットの範囲を飛び出してしまいます。そのために割り算の余り（%）を使ってAからZまでの範囲に収まるようにするのです。

ただし、このとき、AからZの文字コードは0で始まっていません。そのために、単純に26で割った余りを使うことはできません。先頭のAが0で始まるようにしてはじめて、割り算の余りが生きてきます。

それで、**3** では前段階として、ord関数を利用して文字を文字コード（整数の数値）に変換します。今回変換対象となる文字cの文字コードを変数ciに代入し、変数baseには'A'の文字コードを取得します。

そして、**4** の部分で、変数ciからbaseを引いてから26で割った余りを求めて、改めてbaseを加算します。つまり、Aが0、Bが1、Cが2…という状態にしておいてから、key_no分だけずらして26で割り、余りを求めます。この後で文字コードに直すために変数baseを足します。その後 **5** でchr関数を使って文字コードを文字に変換します。

そして、**6** では変換結果を変数resultに足していきます。

コマンドラインから実行できるようにしてみよう

続いて、コマンドラインから暗号化の処理が実行できるようにしてみましょう。先ほど作ったファイルをモジュールとして使いつつ、コマンドライン引数を確認して暗号化を行うプログラムを作りましょう。

> **COLUMN**
>
> ## Pythonのモジュール機構について
>
> ここでは、すでに作った関数をモジュールとして別のプログラムから利用します。「モジュール」とは外部ライブラリのことで、関数などを1つのファイルにまとめたものを言います。
>
> なお、Pythonでは「モジュール」を作成するのは簡単です。特別な宣言などは不要で、Pythonのファイルに関数などを定義するだけだからです。そして、それを利用したいプログラムにて「import（モジュール名）」と記述します。
>
> 本節ではシーザー暗号のロジックに注目しつつも、Pythonのモジュール機構についても学びましょう。

以下のプログラムが、コマンドライン引数を得て、シーザー暗号の暗号化を行うプログラムです。コマンドライン引数として、暗号化する文字列（ここでは大文字のみに対応）、文字をずらす数の2つを入力してもらう前提です。以下のプログラムとモジュール「caesar.py」を同じフォルダに配置します。

src/ch2/caesar_cli.py

```
01  import sys
02  import caesar
03
04  # コマンドライン引数の数を確認 ───────────────────1
05  if len(sys.argv) < 3:
06      print('[使い方] caesar_cli.py "文章" (key_no)')
07      quit()
08  # コマンドライン引数を取得 ───────────────────2
09  src = sys.argv[1] # 文章
10  key_no = int(sys.argv[2]) # 何文字ずらすか
11  # 暗号化 ───────────────────────────3
12  print(caesar.encrypt(src, key_no))
```

簡単にプログラムを確認しましょう。プログラムの **1** ではコマンドライン引数の数を確認します。入力された引数の数が不足している場合は、どのように入力するかのヒントを表示します。**2** では引数を取得します。コマンドライン引数は、sys.argvにリスト型で入っています。sys.argv[0]にはPythonスクリプトのファイル名が入っており、1以降にコマンドライン引数が入ります。それで、変数key_noに何文字分ずらすかの値を取得し、**3** でencrypt関数を実行して暗号化処理を行います。

プログラムを実行してみましょう。ここでは英語の格言「A GOOD WORD CHEERS IT UP.」（良い言葉はそれ[心]を歓ばせる）を3文字文後ろにずらして暗号化してみましょう。

> **ターミナルで実行**

```
$ python3 caesar_cli.py "A GOOD WORD CHEERS IT UP." 3
```

```
D JRRG ZRUG FKHHUV LW XS.
```

どうでしょうか。暗号化されて全く意味が分からないものになりました。次に、復号化してみましょう。ここでは、ABC順に3文字分後ろにずらすという処理を行いましたので、逆に3文字分前にずらせば復号化できます。

ターミナルで実行

```
$ python3 caesar_cli.py "D JRRG ZRUG FKHHUV LW XS." -3
A GOOD WORD CHEERS IT UP.
```

練習問題 大文字・小文字を処理できるように改良しよう

【問題】
ここまでに作ったシーザー暗号のプログラムは、アルファベットの大文字のみ、辞書順にN文字ずらす処理を行うものでした。次に、大文字だけでなく、小文字も変換できるように改良してみましょう。

【ヒント】1文字ずつ処理する場面で、大文字と小文字をそれぞれ判定してN文字ずつ処理するようにします。

答え 大文字・小文字に対応したシーザー暗号

大文字・小文字の両方に対応したシーザー暗号は次の通りです。

src/ch2/caesar2.py

```
01   # シーザー暗号を大文字と小文字でテスト
02   def test_encrypt_caesar2():
03       assert encrypt('CAT', 3) == 'FDW'
04       assert encrypt('love', 3) == 'oryh'
05       assert decrypt('fdw', 3) == 'cat'
06
07   # 暗号化
08   def encrypt(src, key_no):
09       result = ''
10       # 1文字ずつ処理する ─────────────────────────1
11       for c in src:
12           # 小文字の場合 ──────────────────────2
13           if 'a' <= c <= 'z':
14               base = ord('a')
15               c = chr((ord(c) - base + key_no) % 26 + base)
16           # 大文字の場合 ──────────────────────3
17           elif 'A' <= c <= 'Z':
18               base = ord('A')
19               c = chr((ord(c) - base + key_no) % 26 + base)
20           result += c
21       return result
22
```

```
23    # 復号化
24    def decrypt(src, key_no):
25        return encrypt(src, key_no * -1)
```

プログラムを確認しましょう。① の部分で1文字ずつ処理します。② では小文字の場合の処理を記述します。小文字の 'a' を基点として key_no 分だけずらします。③ では大文字の処理をします。大文字の 'A' を基点として key_no 分だけずらします。

pytest を実行して正しく動くことを確認してみましょう。ターミナルで以下のコマンドを実行します。そして末尾に「1 passed」と表示されたら、テスト成功です。

ターミナルで実行

```
$ python3 -m pytest caesar2.py
```

まとめ

以上、本節では最も原始的な暗号であるシーザー暗号について紹介しました。これは、元の文章の各文字を辞書順に N 文字ずらすことで暗号文を作成するものでした。Python のプログラムで実装する際には、一度文字コードに変換してから処理する必要があったり、アルファベット26文字に収まるように工夫する必要があったりと、手順をプログラムに変換するために考えるべきポイントがいくつかありました。

COLUMN

プログラミング教育の必修化でプログラマーの仕事はどうなる!?

2021年に中学校の教育課程でプログラミング教育が必修化されました。これにより、もはやプログラミングは特別なことではなくなろうとしています。これまで筆者が職業を聞かれた時に「プログラマー」であると答えると「難しい仕事しているのね」と言われることもありました。しかし、みんなが学校でプログラミングを習うようになれば、この状況は大きく変わってくるでしょう。

もちろん、プログラミングの授業を受けたからと言って、誰もがプログラミングを仕事にしたり、自由に使いこなせることはないでしょう。それは、調理実習などで料理を習ったからといって誰もが料理人になれるわけではないのと同じです。それでも、ここからプログラミングを仕事にしていく上で大切な教訓を学べます。料理人になるためには、単に料理の作り方を学ぶだけではありません。食材について知り、味だけでなく栄養バランス、見た目や安全性などを考慮してメニューを考える必要があります。また、仕入れや経営、他のスタッフとのコミュニケーションなど、料理人には幅広い知識と経験が必要となります。

プログラマーになるのも同じです。プログラマーの仕事は、ただプログラムを作るだけではありません。お客さんにアプリを安心して使ってもらえるように、セキュリティを考慮したり、改良やメンテナンスがしやすいプログラムを作る必要があります。また、繰り返しテストしてバグのないプログラムを作る必要があります。そのために、幅広い知識が必要となります。そのため、学生時代にプログラミングを習ったとしても、大きくプログラマーの仕事に影響はないでしょう。

しかし、多くの人がプログラミングを学ぶようになれば、技術リテラシーが向上し、プログラマーにはより幅広いスキルや知識が求められるようになるのは確かです。そこで本書の出番です。引き続き先人達の知恵が凝縮された珠玉のアルゴリズムを学び、プログラミングスキル向上を目指していきましょう。

Chapter 2-7

上杉暗号

シーザー暗号に続いて「上杉暗号」を実装してみましょう。これは戦国時代の武将「上杉謙信」が使っていた暗号です。上杉暗号では変換表を用いて暗号化・復号化を行うのが特徴です。

ここで学ぶこと

● 上杉暗号

● 換字式暗号

● 辞書の内包表記

● ローマ数字と漢数字の相互変換

上杉謙信が使った「上杉暗号」を使ってみよう

「上杉暗号」は上杉謙信が使っていたとされる暗号です。これは変換表を利用した暗号で、現代でもドラマのトリックとして利用されたこともあります。シーザー暗号と同様に比較的手軽にPythonでも実装できるので挑戦してみましょう。

上杉暗号の仕組み

上杉暗号では、最初に7×7の表を作り、そこへ右のように「いろはうた」を書き込みます。そして表の列と行の番号を使って文字を表現するというものです。

七	六	五	四	三	二	一	
ゑ	あ	や	ら	よ	ち	い	一
ひ	さ	ま	む	た	り	ろ	二
も	き	け	う	れ	ぬ	は	三
せ	ゆ	ふ	ゐ	そ	る	に	四
す	め	こ	の	つ	を	ほ	五
ん	み	え	お	ね	わ	へ	六
○	し	て	く	な	か	と	七

図 2-7-1
上杉暗号のための変換表

例えば、「しろくま」を上杉暗号に変換すると「六七一二四七五二」になります。

手紙に数字だけが書かれており、上杉暗号の仕組みを知らないと、全く意味が分からないのですが、**図2-7-1**のような変換表があれば、数字2文字を1組と見なして、表の列と行を照らし合わせることで暗号文を解読できます。

「六七一二四七五二」を確認していましょう。表の縦方向を「列」横方向を「行」と表現します。

```
6列7行目→「し」
1列2行目→「ろ」
4列7行目→「く」
5列2行目→「ま」
```

暗号を作る場合も、この「いろはうた」の表を確認することで、容易に暗号文を作成できます。

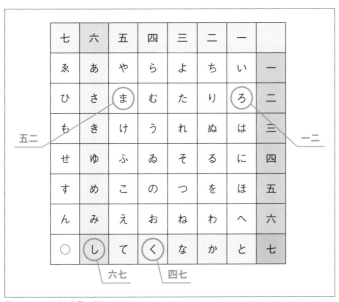

図 2-7-2　上杉暗号の例

このように、平文を1文字ずつ別の文字や記号などに変換することで暗号文を作成する暗号を「換字式暗号」(英語：Substitution cipher)と呼びます。前節で紹介した「シーザー暗号」もこの方式の1つです。

上杉暗号を実装してみよう

それでは、Pythonで上杉暗号を作ってみましょう。最初から頑張ってプログラム全体を作ることもできますが、長いプログラムは読みづらい上にメンテナンスも大変です。また、Pythonではファイルに分割すると、それを手軽にモジュールとして利用できます。そこで、今回は、必要となる機能ごとにファイルを分割して実装してみましょう。

ここでは、上杉暗号を実装する上で必要となる機能を、次のような3つのファイルに分割してみます。

- 「kansuji.py」… 漢数字とローマ数字の相互変換機能 (モジュール)
- 「uesugi_table.py」… 上杉暗号の核となる「いろはうた」の変換テーブル (モジール)
- 「uesugi.py」…上記モジュールを読み込んで上杉暗号の暗号化と復号化を行う (メインプログラム)

漢数字とローマ数字を相互に変換しよう

上杉暗号では暗号文を漢数字で出力します。その方が戦国時代っぽいですよね。そこで、ローマ数字を漢数字に変換する関数to_kansuji、その逆で、漢数字をローマ数字に変換する関数to_romasujiを定義してみましょう。これは、漢数字とローマ数字の変換テーブルを用意すると比較的簡単に実装できます。

以下のプログラムが、ローマ数字から漢数字へ変換する関数「to_kansuji」と、ローマ数字から漢数字へ変換する「to_romasuji」を定義したモジュールです。

src/ch2/kansuji.py

```
01  # 漢数字とローマ数字の相互変換を行う
02  # 変換テーブル ─────────────────────────────────────────1
03  KANSUJI = list('零一二三四五六七八九') # 1文字ずつ分解してリストに
04  ROMASUJI = list('0123456789')
05
06  # 変換テーブルを辞書に変換 ──────────────────────────────2
07  KANSUJI_DIC = { key: str(no) for no, key in enumerate(KANSUJI) }
08
09  # 漢数字に変換 ─────────────────────────────────────────3
10  def to_kansuji(src):
11      result = ''
12      # 文字列srcを1文字ずつ変換 ─────────────────────────3a
13      for c in src:
14          if c in ROMASUJI: # リストに変換候補があるか ────────3b
15              c = KANSUJI[int(c)] # 変換候補があれば変換 ─────────3c
16          result += c
17      return result
18
19  # ローマ数字に変換 ───────────────────────────────────4
20  def to_romasuji(src):
21      result = ''
22      # 文字列srcを1文字ずつ変換 ─────────────────────────4a
23      for c in src:
24          if c in KANSUJI_DIC: # 辞書に変換候補があるか ───────4b
25              c = KANSUJI_DIC[c] # 変換候補があれば変換 ─────────4c
26          result += c
27      return result
28
29  # pytestで関数をテスト
30  def test_kansuji():
31      assert to_kansuji('345') == '三四五'
32      assert to_romasuji('三四五') == '345'
```

なお、モジュールではありますが、pytestで簡単なテストを行う関数「test_kansuji」も作りました。以下のコマンドを実行して、テストが正しく動くことを確認してみましょう。

ターミナルで実行

```
$ python3 -m pytest kansuji.py
```

実行してみて、**図2-7-3**のように、テストの末尾に「1 passed」と最後に表示されれば成功です。

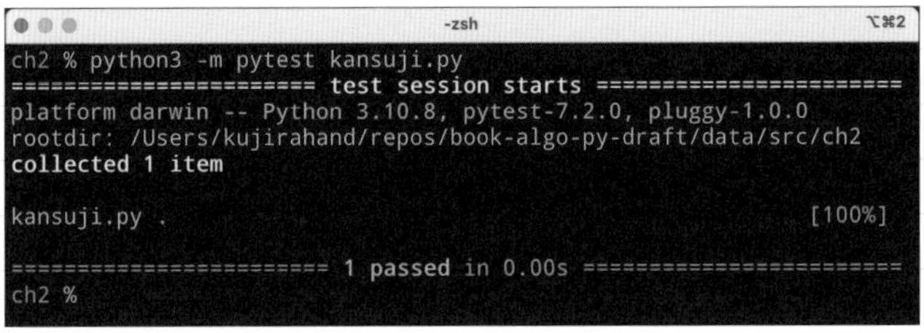

図2-7-3　テストが成功したところ

プログラムを確認してみましょう。**1**では漢数字とローマ数字の変換テーブルを作ります。対話実行環境を使うと、どんなテーブルになっているのか手軽に確認できます。「list(文字列)」を実行すると文字列は1文字ずつのリストに変換されます。

対話モードで実行

```
>>> KANSUJI = list('零一二三四五六七八九')
>>> KANSUJI
['零', '一', '二', '三', '四', '五', '六', '七', '八', '九']
```

2では、漢数字からローマ数字への変換のために、変換用の辞書型変数KANSUJI_DICを準備します。この変数の内容は次のような辞書型データです。

KANSUJI_DIC

```
{
    '零': '0', '一': '1', '二': '2', '三': '3', '四': '4',
    '五': '5', '六': '6', '七': '7', '八': '8', '九': '9'
}
```

3ではローマ数字から漢数字への変換関数to_kansujiを定義します。ここでは、**1**で定義したKANSUJIとROMASUJIのリストを利用します。

この変換処理では次の手順で変換します。
3 a……1文字ずつで以下の手順を行う
3 b…… その文字は数字か？
3 c…… 数字であれば、漢数字のリストに基づいて変換して結果に追記する

処理のポイントとなるのは、**3** cの部分でしょう。文字列srcから1文字取り出した変数cが数字であれば、漢数字のリストKANSUJIのc番目の要素を取り出して追記します。なお、変数cは文字列なので、リストのインデックスとして取得するために文字を整数に変換してから「KANSUJI[int(c)]」のように要素を取り出します。

4では漢数字からローマ数字への変換する関数to_romasujiを定義します。ここでも**3**の処理と同様に、for文で1文字ずつ変換できるかどうかを確認して変換処理を行います(**4** a)。ただし、**3**がリストから要素を取り出して変換していたのに対して、**4** bでは辞書型のデータKANSUJI_DICを利用して**4** cで変換処理を行っています。辞書型なので要素を取得するためのインデックスは文字列のまま指定します。

なお、**2**では、次のように辞書型の内包表記を利用することで、辞書型を初期化しています。

```
# 変換テーブルを辞書に変換
KANSUJI_DIC = { key: str(no) for no, key in enumerate(KANSUJI) }
```

辞書の内包表記を使っているので、少し動作が分かりづらいでしょうか。上記のプログラムは次のように記述するのと同じ意味になります。つまり、リストの各要素を辞書のキーに、辞書の値としてインデックス番号を代入します。

src/ch2/kansuji_dic.py

```
01  KANSUJI = list('零一二三四五六七八九')
02  KANSUJI_DIC = {}
03  for i, key in enumerate(KANSUJI):
04      KANSUJI_DIC[key] = str(i)
05  print(KANSUJI_DIC)
```

内包表記を使うことで3行を1行で記述できるので便利です。リストの内包表記とほとんど同じ書式で記述できます。

書式 辞書型の内包表記

```
a_dict = [ （キーの式）:（値の式）for キー in リストなど ]
```

なお、関数enumerateについても確認してみましょう。この関数は、for文と一緒に使って、リストのインデックス番号を与える働きをします。対話型実行環境で簡単に動作を確認してみましょう。リスト['a', 'b', 'c']の各要素をインデックス番号と同時に表示するプログラムです。

対話モードで実行

```
>>> for i, v in enumerate(['a', 'b', 'c']):
...     print(i, '→', v)
...
0 → a
1 → b
2 → c
```

COLUMN

漢数字とローマ数字を変換する他の方法について

ここまでの部分で、文字列を1文字ずつ確認して変換する処理について紹介しました。変換テーブルを用意して1文字ずつテーブルに基づいた変換を行う方法を紹介しました。他にも、文字列置換を行うreplaceを繰り返し実行することでも同様の処理が可能ですし、Pythonのstr.maketransとtranslateメソッドを使う方法もあります。
また正規表現とlambdaを使えば1行でローマ数字を漢数字に変換することもできます。

```
>>> import re # 正規表現を使う
>>> src = '012-3456#7'
>>> re.sub('[0-9]', lambda m: '零一二三四五六七八九'[int(m.group(0))], src)
'零一二-三四五六#七'
```

このように、いろいろな手法が考えられますので、自身で実装方法を考えて挑戦してみるとよいでしょう。

「いろはうた」の変換テーブルを定義しよう

続いて、上杉暗号の変換表を定義してみましょう。これは7×7の表に「いろはうた」を書き込んだものです。ここでは、次のように二次元のリスト型と辞書型で表現します。

src/ch2/uesugi_table.py

```
01   # 上杉暗号の変換テーブルを定義 ────────────────────────── 1
02   CONV_TABLE = [
03       ['い','ろ','は','に','ほ','へ','と'],
04       ['ち','り','ぬ','る','を','わ','か'],
05       ['よ','た','れ','そ','つ','ね','な'],
06       ['ら','む','う','ゐ','の','お','く'],
07       ['や','ま','け','ふ','こ','え','て'],
08       ['あ','さ','き','ゆ','め','み','し'],
09       ['ゑ','ひ','も','せ','す','ん','○']
10   ]
11
12   # 変換テーブル(二次元リスト)を辞書型に変換 ────────────── 2
13   CONV_DIC = {}
14   for row, cols in enumerate(CONV_TABLE):
15       for col, ch in enumerate(cols):
16           CONV_DIC[ch] = f'{row+1}{col+1}'
17
18   if __name__ == '__main__':
19       print(CONV_DIC) # 辞書型の様子を表示
```

プログラムの 1 では二次元のリスト型で、そして、 2 では 1 のリストを辞書型に変換します。ここで、冒頭の変換表(**図2-7-4**)を確認してみると、先頭の「い」の値が11、「ろ」が12、「は」が13となっており1起点です。しかし、Pythonのenumerate関数は0起点のインデックスを返します。そこで、f'{row+1}{col+1}'のように指定します。ターミナルでプログラムを実行して実行結果を確認してみましょう。

```
$ python3 uesugi_table.py
```

実行すると**図2-7-4**のように表示されます。
このような辞書型に変換しておけば、平文と暗号文を1対1で変換できます。

```
ch2 % python3 uesugi_table.py
{'い': '11', 'ろ': '12', 'は': '13', 'に': '14', 'ほ': '15', 'へ':
 '16', 'と': '17', 'ち': '21', 'り': '22', 'ぬ': '23', 'る': '24',
 'を': '25', 'わ': '26', 'か': '27', 'よ': '31', 'た': '32', 'れ':
 '33', 'そ': '34', 'つ': '35', 'ね': '36', 'な': '37', 'ら': '41',
 'む': '42', 'う': '43', 'ゐ': '44', 'の': '45', 'お': '46', 'く':
 '47', 'や': '51', 'ま': '52', 'け': '53', 'ふ': '54', 'こ': '55',
 'え': '56', 'て': '57', 'あ': '61', 'さ': '62', 'き': '63', 'ゆ':
 '64', 'め': '65', 'み': '66', 'し': '67', 'ゑ': '71', 'ひ': '72',
 'も': '73', 'せ': '74', 'す': '75', 'ん': '76', '○': '77'}
ch2 %
```

図2-7-4　上杉暗号のテーブルを辞書型に変換したところ

なお、❷の部分のリスト型変数CONV_TABLEを辞書型CONV_DICに変換する処理ですが、内包表記で記述することもできます。次のようになります。

```
dic = { ch : f'{row+1}{col+1}' for row, cols in enumerate(CONV_TABLE)
    for col, ch in enumerate(cols) }
```

しかし、これはあまり読みやすいプログラムとは言えないでしょう。内包表記を使うと楽ができる気がしますが、条件が複雑になると途端に読みづらくなります。一行に書き切れない場合などは、普通にfor文で書いた方がよいでしょう。

プログラムが読みやすいことは、良いプログラムの条件の1つです。

なお、プログラムが短くなれば、可読性性が高まるように思えるかもしれませんが、可読性とプログラムの長さは関係ありません。プログラムが少し長くなっても、読みやすいプログラムを書く方がよい場合も多くあります。可読性が高ければ、バグも減りメンテナンスしやすいコードとなります。

上杉暗号のメインプログラム

それでは、上記ファイルをモジュールとして利用して、コマンドラインから上杉暗号の暗号化と復号化するプログラムを作ってみましょう。

src/ch2/uesugi.py

```
# 上杉暗号の暗号化と復号化
import kansuji
import uesugi_table as table
# 平文から上杉暗号に変換 ―――――――――――――――――― ❶
def encrypt(src):
    # 1文字ずつ変換 ―――――――――――――――――――――― ❷
    result = ''
    for c in src:
        # 辞書内にその文字があるか？ ――――――――――――― ❸
        if c in table.CONV_DIC:
            c = table.CONV_DIC[c] # あればその文字に置換
        result += c
    return kansuji.to_kansuji(result) # 漢数字に変換 ―――――― ❹

# 上杉暗号から平文に変換 ―――――――――――――――――― ❺
def decrypt(src):
```

```
17      result = ''
18      row, col = -1, -1
19      src = kansuji.to_romasuji(src) # ローマ数字に変換 ────────────── 6
20      # 1文字ずつ変換 ──────────────────────────────── 7
21      for c in src:
22          # 1から7までの数字以外か? ───────────────────── 8
23          if c not in '1234567':
24              result += c
25              continue
26          # 数値の1文字目の場合 ───────────────────────── 9
27          if row == -1:
28              row = int(c) - 1
29              continue
30          # 数値の2文字目の場合 ───────────────────────── 10
31          col = int(c) - 1
32          # テーブルの文字を参照 ──────────────────────── 11
33          result += table.CONV_TABLE[row][col]
34          row = -1
35      return result
36
37  # pytestでテスト ────────────────────────────────────── 12
38  def test_uesugi_encrypt():
39      assert encrypt('しろくま') == '六七一二四七五二'
40      assert decrypt('六七一二四七五二') == 'しろくま'
41      assert encrypt('おこのみやき') == '四六五五四五六六五一六三'
42      assert decrypt('四六五五四五六六五一六三') == 'おこのみやき'
43
44  if __name__ == '__main__': # 実行してみる ──────────────── 13
45      enc = encrypt('おもてなし')
46      dec = decrypt(enc)
47      print('暗号化:', enc)
48      print('復号化:', dec)
```

ファイル「kansuji.py」と「uesugi_table.py」を同じフォルダに配置した上で、プログラムを実行してみましょう。実行すると「おもてなし」を暗号化して、それを復号化して表示します。

ターミナルで実行

```
$ python3 uesugi.py
暗号化: 四六七三五七三七六七
復号化: おもてなし
```

プログラムを確認してみましょう。■1以降では平文から上杉暗号に変換するencrypt関数を定義します。■2ではfor文を利用して1文字ずつ変換します。■3ではファイル「uesugi_table.py」にて定義済みの変数CONV_DICに変換対象の文字(つまり、いろはうたの各文字)があるかを確認して、文字があればその文字のインデックスに対応する値に置き換えます。例えば、「お」があれば「46」に置換します。■4ではこの関数の最後にローマ数字を漢数字に変換して返します。

■5では上杉暗号から平文に変換します。■6では漢数字をローマ数字に変換します。そして、■7以降の部分で1文字ずつ確認します。ただし、上杉暗号は2文字セットで1文字に変換する仕組みですが、for文では文字列から1文字ずつ処理するため、ちょっとした工夫が必要になります。

111

そこで、上杉暗号の表における行（row）と列（col）を-1で初期化しておいて、行と列のどちらを読んだのかが分かるようにしています。つまり、数字の1文字目を読んだら変数rowを設定し、数字の2文字目を読んだらcolを設定するという具合です。

まず、**8** では上杉暗号で使われる文字以外かどうかを確認します。そもそも上杉暗号は7×7の表を元に復号化を行います。そのため、1から7以外の数字が来たら規定外のデータとして弾く必要があります。ここでは、数字以外の文字が来たら結果を文字列resultにそのまま文字を足して、次の文字を確認するようします。

それから、**9** では1文字目（row）を取得し、**10** では2文字目（col）を取得します。そして、**11** では上杉暗号のテービル（二次元リスト）を参照して文字を取得します。なお、**9** で変数rowが-1かどうかを確認していますが、-1であれば、1文字目、-1以外であれば2文字目を読むことが分かります。

12 はpytest用のテストです。このテストでは、暗号化（encrypt）と復号化（decrypt）が正しく行われるかを確認します。

13 以降の部分でencryptとdecrypt関数を実行して、結果を表示します。

上杉暗号のバリエーション

上杉暗号はいろいろなバリエーションが考えられています。オーソドックスな上杉暗号では、「いろはうた」を変換表に使い、いろはうたの行番号と列番号を暗号文としました。

変形バージョンでは、変換表を「いろはうた」ではなく、ひらがなをランダムに入れ替えたものにすることもできます。事前に7×7の表（49音をランダムに並べたもの）を作っておいて、暗号を送る方と受ける方で交換しておくのです。

また、変換表の行番号と列番号を数字ではなくひらがなで表現する方法もあります。列名を「いろにほへと」、行名を「ちりぬるをわか」に置き換えるのです。これにより、暗号文は数字ではなく「ひらがな」になり、より暗号らしくなります。つまり、「しろくま」を暗号化するのであれば「ろかとりにかはり」となります。つまり、以下のような表を使うのです。

と	へ	ほ	に	は	ろ	い	
ゑ	あ	や	ら	よ	ち	い	ち
ひ	さ	ま	む	た	り	ろ	り
も	き	け	う	れ	ぬ	は	ぬ
せ	ゆ	ふ	ゐ	そ	る	に	る
す	め	こ	の	つ	を	ほ	を
ん	み	え	お	ね	わ	へ	わ
○	し	て	く	な	か	と	か

図2-7-5
変換表の列名をひらがなに置き換えたもの

ただし、現代では上杉暗号やその派生暗号の解読は難しくありません。多少バリエーションを変えたとしても、日本語の文を別の文字列に置き換えただけだからです。日本語の出現頻度を調べることで暗号文を解読できます。

練習問題　上杉暗号を改良してみよう

ここで練習問題です。

【問題】

先ほど紹介した上杉暗号の改良版を作ってみましょう。変換表の行番号と列番号を数字ではなく、列名を「いろはにほへと」、行名を「ちりぬるをわか」に置き換えたものを作ってみましょう。なお変換表は「いろはうた」を7×7のマスに配置したオーソドックスなものを使うものとします。

そして「おもてなしはおこのみやき」という文を暗号化し、さらにそれを復号化して表示してみてください。

プログラムからゼロから作ることができるでしょうか。ゼロから作った場合、ほとんど、本節で紹介したプログラムと同じものになります。

そこで、ここではすでに作った「uesugi_table.py」をライブラリとして使って改良版を完成させてみましょう。

src/ch2/uesugi_kai.py

```
01  import uesugi_table as table
02
03  # 列名と行名を定義 ─────────────────────────────────1
04  COLS = 'いろはにほへと'
05  ROWS = 'ちりぬるをわか'
06
07  # 暗号化する ─────────────────────────────────2
08  def encrypt(src):
09      # 1文字ずつ処理 ─────────────────────────────3
10      result = ''
11      for ch in src:
12          # 辞書内にその文字があるか? ───────────────────4
13          if ch in table.CONV_DIC:
14              ch = table.CONV_DIC[ch] # 文字を置換
15              # 列名と行名に変換
16              ch = COLS[int(ch[0])-1] + ROWS[int(ch[1])-1]
17          result += ch
18      return result
19
20  # 復号化する ─────────────────────────────────5
21  def decrypt(src):
22      # 1文字ずつ処理 ─────────────────────────────6
23      result = ''
24      n1 = -1
25      for ch in src:
26          if ch in COLS: # 1文字目の場合
27              n1 = COLS.index(ch)
28          elif ch in ROWS: # 2文字目の場合
29              n2 = ROWS.index(ch)
30              if (0 <= n1 <= 6)and(0 <= n2 <= 6):
31                  result += table.CONV_TABLE[n1][n2]
32              n1 = -1
33          else: # その他の文字の場合
34              result += ch
35              n1 = -1
36      return result
```

```
37
38  if __name__ == '__main__':
39      enc = encrypt('おもてなしはおこのみやき')
40      dec = decrypt(enc)
41      print('暗号化:', enc)
42      print('復号化:', dec)
```

プログラムを実行してみましょう。すると、次のように暗号文と復号化した元の文（平文）が表示されます。

```
$ python3 uesugi_kai.py
暗号化: にわとぬほかはかへかいぬにわほをにをへわほちへぬ
復号化: おもてなしはおこのみやき
```

プログラムを確認してみましょう。■では列名と行名を定義します。
■では暗号化を行う関数encryptを定義します。■では1文字ずつ「いろはうた」の変換テーブルを調べて暗号化します。なお、■が実際に変換テーブルを調べる処理で、辞書型の変換テーブルを確認して文字を数値に置換します。そして、数値を■で定義している列名と行名に置換します。
■では復号化するdecrypt関数を定義します。■では1文字ずつ処理します。復号化処理では、列名と行名の2文字で1つの文字に変換します。そこで、1文字目（列名）の文字があるか、2文字目（行名）の文字があるかを確認して、文字があれば変換テーブルを元に平文の文字を取り出します。

まとめ

以上、本節では上杉暗号を実現する方法を解説しました。変換表を元にして1文字ずつ変換することで、暗号化や復号化が実現できました。こうした「換字式暗号」は古くから利用されてきた暗号の1つです。今では解読も容易ですが、暗号化の基礎であり、プログラミングの練習にはもってこいの題材です。

XOR暗号

XOR暗号とはXOR演算を利用した暗号アルゴリズムです。これはXOR演算の特性を利用することで、暗号化と復号化を行います。シーザー暗号と同じくらい簡単なアルゴリズムなので、実装してみましょう。

ここで学ぶこと

● **XOR暗号**

● **XOR演算について**

● **バイナリデータの扱い**

● **HEX文字列**

XOR暗号

前々節で見た通り、シーザー暗号は辞書順に文字をN文字ずらすことで暗号化を行いました。つまり「文字コード + N」と値を加算することで暗号を行うものでした。これと似た暗号化手法に、XOR演算（排他的論理和）を使った暗号化も有名です。なお、XOR演算そのものについては、後述します。

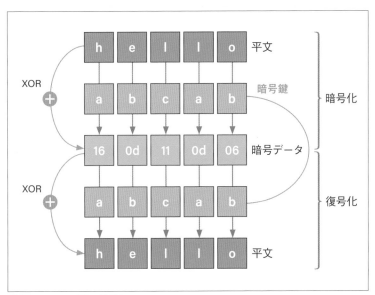

図2-8-1　XOR暗号の仕組み

115

XOR演算が面白いのは、値Xに値YをXORして求めた値Zに対して、もう一度値YをXORすると値をXに戻すことができるという性質です。XOR暗号はこの性質を利用した暗号です。

XOR演算とは何か？

そもそも、XOR演算（排他的論理和）とはどんな演算なのでしょうか。
XOR演算は論理演算の一種で、右のような演算を行います。なお、Pythonでビット単位でXOR演算を行うには「^」を使います。

計算式 (a ^ b)	答え
1 ^ 1	0
1 ^ 0	1
0 ^ 1	1
0 ^ 0	0

そして、興味深いことにXOR演算 $\oplus$ には、次のような式が成り立つ性質があります。

```
X ⊕ Y = Z
Z ⊕ Y = X
```

上記の式を暗号処理に当てはめてみましょう。元データをX、暗号鍵をY、暗号文をZと考えてみましょう。暗号鍵さえあれば、元データから暗号文を作成したり、暗号文から元データに戻すことができるのが分かるでしょう。

簡単なXOR暗号を試してみよう

Pythonの対話実行環境上で簡単なプログラムを実行して試してみましょう。ここでは暗号化したい値（上記の変数X）を12345、暗号化の鍵（上記の変数Y）を1914として試してみましょう。

対話モードで実行

```
$ python3
>>> # 変数を指定 ─────────────────────1
>>> x = 12345
>>> y = 1914
>>>
>>> # XOR演算で暗号化 ─────────────────2
>>> z = x ^ y
>>> z # zの値を確認
14147
>>> # 暗号鍵Yで復号化 ─────────────────3
>>> z ^ y
12345
```

上記プログラムの1では暗号化したい変数xと、暗号鍵yの値を指定します。そして、2ではXOR演算を行い暗号化された値zを求めます。3では暗号化された値zに対して再び暗号鍵yでXOR演算を行うと、元の値12345を求めることができました。

2進数でXOR演算を試してみよう

PythonでXOR演算を行う演算子「^」は、ビット単位で演算を行う「ビット演算子」です。「ビット演算」は数値を2進数で表したとき、それぞれのビットに対して演算を行います。この点を、Pythonの対話型実行環境で試してみましょう。

Chapter2-5でも触れましたが、Pythonで2進数を表現するには「0b11110000」のように「0b」から記述します。逆に数値を2進数に変換するには「bin(数値)」のようにbin関数を使います。対話実行環境でXOR演算を2進数で試してみましょう。

対話モードで実行

```
>>> bin(0b1100 ^ 0b0101)
'0b1001'
```

簡単な図で見てみると右のようになります。たとえば一番左の列は、1^0 = 1と上から下に読みます。2進数の各ビットに対してXOR演算が適用されているのを確認できます。

	1	1	0	0	（10進法の12）
^	0	1	0	1	（10進法の5）
=	1	0	0	1	（10進法の9）

なお、演算結果の0b1001に対して、0b0101をXORしてみましょう。最初の値0b1100に戻すことができます。

対話モードで実行

```
>>> bin(0b1001 ^ 0b0101)
'0b1100'
```

XOR演算で文章を暗号化してみよう

ここまで、XOR暗号について、基本的な事柄を確認しました。それでは、シーザー暗号と同じように、文字列に対して暗号化処理を行うようにしてみましょう。XOR暗号では1文字ずつ文字コード（数値）に変換してXOR演算を適用するだけです。

ただし、文字に対してXOR演算を実行すると、記号や改行など特別な意味を持つ文字になってしまうことがあります。これでは文字として表現できません。そこで、暗号化した値を何かしらの方法で文字列に変換する必要があります。これに使えるのが、binasciiモジュールです。これを使うと、バイナリデータを手軽に文字列に変換できます。それで、バイナリ列を文字列で表現する手法の一つに「HEX文字列」があります。これは、バイナリ列の1バイトずつを16進数表記にした文字列です。例えば、[0x78, 0x79, 0x7a]というバイナリ列を'78797a'と表現できます。

それで、XOR暗号で暗号化する手順は次の通りです。
❶ 文字列をバイト列に直す
❷ 1バイトずつ以下 ❸ の処理を行う
❸ 暗号キーを用いてXOR演算を行う
❹ 暗号化したバイナリ列をHEX文字列に変換する

chapter
2-8

復号化の手順は次の通りです。

❶ HEX文字列をバイナリ列に変換する

❷ 1バイトずつ以下 ❸ の処理を行う

❸ 暗号キーを用いてXOR演算を行う

❹ 復号化したバイナリ列をUTF-8文字列に戻す

基本的には、暗号化と復号化は同じような処理を行います。ただし、暗号化するときはXOR演算した後でHEX文字列に変換する処理を行い、復号化するときは、復号化の前にHEX文字列をバイナリ列に戻し、復号化した後でUTF-8文字列に戻すという処理を行います。

これを実装したのが次のプログラムです。

src/ch2/xor_cipher.py

```
01  import binascii
02
03  # 暗号化 ─────────────────────────────────────────── 1
04  def encrypt(src, key):
05      result = bytearray()
06      # 文字列をバイト列に変換 ──────────────────────── 2
07      src_bytes = src.encode()
08      key_bytes = key.encode()
09      # 1バイトずつXORする ──────────────────────────── 3
10      for i, b in enumerate(src_bytes):
11          key_b = key_bytes[i % len(key_bytes)]
12          xor_v = b ^ key_b # XOR ──────────────────── 4
13          result.append(xor_v)
14      # bytearrayをHEX文字列に変換 ──────────────────── 5
15      result_s = binascii.b2a_hex(result).decode('utf-8')
16      return result_s
17
18  # 復号化 ─────────────────────────────────────────── 6
19  def decrypt(src, key):
20      result = bytearray()
21      # HEX文字列をバイト列に変換 ───────────────────── 7
22      src_b = binascii.a2b_hex(src)
23      key_bytes = key.encode()
24      # 1バイトずつXORする ──────────────────────────── 8
25      for i, b in enumerate(src_b):
26          key_b = key_bytes[i % len(key_bytes)]
27          xor_v = b ^ key_b # XOR ──────────────────── 9
28          result.append(xor_v)
29      # bytearrayを文字列に戻す ─────────────────────── 10
30      result_s = result.decode('utf-8')
31      return result_s
32
33  # テスト ─────────────────────────────────────────── 11
34  def test_encrpyt_xor_cipher():
35      assert encrypt('world', 'abc') == '160d110d06'
36      assert decrypt('160d110d06', 'abc') == 'world'
37
38  if __name__ == '__main__':
39      # 'hello'を'abc'で暗号化する ──────────────────── 12
40      enc = encrypt('hello', 'abc')
41      dec = decrypt(enc, 'abc')
```

```
42        print('暗号化:', enc)
43        print('復号化:', dec)
```

最初にプログラムを実行してみましょう。

```
$ python3 xor_cipher.py
暗号化: 09070f0d0d
復号化: hello
```

プログラムを確認しましょう。∎では暗号化を行います。XOR演算を行うためには、直接文字列を指定することはできません。一度文字コードに変換する必要があります。❷では与えられた平文srcと暗号鍵keyをそれぞれバイト列に変換します。そして、❸でfor文を利用して1バイトずつ処理を行います。❹では対象データbと暗号鍵のi番目のバイトを用いてXORした結果を変数resultに追加します。❺では、binasciiモジュールのb2a_hex関数を利用して、バイト列をHEX文字列に変換します。

❻では復号化を行います。前述の通り、基本的には暗号化も復号化も同じ処理ですが、復号化の場合には、❼にあるようにHEX文字列を一度バイナリに変換します。❽ではfor文で1バイトずつ処理を行うことを指定します。❾で実際にXOR演算を行います。そして、❿ではbytearray型（後述）をUTF-8の文字列に戻します。

bytesとbytearrayの違いについて

XOR暗号を行うと文字データで表現するコードの範囲を超えてしまいます。そのため、暗号化したデータをバイナリデータとして扱う必要が生じます。Pythonでバイナリデータを扱うには、バイト列を表すbytes型やbytearray型などを利用します。

bytes型は1バイトずつのデータを扱いますが値の変更ができません。これに対してbytearray型は自由に値の変更など、いろいろな操作が可能です。

なお、文字列からバイト列を生成するのは簡単で、encodeメソッドを利用することでバイト列を生成できます。Pythonでデータ型を調べるのは「type(値)」を使います。

```
>>> s = 'abc'.encode()
>>> type(s)
<class 'bytes'>
```

なお、bytes型のデータ同士であれば、「+」演算子を使って結合できます。

```
>>> a = 'abc'.encode()
>>> b = 'def'.encode()
>>> c = a + b
>>> c
b'abcdef'
```

ただし、bytes型は変更ができません。bytes型の一部を変更するには、bytearray型に変換してから処理する必要があります。なお、bytes型やbytearray型を文字列に変換するには、decode('utf-8')メソッドを利用します。

```
>>> a = 'abc'.encode() # bytes型に変換
>>> aa = bytearray(a) # bytearray型に変換
>>> aa[0] = ord('@') # 0バイト目を'@'に変更
>>> aa
bytearray(b'@bc')
>>> aa.decode('utf-8') # bytearrayをUTF-8の文字列に変換
'@bc'
```

まとめ

本節では、XOR演算を利用した暗号化アルゴリズムであるXOR暗号について紹介しました。XORは便利でいろいろな場面で利用されます。ここで見たようにXOR暗号は$O(n)$の計算量で暗号化が可能な単純なアルゴリズムです。しかし、暗号化したいデータと同じくらい暗号鍵が長い場合、その暗号を解読するのは非常に難しくなります。

カードのシャッフル

カードゲームを作る場合など、乱数を使ってカードの順番をランダムに並び替えます。本節では効率よくデタラメに並べるシャッフルのアルゴリズムについて考察してみましょう。また、トランプを表現するデータ構造についても考えましょう。

ここで学ぶこと

● **トランプ（カード）のデータ表現**

● **シャッフルについて**

● **Fisher-Yates シャッフル**

リストの要素をシャッフルしよう

カードゲームやボードゲームなど、多くのゲームでは、データをデタラメに並べ替えることによってゲームが面白くなり盛り上がります。しかし、毎回、同じカードを配られたり、配られるカードの番号が偏っていたりするなら、面白みがなくなってしまいます。そのため、疑似乱数の生成と同様、デタラメにデータを並べ替えるアルゴリズムを考察することには大きな意味があります。

Fisher-Yatesシャッフルについて

効率の良いシャッフルの手法で有名なのは「Fisher-Yates シャッフル」と呼ばれるアルゴリズムです。これは、1938年にフィッシャーとイェーツの著作にて発表されたものです。もともとはコンピューターを使うのではなく、紙とペンと乱数表を使うことを想定して考案されたものです。その後、1964年になってコンピューター用に改良されたものが一般に広まりました。

要素数nのリストaをシャッフルするには、次のような手順を行います。

❶ 変数iを(n-1)から1まで減少させながら以下を実行する
❷ 変数kに0以上i以下のランダムな整数を代入
❸ a[k]とa[i]を交換

このアルゴリズムでは、計算量が「$O(n)$」でありながら、リスト内のすべての要素が最低1回は入れ替えの対象になります。

入れ替えられた要素が2回入れ替わることはなく、安定して偏りがない結果が得られるというメリットがあります。

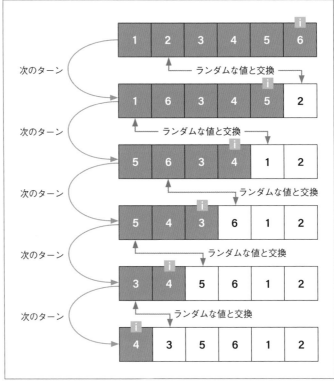

図2-9-1　Fisher-Yates シャッフル

Fisher-Yatesシャッフルを実装しよう

これをPythonで記述すると次のようになります。上記の手順が3つだったことから分かるとおり、とても簡単なコードで実装できます。

src/ch2/shuffle_fisher_yates.py

```
01  import random
02
03  # シャッフルを行う関数
04  def shuffle(arr):
05      n = len(arr) # リストのサイズ
06      # n-1から1まで繰り返す ─────────────────────────────1
07      for i in reversed(range(1, n)):
08          k = random.randint(0, i) # ランダムな要素を選ぶ ──2
09          # 入れ替える ─────────────────────────────────3
10          arr[i], arr[k] = arr[k], arr[i]
11
12  if __name__ == '__main__':
13      # shuffle関数を試す
14      arr = [1,2,3,4,5,6,7]
15      for i in range(5):
16          shuffle(arr)
17          print(arr)
```

プログラムを実行してみましょう。コマンドラインで以下のコマンドを実行しましょう。実行するたびに異なる値が表示されることでしょう。

```
$ python3 shuffle_fisher_yates.py
[4, 2, 6, 7, 5, 3, 1]
[3, 7, 2, 4, 1, 6, 5]
[7, 5, 4, 2, 1, 6, 3]
[1, 3, 6, 7, 5, 4, 2]
[2, 4, 6, 3, 7, 5, 1]
```

プログラムを確認してみましょう。■では(n-1)から1まで1ずつ減らして繰り返します。もちろん、この部分を「for i in range(n-1,0,-1):」と書くこともできます。ただ、リストを逆さまにするreversed関数を使うことで、1からn-1までを逆順に実行することが明確になります。そして、■ではリストarr[i]とarr[k]の値を入れ替えます。

参考 random.shuffleを使う方法

ちなみに、Pythonのrandomモジュールにはshuffleという関数が用意されており、これを使えば、shuffle関数を定義しなくてもデータをランダムに並べ替えることが可能になります。

src/ch2/shuffle_random.py

```
01  import random
02  arr = [1,2,3,4,5,6,7]
03  for i in range(5):
04      random.shuffle(arr)
05      print(arr)
```

トランプ（カード）に関する考察

せっかくシャッフルについて学んだので、トランプでゲームを作る方法を考えてみましょう。そもそもトランプ（英語: Trump）とは、4種類×各13枚の計52枚（とジョーカー）のカードを使って遊ぶカードゲームです。
絵柄マークには♥◆♣♠の4種類があり、絵柄ごとに各13枚の数字（A,2,3,4,5,6,7,8,9,10,J,Q,K）が振られています。

文字列でトランプを表現する方法

Pythonでトランプを表現する場合には、いくつかの手法が考えられます。
まず、一番簡単なものですが、1枚のカードには絵柄と数字があるという点を考慮します。それで、絵柄と数字を文字列として組み合わせて表現する方法があります。
次のプログラムは、1枚のカードを文字列で表現します。トランプのすべてのカードを生成してリスト型の変数cardsに代入し、シャッフルしてカードの先頭にある7枚を表示します。

src/ch2/trump1.py

```
01  import random
02  # トランプ生成のための定数
03  MARKS = ['♥','♦','♠','♣']
04  NUMS = ['A','2','3','4','5','6','7','8','9','10','J','Q','K']
05  # カードを生成
06  cards = []
07  for i in range(0, 4): # 絵柄
08      for n in range(0, 13): # 数字
09          mark = MARKS[i]
10          num = NUMS[n]
11          cards.append(mark + num)
12  # シャッフルして先頭の7枚を表示
13  random.shuffle(cards)
14  print(cards[0:7])
```

プログラムを実行すると以下のようにカードが表示されます。

ターミナルで実行

```
$ python3 trump1.py
['♥8', '♠7', '♦5', '♥10', '♠6', '♣3', '♥J']
```

しかし、この方法では、文字列でカードを表現するため、カードが連番かどうか調べるのに、わざわざ文字列を解析しないといけないという欠点があります。

数値でトランプを表現する方法

そこで、トランプのカード52枚を最初から0から51までの数字で表現することにして、画面に出力するときのみ、表示用の関数を呼び出すという方法が考えられます。つまり、**図2-9-2**のように絵柄と数字の連番に番号を付与するのです。

0	1	2	3	4	5	6	7	8	9	10	11	12
♥A	♥2	♥3	♥4	♥5	♥6	♥7	♥8	♥9	♥10	♥J	♥Q	♥K
13	14	15	16	17	18	19	20	21	22	23	24	25
♦A	♦2	♦3	♦4	♦5	♦6	♦7	♦8	♦9	♦10	♦J	♦Q	♦K
26	27	28	29	30	31	32	33	34	35	36	37	38
♠A	♠2	♠3	♠4	♠5	♠6	♠7	♠8	♠9	♠10	♠J	♠Q	♠K
39	40	41	42	43	44	45	46	47	48	49	50	51
♣A	♣2	♣3	♣4	♣5	♣6	♣7	♣8	♣9	♣10	♣J	♣Q	♣K

図2-9-2　トランプに番号を付与したもの

このように絵柄と数字に番号を付与するなら、カード番号から簡単に絵柄と数字を計算できます。次のような計算式になります。

```
絵柄 = カード番号 // 13
数字 = カード番号 % 13
```

実際のPythonのプログラムで確かめてみましょう。

src/ch2/trump2.py

```
01  import random
02  # トランプ生成のための定数
03  MARKS = ['♥','◆','♠','♣']
04  NUMS = ['A','2','3','4','5','6','7','8','9','10','J','Q','K']
05  # カード番号から絵柄と番号の文字列を返す
06  def get_label(no):
07      mark = no // 13
08      num = no % 13
09      return MARKS[mark] + NUMS[num]
10
11  # カードを生成
12  cards = list(range(0, 52))
13  # シャッフルして先頭の7枚を表示
14  random.shuffle(cards)
15  print(list(map(get_label, cards[0:7])))
```

プログラムを実行してみましょう。ターミナルでコマンドを実行します。

ターミナルで実行

```
$ python3 trump2.py
['♠2', '◆A', '◆4', '♣J', '♥5', '♣9', '♥3']
```

0から51の数値でトランプを表現するため、range関数を使うことで、カードの生成処理をわずか1行で記述できます。数値なので連番かどうかの判定も容易であり、カードをプレイヤーに配布した後で見やすく並べ替える処理も簡単に記述できます。

練習問題 トランプをシャッフルして表示しよう

シャッフルとトランプ表現について学んだところで練習問題を解いてみましょう。

【問題】
4種類×13枚のトランプ（カード）をシャッフルして、先頭の7枚を表示するプログラムを作ってください。ただし、`random.shuffle`を使わずに作ってください。

【ヒント】シャッフルとトランプについての知識をフル活用する問題です。

Fisher-Yatesシャッフルを利用して、トランプのカードをシャッフルし、その後で、先頭の7枚を取り出して表示するプログラムです。

src/ch2/trump_shuffle.py

```python
01  import random
02
03  # トランプのための定数 ──────────────────────────────── 1
04  MARKS = ['♥','♦','♠','♣']
05  NUMS = ['A','2','3','4','5','6','7','8','9','10','J','Q','K']
06
07  def shuffle(arr): # シャッフル ──────────────────────── 2
08      for i in reversed(range(1, len(arr))):
09          k = random.randint(0, i)
10          arr[i], arr[k] = arr[k], arr[i]
11
12  def get_card_label(no): # カードラベル ────────────────── 3
13      mark = no // 13
14      num = no % 13
15      return MARKS[mark] + NUMS[num]
16
17  if __name__ == '__main__':
18      # トランプをシャッフル ──────────────────────────── 4
19      cards = list(range(0, 52))
20      shuffle(cards)
21      # 先頭の7枚を表示 ─────────────────────────────── 5
22      print([get_card_label(no) for no in cards[0:7]])
```

プログラムを実行するには、ターミナルで次のコマンドを実行します。

ターミナルで実行

```
$ python3 trump_shuffle.py
['♥7', '♦A', '♦10', '♣10', '♠Q', '♣2', '♣J']
```

プログラムを確認してみましょう。1ではトランプの絵柄と数字のための定数を宣言します。2ではFisher-Yatesシャッフルのアルゴリズムでリストをシャッフルします。3ではカードラベルを返す関数を定義します。
そして、4でトランプを生成しシャッフルして、5で先頭の7枚を取り出して表示します。

まとめ

本節ではリストをランダムに並べ替えるアルゴリズムについて確認しました。Fisher-Yatesシャッフルを使うことで効率的にリストの並び替えができます。トランプゲームを作るときの表現方法も考察して、カードのシャッフルについて確認しました。

データ構造と
再帰について

前章では繰り返しによるアルゴリズムを解説しました。本章では一歩進んで、データ構造や再帰と呼ばれるテクニックを紹介します。データ構造とアルゴリズムは密接な関係があり、効率的なプログラムを作るのに欠かせない要素です。定番プログラミングテクニックを一つずつ身につけていきましょう。

定番データ構造 ── リスト・スタック・キュー・リングバッファ

アルゴリズムとデータ構造は切っても切れない関係にあります。そこで本節では定番のデータ構造をまとめて紹介します。定番データ構造を学ぶなら、仕事にぴったり合った方法で効率的なデータ処理が可能になります。

ここで学ぶこと

● **リスト / スタック / キュー / リングバッファ / 木構造**

データ構造について

効率的なアルゴリズムを使って仕事を処理するときに、考えなくてはならないのがデータ構造です。「データ構造」(英語：data structure)とは、複数のデータを効率的に保存し、それをどのように参照したり更新したりするのかに関する設計手法のことです。仕事に合わせてアルゴリズムを変更するのと同様に、データ構造もやるべき仕事に合わせて変更するなら、データの管理を容易にすることができます。

なお、Pythonを含め、多くのプログラミング言語で定番のデータ構造は、すでにライブラリとして実装されており、ライブラリを使うことで、手軽にデータ構造を利用できます。しかし、データ構造そのものの知識がなければ、どのデータ構造を使えばよいのか迷ってしまうことでしょう。そこで、本節では定番のデータ構造を1つずつ紹介していきます。

Pythonでもお馴染みのデータ構造「リスト」

最初に、「リスト」(英語：list)または「配列」(英語：array)について紹介します。とは言っても、Pythonの入門書を一通り読んだ人であれば、すでに「リスト」についてはマスターしていることでしょう。

リストは要素が順番に並んだデータ構造です。リストの要素は順番に並んでおり、数値のインデックスを指定することで任意の要素を取り出すことができます。

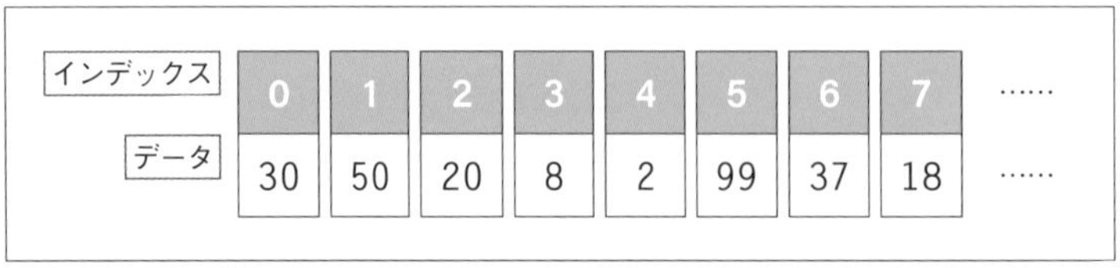

インデックス	0	1	2	3	4	5	6	7	……
データ	30	50	20	8	2	99	37	18	……

図 3-1-1　リスト構造

リストへの要素の追加と参照と削除

リストはPythonでお馴染みのデータ構造なのですが、簡単にリストの操作をおさらいしておきましょう。以下はリストの初期化、追加、参照、削除、全クリアの方法を示したものです。

src/ch3/list_ctrl.py

```
01  # リストの初期化                                                    ■1
02  a_list = [0, 1, 2]
03
04  # リストに要素を追加                                                 ■2
05  a_list.append(3)
06  a_list.append(4)
07
08  # リスト全体を表示                                                   ■3
09  print('(*3) 全体=', a_list)
10
11  # リストの任意の要素を参照                                           ■4
12  print('(*4) a_list[3]=', a_list[3])
13
14  # リストから要素を削除                                               ■5
15  del a_list[2]
16  print('(*5) 2を削除=', a_list)
17
18  # すべての要素を削除                                                 ■6
19  a_list.clear()
20  print('(*6) clear後の要素数=', len(a_list))
```

chapter
3-1

ターミナルから以下のコマンドを実行してみましょう。なお、分かりやすいように出力時の目印としてプログラムに対応した「(*3)」のような記号を入れています。

ターミナルで実行

```
$ python3 list_ctrl.py
(*3) 全体= [0, 1, 2, 3, 4]
(*4) a_list[3]= 3
(*5) 2を削除= [0, 1, 3, 4]
(*6) clear後の要素数= 0
```

プログラムを確認しましょう。■1 ではリストを初期化します。[…] のように角括弧で括るとリストを初期化できます。■2 ではリストに要素を追加します。appendメソッドを使います。■3 ではprintを使ってリスト全体を表示します。■4 では0から数えて3番目の要素を参照して表示します。■5 ではリストから指定の要素を削除します。delメソッドを使います。■6 ではすべての要素を削除します。clearメソッドを使います。

Python内部のリストの実装方法

通常の利用では、リストがどのように実装されているのかを気にする必要はありません。とは言え、ちょっとPythonのリストがどのように実装されているか興味がありませんか？ Pythonはオープンソースであり、ソースコードが公開されています。

そもそも、リストには線形リストや双方向リストなどいろいろな実装方法がありますが、Pythonの内部では、Pythonのオブジェクトへの参照を持った配列として実装されています。

そのため、基本的には、リストにデータを追記したり削除したりして要素数が変化する場合には、❶新たなメモリを動的に確保し、❷既存のデータをコピーして、❸変数などの参照先を差し替えるという仕組みになっています。

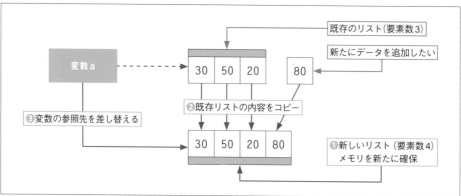

図3-1-2 Python内部のリストの実装

ただし、毎回データのコピーが行われるとパフォーマンスが劣化するため、新たにメモリを確保する際、少し余分にメモリを取得するようにしています。これにより、要素が追加されたとき、毎回メモリ間コピーが発生せず、余分に確保したメモリがなくなったタイミングでメモリ間コピーが起きるような仕組みにしています。

プログラミングとメモリ操作における
重要なデータ構造「スタック」

「スタック」（英語：stack）とは、コンピューターのメモリ操作などで利用される基本的なデータ構造です。その基本的な仕組みは「最後に入れた物を最初に取り出す」（LIFO：Last In First Out）です。これは「最初に入れた物は最後に取り出す」（FILO：First In Last Out）とも言うことができます（図3-1-3）。

もう少し分かりやすい例で考えてみましょう。スタックは、机の上に大きな本を重ねていく様子に似ています。本を積むときは、一番上に積みます。本は重いので途中にあるものを取り出すことはできません。それで、本を取り出すときも、上から順に取らなくてはなりません。もともと英語の「スタック」にも、積み重ねや書類などの山という意味があります。

スタック構造にデータを追加することをプッシュ（push）、データを取り出すことをポップ（pop）と呼びます。

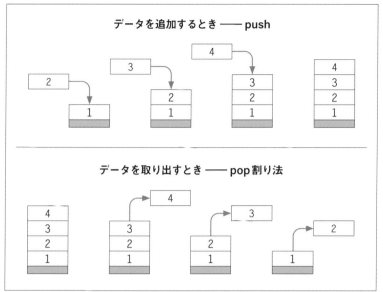

図3-1-3　スタックの仕組み

関数呼び出しはスタックで管理されている

なお、スタックは、プログラミングにおいて重要な役割を果たしています。関数呼び出しはスタック構造で管理されます。関数を呼び出すとスタックに関数の呼び出し位置などを記憶（プッシュ）します。そして、関数の呼び出しが終わると、スタックから取り出し（ポップ）ます。関数の中で別の関数を呼び出すこともありますが、混乱せずに常に正しい位置に戻って続きの処理を行えるのは、スタックによって管理しているおかげなのです。

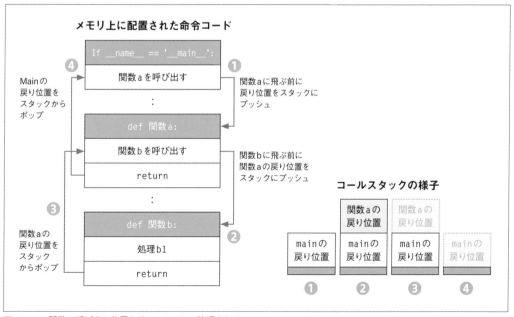

図3-1-4　関数の呼び出し位置などはスタックで管理される

131

スタックを実装してみよう

スタックについて分かったところで、簡単にスタックを実装してみましょう。Pythonではリストを使うとスタックを実装できます。そもそも、リストをスタックの代わりにそのまま使えてしまいます。Pythonのリストは万能です。

とは言え、ここでは、スタックを初期化する関数stack_new、スタックに値を追加する関数stack_push、スタックから値を取り出す関数stack_popを定義して、これを使ってみましょう。次のようになります。

src/ch3/stack_func.py

```
01  import copy
02  # スタックの初期化 ──────────────────────────── ■1
03  def stack_new(def_values):
04      if type(def_values) != list:
05          return [def_values]
06      return copy.copy(def_values)
07
08  # スタックに値を追加 ──────────────────────────── ■2
09  def stack_push(stack, v):
10      stack.append(v)
11
12  # スタックから値を取り出す ──────────────────────── ■3
13  def stack_pop(stack):
14      if len(stack) == 0:
15          return None
16      value = stack[len(stack) - 1]
17      del stack[len(stack) - 1]
18      return value
19
20  # スタックをテストする関数 ──────────────────────── ■4
21  def test_stack():
22      # スタックを初期化 ──────────────────────── ■5
23      st = stack_new([0, 1])
24      # スタックに値を追加
25      stack_push(st, 2)
26      stack_push(st, 3)
27      # スタックから値を取り出す
28      assert stack_pop(st) == 3
29      assert stack_pop(st) == 2
30      assert stack_pop(st) == 1
31      assert stack_pop(st) == 0
32      # リスト以外の値を初期値に与える ──────────── ■6
33      st2 = stack_new(1)
34      stack_push(st2, 2)
35      assert stack_pop(st2) == 2
36      assert stack_pop(st2) == 1
37      assert stack_pop(st2) is None
```

プログラムを確認してみましょう。■1ではスタックの値を初期化します。ここでは、引数に与えられた値の型を確認して、リストでなければその値をリストの要素にして返します。もし、最初からリストであれば複製して返します。

■2ではスタックに値を追加します。スタックにおける要素の追加操作（push）は常にデータの末尾に値を追加することです。リストのappendメソッドがこの動作に相当します。

■3ではスタックから値を取り出します。スタックにおける要素の取り出し操作（pop）は常にデータの末尾から値を取り出すことです。ここでもリストの末尾の要素を取り出して返すようにしています。また、リスト自身にもpopメソッ

ドがあるので、素直に以下のように書いても同じ動作をします。 **3** ではあえて実際の処理が分かるように冗長に書いています。

```
def stack_pop(stack):
    return stack.pop()
```

4 では自作スタックの動作をテストします。うまく動作するのか確認しています。**5** では [0,1] からスタックを初期化し、その後、2と3をプッシュします。その後4回ポップして正しい値が正しい順番で得られることを確かめます。

そして、**6** も同じようにスタックの動作をテストします。あえて数値を初期値に指定して、正しく動作することを確認します。また、stack_popを要素数以上呼んだときに、戻り値がNoneになることも確認しました。

ちなみに、リストのpopメソッドを要素数以上呼んだ場合例外が発生してエラーが表示されますが、今回はNoneが返るように設計しました。

pytestを実行してプログラムが正しく動くことを確認してみましょう。ターミナルで以下のコマンドを実行します。末尾に「1 passed」と表示されれば成功です。

ターミナルで実行

```
$ python3 -m pytest stack_func.py
```

人気店の行列待ちと同じデータ構造の「キュー」

次に紹介するデータ構造は「キュー」(英語：queue)です。これは、人気店の行列待ちと同じデータ構造です。どういうことかと言うと、データを追加するときは、データの末尾に追加し、データを取り出すときには、データの先頭から取り出します。つまり、最初に入れた物を先に出す構造「FIFO (First In First Out)」でデータを扱います。

キューにデータを入れることをエンキュー(enqueue)、取り出すことをデキュー(dequeue)と呼びます。

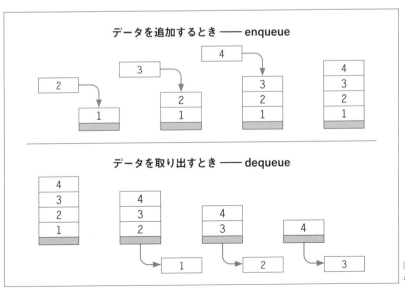

図 3-1-5
キューのデータ構造

133

最初に入れたものを先に出すというキュー構造をPythonで実装してみましょう。やはり、スタックと同様にリスト型を使うことでキューを実装できます。リストをキューに見立てて、キューを初期化する関数queue_new、キューに値を追加する関数queue_enqueue、キューから値を取り出す関数queue_dequeueを定義してみます。

src/ch3/queue_func.py

```
01  import copy
02  # キューの初期化 ─────────────────────────── ■1
03  def queue_new(def_values):
04      if type(def_values) != list:
05          return [def_values]
06      return copy.copy(def_values)
07
08  # キューに値を追加 ───────────────────────── ■2
09  def queue_enqueue(queue, v):
10      queue.append(v)
11
12  # キューから値を取り出す ──────────────────── ■3
13  def queue_dequeue(queue):
14      if len(queue) == 0:
15          return None
16      value = queue[0]
17      del queue[0]
18      return value
19
20  # キューをテストする関数 ──────────────────── ■4
21  def test_queue():
22      # キューを初期化
23      q = queue_new([0, 1])
24      # キューに値を追加
25      queue_enqueue(q, 2)
26      queue_enqueue(q, 3)
27      # キューから値を取り出す
28      assert queue_dequeue(q) == 0
29      assert queue_dequeue(q) == 1
30      assert queue_dequeue(q) == 2
```

正しく動くか確認してみましょう。実行して「1 passed」と表示されれば成功です。

ターミナルで実行

```
$ python3 -m pytest queue_func.py
```

プログラムを確認してみましょう。■1 ではキューを初期化します。Pythonのリスト型を使ってキューを再現します。■2 ではキューに値を追加します。末尾に値を追加するため、appendメソッドを使います。■3 ではキューの先頭から値を取り出します。ここでも動作が分かるように冗長なコードを書きましたが、「return queue.pop(0)」と書いても同じ意味になります。

■4 ではpytestを使ってキューをテストする関数を定義します。関数queue_enqueueで値を追加すると、キューの末尾にデータが追加されて、関数queue_dequeueで値を取り出すとキューの先頭から値が得られることを確認するテストです。

環状のメモリが特徴的なデータ構造「リングバッファ」

「リングバッファ」(英語：ring buffer / circular buffer)とは、キュー構造に手を加えて、メモリ領域の末尾を先頭とつなげて環状にしたデータ構造です。その性質から「循環バッファ」とか「環状バッファ」とも呼ばれます。

このデータ構造は、特に古いデータを継続的に上書きして新しいデータを保存する場合に役立ちます。バッファがいっぱいになると、バッファの先頭が破棄されて、次々と新しいデータが書き込まれます。

それで、常にある一定のデータを蓄えるような用途に用いられます。具体的には、ストリーミング動画や音声のバッファリングに用いられています。

例えば、リングバッファのバッファサイズが3の場合に、5つのデータを書き込むと最初の2つのデータを破棄して、末尾の3つのデータのみが記録されます。それで、0から10までの値を順に書き込んだとしても、取得できるのは末尾の3つだけ[8，9，10]になります。

リングバッファでは、データの挿入と削除が定数時間($O(1)$)で実行できるため、高速なパフォーマンスが得られます。そして、固定サイズのメモリ領域を使用してデータを格納するため、メモリ使用量が予測可能であり、効率的にデータを格納できます。また、データのオーバーフローを防ぐので自動的に古いデータが上書きされるため、メモリ使用量を制御できます。また、株価や気温など連続するデータを書き込む際、常に最新のデータをメモリ内に効率よく保持できます。

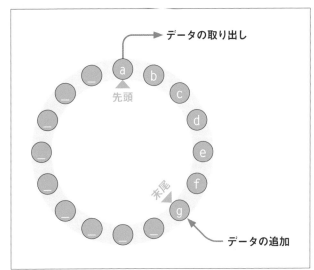

図3-1-6　リングバッファの構造

リングバッファを実装してみよう

当然ながら、実際のメモリ領域の末尾と先頭をつなげることはできませんので、データの末尾に達したときに、データの先頭に戻るようにします。

Pythonで実装する場合、リストが利用できます。ただし、リングバッファの先頭(head)と末尾(tail)も覚えておく必要があります。そこで、辞書型とリストを使ってリングバッファを作ってみましょう。

src/ch3/ringbuffer_func.py

```
01  # リングバッファを初期化 ──────────────────── 1
02  def ringbuffer_new(size):
03      return {
04          'head': 0, # 先頭
05          'tail': 0, # 末尾
06          'size': 0, # 実際のサイズ
07          'buffer': [0 for _ in range(size)] # バッファ
```

```
08         }
09
10   # リングバッファに値を追加 ─────────────────────────── 2
11   def ringbuffer_write(rb, v):
12       # 書き込み
13       rb['buffer'][rb['tail']] = v
14       # 次回書き込み先を後ろに移動 ───────────────── 3
15       rb['tail'] = (rb['tail'] + 1) % len(rb['buffer'])
16       # バッファがいっぱいになったか ───────────────── 4
17       if rb['size'] >= len(rb['buffer']):
18           rb['head'] = (rb['head'] + 1) % len(rb['buffer'])
19       else:
20           rb['size'] += 1
21
22   # リングバッファから値を取得 ─────────────────────── 5
23   def ringbuffer_read(rb):
24       if rb['size'] <= 0:
25           return None
26       v = rb['buffer'][rb['head']]
27       rb['size'] -= 1
28       # 読み取り位置を後ろに移動 ───────────────── 6
29       rb['head'] = (rb['head'] + 1) % len(rb['buffer'])
30       return v
31
32   # リングバッファのテスト ─────────────────────────── 7
33   def test_ringbuffer1():
34       # リングバッファを作成 ───────────────────── 8
35       rb = ringbuffer_new(3)
36       # リングバッファに追加
37       ringbuffer_write(rb, 0)
38       ringbuffer_write(rb, 1)
39       ringbuffer_write(rb, 2)
40       assert ringbuffer_read(rb) == 0
41       assert ringbuffer_read(rb) == 1
42       assert ringbuffer_read(rb) == 2
43
44   # リングバッファのテスト（その2）───────────────── 9
45   def test_ringbuffer2():
46       rb = ringbuffer_new(3)
47       # 1から100まで書き込む ───────────────────── 10
48       for i in range(1, 100+1):
49           ringbuffer_write(rb, i)
50       assert ringbuffer_read(rb) == 98
51       assert ringbuffer_read(rb) == 99
52       assert ringbuffer_read(rb) == 100
53       assert ringbuffer_read(rb) is None
```

pytestを実行して動作確認をしてみましょう。テスト関数が2つあるので「2 passed」と表示されたら成功です。

```
$ python3 -m pytest ./ringbuffer_func.py
```

プログラムを確認してみましょう。**1**では辞書型でリングバッファを作成します。リングバッファの先頭（head）、末尾（tail）、実際のサイズ（size）、バッファデータ（buffer）のプロパティを持ったデータを用意します。

2 ではリングバッファに値を追加する関数 ringbuffer_write を定義します。基本的にリングバッファに値を追加する処理は、リストと同じように末尾に値を書き込みます。しかし、バッファを超えた書き込みがあった場合には、先頭と末尾を移動する処理が必要になります。

それで 3 で、次回書き込みを行う場合のために、末尾を1つ後ろに移動します。しかしリングバッファのサイズを超えないよう割り算の余り演算子「%」を使ってサイズを超えたらバッファ先頭の0に戻すようにしています。4 では、バッファがいっぱいになった場合にリングバッファの先頭を後ろにずらします。この点については後で説明します。

5 ではリングバッファから値を読み取る関数 ringbuffer_read を定義します。読み取り後 6 では先頭(head)の位置を後ろに1つずらします。

7 ではリングバッファの動作をテストする pytest の関数を用意しました。8 では3個の要素を持つリングバッファを作成し、3つの値を追加し、3つの値を取り出します。9 では1から100の値をリングバッファに書き込み、バッファサイズの3つの値が読み取れるかを確認します。

ところで、4 では、先頭位置を移動させています。なぜ移動させる必要があるのでしょうか。それは、リングバッファが環状になっているという点と関係しています。バッファを超えた書き込みがあったとき、先頭を末尾も同じように後ろにずらさないなら、バッファの中身が壊れてしまうからです。

例えば、バッファのサイズが3のときに、連続で['a', 'b', 'c', 'd']のデータを書き込むとします。バッファは3しかないので、先頭の 'a' は破棄されますが、['b', 'c', 'd']を順に読み出すことができるはずです。

それでは、このときのバッファの状態はどうなっているでしょうか。上記のプログラムでは、常にバッファの末尾へ値を書き込みますが、バッファサイズを超えた場合、先頭に戻って書き込みます。そのためバッファの状態は['d', 'b', 'c']となります。ただし、このとき先頭は 'b' を指しているべきです。

それで、もしも先頭を移動させなかったなら、読み取りをする際に、最初に 'd' を読み取ることになり正常な順番で値を取り出すことができません。それで先頭位置も変更する必要があるのです。

COLUMN

バッファの先頭を削除する実装のリングバッファについて

なお、蛇足ですが、リングバッファには、別の実装方法もあります。それは、バッファの末尾に動的に値を追加していくのは同じですが、バッファサイズを超えて追記する場合に、バッファの先頭要素を削除するというものです。

Pythonのリスト型のように、自由に任意の要素を追加削除できるデータ型を利用して実装する必要がありますが、バッファの先頭は常にインデックス0番になります。ただし、この方法では、追加と削除に動的なメモリ操作を必要とするため、効率はよくありません。

木の枝のようなデータ構造「木構造」について

「木構造」または「ツリー構造」(英語：tree structure)とは、データ構造の1つです。1つの要素(英語：node)が複数の子要素を持っており、その子要素がさらに孫要素を持つようなデータ構造です。木の枝を思い浮かべると分かるのですが、1つの枝が複数の枝に分岐していく様子に似ているため、木構造と呼ばれます。

木構造では最も上位のノードを「ルート」(英語：root)と呼びます。そして、上位にあるノードを「親ノード」と呼び、

親ノードが持つ複数の子要素を「子ノード」と呼びます。HTMLやXML、JSONなどのデータ構造は、木構造となっています。また、本章で後ほど扱いますが、ファイルシステムも木構造です。その際、詳しく木構造について扱いますので、ここでは、木構造がどんなデータ構造なのかを覚えておきましょう。

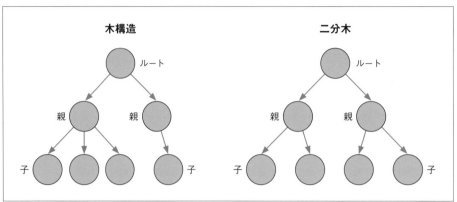

図3-1-7 「木構造」と「二分木」について

なお、木構造の一種に「二分木」(英語：binary tree)があります。これは、すべてのノードが持つ子ノードが2つ以下のものを言います。「二分木」を「二進木」と呼ぶこともあります。この二分木を利用したアルゴリズムに、二分ヒープ木を利用した「ヒープソート」(p.210)などがあります。

まとめ

以上、ここでは定番のデータ構造について確認しました。Pythonではリストが万能なので、スタックもキューもリングバッファもリストを工夫することで実装できました。ここで重要なのは、そのデータ構造がどのようなものなのかを確認することです。こうした定番データ構造を学ぶことで、他の人が書いたソースコードの意味を掴むことも容易になります。

スタック構造で解く逆ポーランド記法
（後置記法）

逆ポーランド記法とは演算子を被演算子の後ろに配置する記法です。スタック構造を利用することで簡潔に計算が可能です。ここではスタック構造利用の例として逆ポーランド電卓を作ってみましょう。

ここで学ぶこと

● **逆ポーランド記法**

● **スタック構造**

逆ポーランド記法について

「逆ポーランド記法」（英語：Reverse Polish Notation, RPN）とは、数式を記述する記法の一種です。「後置記法」（英語：Postfix Notation）とも呼ばれます。一般的な記法の「2 + 3」を逆ポーランド記法で書くと「2 3 +」のようになります。初見では読みづらく感じますが、日本語の助詞を加えると「2に3を +（足す）」、つまり「2に3を足す」と読めます。これに対して、演算子を被演算子の中間に記述する記法を「中置記法」、前に記述する記法を「ポーランド記法」または「前置記法」と呼びます。

ここで数式の記法についてまとめてみましょう。

なお、逆ポーランド記法は、スタック構造を利用することで、簡潔に計算式を計算できます。そのため、プログラミング言語のFORTHやPostScriptは逆ポーランド記法に基づいて式を記述するものとなっています。

記法	記述例
中置記法	2 * 5 + 3
逆ポーランド記法（後置記法）	2 5 * 3 +
ポーランド記法（前置記法）	+ * 2 5 3

逆ポーランド記法を計算する方法

それでは、逆ポーランド記法を計算してみましょう。ここでは、文字列で記述した逆ポーランド記法の計算式を計算してみます。最初に手順を確認しましょう。

① 文字列を空白でトークンに区切る

② トークンを1つ読む

③ 数値なら、スタックに積む

④ 演算子なら、スタックから2つ値を取り出して計算してスタックに積む

⑤ トークンが空でなければ❷に戻る

⑥ スタックに残っている値が答えとなる

なお、プログラミング言語や文字列の解析において「トークン」（英語：token）というのは、意味を成す最小単位である字句のことを指します。逆ポーランド記法におけるトークンというのは、空白文字で区切った数値や演算子のことです。また、この手順では、計算のためにスタックを用意します。

逆ポーランド記法の計算例

上記の手順に従って、例えば、「2 3 * 4 +」という逆ポーランド記法の計算方法を確認してみましょう。**図3-2-1**のように処理します。

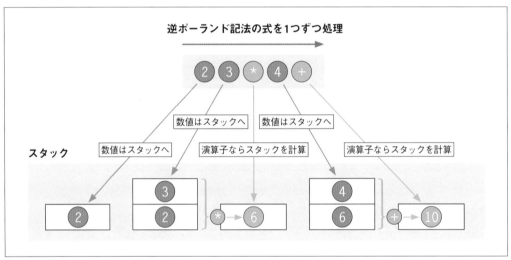

図3-2-1　逆ポーランド記法の計算方法

具体的な処理は次のようになります。

① トークン[2]は数値なのでスタックへ積む

② トークン[3]は数値なのでスタックへ積む

③ トークン[*]は演算子なので、スタックから2つの値（3と2）を取り出して掛け算して[6]をスタックへ積む

④ トークン[4]は数値なのでスタックへ積む

⑤ トークン[+]は演算子なので、スタックから2つの値（4と6）を取り出して足し算して[10]をスタックへ積む

⑥ スタックに残った値[10]が計算式の答え

逆ポーランド記法を実装してみよう

それでは、逆ポーランド記法の計算を行うプログラムを作ってみましょう。プログラムのテストを含めても、わずか30行で逆ポーランド記法の計算ができました。

src/ch3/rpn_calc.py

```
01  # 逆ポーランド記法の計算
02  def calc_rpn(src):
03      # スタックを用意                                              1
04      stack = []
05      # 文字列をトークンに分割                                        2
06      tokens = src.split(' ')
07      # トークンを1つずつ処理                                        3
08      for t in tokens:
09          # 演算子か?                                              4
10          if t in '+-*/%':
11              b = stack.pop() # スタックから末尾を下ろす
12              a = stack.pop() # スタックから末尾を下ろす
13              if t == '+': stack.append(a + b) # 計算
14              elif t == '-': stack.append(a - b)
15              elif t == '*': stack.append(a * b)
16              elif t == '/': stack.append(a / b)
17              elif t == '%': stack.append(a % b)
18          # 数値の場合                                              5
19          else:
20              stack.append(float(t)) # スタックに数値を載せる
21      # スタックに残った値が答え                                      6
22      return stack.pop()
23
24  # 逆ポーランド記法のテスト                                          7
25  def test_rpn():
26      assert calc_rpn('2 3 +') == 5
27      assert calc_rpn('2 3 * 4 +') == 10
28      assert calc_rpn('2 5 3 * +') == 17
29      assert calc_rpn('100 2 /') == 50
30      assert calc_rpn('30 25 -') == 5
```

最初にpytestでプログラムをテストしてみましょう。

ターミナルで下記のコマンドを実行して、最終行に「1 passed」と表示されれば成功です。

ターミナルで実行

```
$ python3 -m pytest rpn_calc.py
```

プログラムの 1 ではスタックを初期化します。 2 ではsplitメソッドを使って文字列を空白で分割します。 3 では
for文でトークンを1つずつ処理します。

4 ではトークンの種類を判定します。ここでは演算子以外であれば数値であると見なして処理します。演算子ならスタックから2つ値を下ろして計算し、スタックに計算結果を載せます。 5 では数値の場合は、数値に変換してスタックに値を載せます。

すべてのトークンを処理した後、 6 でスタックから値を1つ取り出し、それが答えとなります。

7 では逆ポーランド記法のテストを記述します。それぞれ、文字列で与えた式に対する答えをassertで判定します。

COLUMN

RPN電卓について

あまり知られていませんが、逆ポーランド記法を使って
数式を入力する「RPN電卓」が販売されています。その
起源は1968年にHP（ヒューレット・パッカード）社から発
売された世界初の関数電卓HP9100Aです。その後も、
金融や科学計算向けに多くのRPN電卓が発売されて愛
用されてきました。RPN電卓には現在でも多くのファン
がいます。

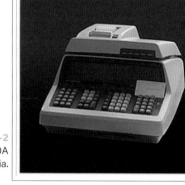

図3-2-2
世界初のRPN電卓HP9100A
（出典：https://ja.wikipedia.
org/wiki/HP_9100A）

練習問題 逆ポーランド記法の計算で関数を実装しよう

【問題】

コラムでも紹介したように、逆ポーランド記法は金融や科学計算などの分野で使われてきました。そこで、上記の
逆ポーランド記法に三角関数の sin(x)/cos(x)/tan(x)、および、円周率（3.14159...）の値をスタックに
乗せる pi を実装してください。
また、プログラムをコマンドラインからも使えるようにしてください。

［ヒント］トークンを1つずつ処理する部分に関数を計算する処理を追加するとよいでしょう。

答え 関数付きの逆ポーランド電卓を作ろう

本節で紹介したプログラム「rpn_calc.py」を参考に、トークンを1つずつ処理する部分に少し手を加えることで、関
数に対応できます。いろいろなやり方が考えられますが、以下が回答例となります。

src/ch3/rpn_func.py

```
01  import math, sys
02  # 逆ポーランド記法で使う関数を辞書で定義 ──────────── 1
03  RPN_FUNCTIONS = {
04      'sin': math.sin,
05      'cos': math.cos,
06      'tan': math.tan,
07  }
08  # 演算子を辞書で定義 ──────────────────────── 2
09  RPN_OPERATORS = {
```

```
10        '+': lambda a, b: a + b,
11        '-': lambda a, b: a - b,
12        '*': lambda a, b: a * b,
13        '/': lambda a, b: a / b,
14        '%': lambda a, b: a % b
15   }
16   # 定数を辞書で定義 ──────────────────────────────────── 3
17   RPN_CONSTANTS = { 'pi': math.pi }
18
19   # 逆ポーランド記法の計算 ──────────────────────────────── 4
20   def calc_rpn(src):
21        stack = [] # スタックを用意
22        # トークンを区切って一つずつ処理 ──────────────────── 5
23        tokens = src.split(' ')
24        for t in tokens:
25             if t in RPN_FUNCTIONS: # 関数か ─────────────── 6
26                  a = stack.pop()
27                  stack.append(RPN_FUNCTIONS[t](a))
28             elif t in RPN_OPERATORS: # 演算子か ──────────── 7
29                  b = stack.pop()
30                  a = stack.pop()
31                  stack.append(RPN_OPERATORS[t](a, b))
32             elif t in RPN_CONSTANTS: # 定数か ────────────── 8
33                  stack.append(RPN_CONSTANTS[t])
34             else:# その他の場合は数値と見なす ──────────────── 9
35                  stack.append(float(t))
36        return stack.pop() # スタックに残った値が答え
37
38   # 逆ポーランド記法のテスト ─────────────────────────────── 10
39   def test_rpn_func():
40        assert calc_rpn('0 sin') == 0
41        assert calc_rpn('pi 2 / sin') == 1.0
42        assert calc_rpn('pi 3 / cos') == math.cos(math.pi / 3)
43
44   if __name__ == '__main__':
45        # コマンドラインを取得 ──────────────────────────── 11
46        if len(sys.argv) <= 1:
47             print('[USAGE] rpn_func.py "expr"')
48             quit()
49        # calc_rpnを呼び出して結果を表示
50        print(calc_rpn(sys.argv[1]))
```

最初にプログラムを実行して試してみましょう。ターミナルで以下のように実行すると逆ポーランド記法の計算式「pi 2 / sin」を計算して答えを表示します。

`ターミナルで実行`

```
$ python3 rpn_func.py "pi 2 / sin"
1.0
```

それでは、プログラムを確認してみましょう。プログラムの **1** では逆ポーランド記法の中で使う関数を辞書で定義します。三角関数のsin/cos/tanは、Pythonのmathモジュールで用意されているので、そのまま関数を辞書の値として指定します。この点について後のコラム「関数もオブジェクト」で詳しく説明しています。

そして、②では演算子を定義し、③では定数の値を定義します。①から③のように辞書型でまとめておくなら、今後、別の関数・演算子・定数を追加するのが容易になります。なお、①の関数と③の定数で定義が分かれているのは、それぞれの要素をどのように処理するかが異なるからです。

④の関数calc_rpnでは逆ポーランド記法の計算を行います。⑤では文字列をスペースで区切って1つずつ処理します。⑥では①で関数を定義した辞書型変数RPN_FUNCTIONSのキーを調べます。もし、キーがあるなら、スタックから値を1つ下ろして、キーの値に指定した関数を実行して戻り値をスタックに乗せます。

同様に、⑦では②で定義した演算子の変数RPN_OPERATORSを確認します。該当する演算子のキーがあれば、スタックから値を2つ下ろして、演算を行って計算結果をスタックに乗せます。

⑧では③で定義した変数RPN_CONSTANTSのキーを確認します。該当するキーがあれば、スタックに定数の値を乗せます。

そして、⑨では、それ以外の値を数値と見なして、数値変換してからスタックに乗せます。

⑩では逆ポーランド記法のテストを記述し、⑪ではコマンドラインから実行できるようにsys.argv[1]の値を引数として、calc_rpnを呼び出します。

COLUMN

関数もオブジェクト

Pythonでは関数もオブジェクトの1つであり、変数に代入できます。そのため、上記「rpn_func.py」の①で辞書型データの値として関数オブジェクトを指定しているのです。

関数オブジェクトについて、対話型実行環境で試してみましょう。

対話モードで実行

```
>>> import math
>>> # 関数オブジェクトをfに代入
>>> f = math.floor
>>> # fを関数として実行する
>>> f(3.14)
3
```

このように、ある関数を別の名前として利用したり、関数を引数として別の関数で受け取ったりできるので、とても便利です。うまく利用しましょう。

さらに改造してみよう

上記のプログラムでは、関数sin/cos/tanだけを実装しましたが、小数点以下の切り上げを行うceil、切り捨てのfloor、丸めのround、平方根を返すsqrt、絶対値を返すfabs、指数関数のexp、自然対数を返すlog、xの10を底とした対数（常用対数）を返すlog10を実装してみてください。

また、上記のプログラムではプログラムを短くするため数値チェックを行っていません。関数・演算子・数値以外の値があればエラーを出すように改良してみてください。

答えのプログラムは本書のサンプルプログラム「src/ch3/rpn_func2.py」に収録していますので後ほど確認してみてください。このプログラムは、先ほど作ったプログラムと同じように、コマンドラインから利用できます。

```
$ python3 rpn_func2.py "pi 100 * floor"
314
$ python3 rpn_func2.py "100 log10 5 / 100 - fabs round"
100
```

まとめ

以上、逆ポーランド記法の計算を行うプログラムを作ってみました。スタック構造を使うことで手軽に計算ができることが分かりました。本節の後半では、関数や定数を実装したので、簡単なプログラミング言語のような雰囲気もありました。これを発展させることで、FORTHのようなプログラミング言語を作ることができます。

COLUMN

最強のデバッグ術が知りたい

プログラムにバグがあり、なかなか原因が分からないということはよくあります。プログラムをたくさん書けば書くほど、バグの解決は容易になるものの、それでも、時々「理由が全く分からないバグ」に遭遇することがあります。

そんなときは、「一度諦める」ことは、とても役に立ちます。古い格言にも、「捜すのに時があり、諦めるのに時がある」というものがあります。もちろん、重大なバグであれば、直さないといけません。しかし、どうしても理由が分からなければ、一度手を止めて冷静になる必要があります。

それで、多くの人が次の行動がバグの解決に役立つと述べています。

- お風呂に入る、散歩に行く ● 睡眠をとる ● 誰かに話を聞いてもらう

一度頭を休めて、別のことをしているときに、ふと問題の原因が分かるというのは、よくあることです。また、筆者一番効果があると感じるのは「睡眠をとる」ことです。気になるバグというのは、眠ったとしても気になっているものです。目覚めて、ふと問題の原因に気付くという経験は非常に多くあります。眠ることで、頭の中が整理されるでしょう。また、デバッグに集中していると視野が狭くなりがちなので、一度距離を取ることで、いろいろなことに気付きます。

そして「誰かに話を聞いてもらう」ことも役に立ちます。誰かに話すのは、自分が問題を改めて整理することが目的であるため、その技術に詳しい人に聞いてもらう必要はありません。何なら、ぬいぐるみのクマ、ペット、観葉植物に話しかけても同じ効果があります。家族がテレワーク中の筆者を見て「いつも独り言を言いながら仕事をしている」と笑うのですが、それはまさに困難なバグと闘っている場面だったのでしょう。また、同じ効果として、プログラミングの質問サイトに書き込むというのも良い方法です。もちろん、その質問に答えが付かなくても問題ありません。問題を整理して質問文を書いているうちに問題点に気付くことが多くあります。質問掲示板に回答が1つもついていないのに「自己解決しました」というコメントが書き込まれていることが多いのはこれが理由です。

解決できないバグに出会ってしまったら、恥ずかしがることなく上記のメソッドを実践してみてください。きっと問題解決の役に立つことでしょう。

再帰でフィボナッチの計算

「フィボナッチ数列」とは、2つの1から始まって、2、3、5、8、13…と3つ目以降の数が、直前の2つの数の和になっている数列のことです。ひまわりやオウムガイなど美しい自然の造形にこの数列が関係しています。この数列をプログラミングで求めましょう。

ここで学ぶこと

● **再帰について**

● **フィボナッチ数列**

フィボナッチ数列について

「フィボナッチ数列」（英語：Fibonacci sequence）とは、1、1、2、3、5、8、13、21、34、55、89…のように、3つ目以降の数値が前の2つの和となるような数列のことです。イタリアの数学者レオナルド・フィボナッチが1202年の著書『算盤の書』に、この数列について記載したことから「フィボナッチ数列」と呼ばれています。

フィボナッチ数列が面白いのが、自然界の多くの造形に関係しているところです。すでに紹介したように、ヒマワリの種の並びやオウムガイの殻、パイナップル、マツボックリはフィボナッチ数列の規則に沿って螺旋状に配置されています。

こうした螺旋は美しく、黄金比となっており、身近なデザインの中で活用されています。**図3-3-1**はフィボナッチ数列の値を基にして螺旋状に正方形を配置したものです。螺旋の中心から1、1、2、3、5、8、13と辺の長さを伸ばしていくことで美しい黄金比の図形を描くことができます。

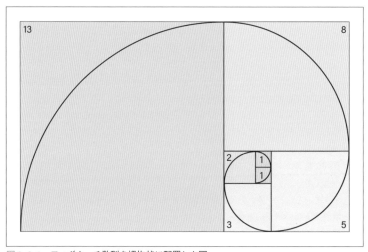

図3-3-1　フィボナッチ数列を螺旋状に配置した図

なお、フィボナッチ数列は次のような式で表されます。

$$F_0 = 0$$
$$F_1 = 1$$
$$F_{n+2} = F_n + F_{n+1} \ (n >= 0)$$

フィボナッチ数列をfor文で求める

このフィボナッチ数列ですが、for文を使うことで簡単に求めることができます。フィボナッチ数列では、次の値が前の2つの値を足したものとなります。そのため、変数を2つ用意しておいて、前回の2つの値を記憶しておけばよいのです。次のような手順で求めることができます。

❶ 変数a、bに前回の2つの値を記憶するものとする
❷ 指定の回数だけ以下 ❸ から ❹ を繰り返す
❸ aとbを足した値を今回の値とする
❹ 変数bの値をaに、今回の値を変数bに代入する

それでは、この手順を元にしてプログラムを作ってみましょう。

src/ch3/fib_for.py

```
01  # フィボナッチ数列を求める関数
02  def fib_list(n):
03      # 最初は1,1からはじまる ──────────────── ■1
04      a, b = 1, 1
05      result = [a, b]
06      # 繰り返しフィボナッチ数列を求める ──────── ■2
07      for i in range(1, n-1):
08          c = a + b # 次の値を求める ─────────── ■3
09          result.append(c)
10          a, b = b, c # aとbの値を更新 ────────── ■4
11      return result
12
13  # テスト
14  def test_fib_list():
15      assert fib_list(3) == [1, 1, 2]
16      assert fib_list(8) == [1, 1, 2, 3, 5, 8, 13, 21]
17
18  if __name__ == '__main__':
19      # フィボナッチ数列を11個表示する ─────────── ■5
20      print(fib_list(11))
```

プログラムを実行してみましょう。ターミナルで次のコマンドを実行します。フィボナッチ数列を11個計算して画面に表示します。

ターミナルで実行

```
$ python3 fib_for.py
[1, 1, 2, 3, 5, 8, 13, 21, 34, 55, 89]
```

プログラムを確認してみましょう。**1** では2つ前の値を表す変数aとbを1と1で初期化します。そして、計算したフィボナッチ数列を覚えておくリスト型変数resultに追加します。

2 以降の部分ではfor文で繰り返しフィボナッチ数列を求めてresultに追加します。**3** で次の値を計算してresultに追加します。そして、**4** では前回の値bを変数aに、今回の値を変数bに代入します。

5 ではフィボナッチ数列を11個求めるようにfib_list関数を呼び出して結果を表示します。

再帰について

さて、次にフィボナッチ数列をfor文ではなく、再帰というテクニックを使って求めてみましょう。ただし再帰を理解するには、少し頭を柔らかくする必要があります。そこで、先に再帰とは何かについて考えてみます。

再帰を試してみよう

そもそも、「再帰」(英語：Recursion または Recursive)とは、ある物事について記述するとき、記述しているものへの参照がその記述の中に現れることを言います。それで、プログラミング言語で「再帰」と言えば、関数Fを定義したとき、その関数Fの中で、F自身を呼び出すテクニックを言います。

普通に考えて、関数Fの中で、関数Fを呼び出すとどうなるか考えてみましょう。Fを呼び出すことで、Fが呼び出され、そのFの中でさらにFが呼び出され、そしてそのFの中でさらにFが呼び出され……と無限に関数Fが呼び出されます。試しに以下のようなプログラムを作ってみましょう。

src/ch3/recursive_ng.py

```
01  def func_f():
02      print('called func_f')
03      func_f() # func_fの中でfunc_fを呼び出す
04
05  func_f()
```

上記のプログラムは不完全なのですが、とりあえず、ターミナルから以下のコマンドを入力して、プログラムを実行してみましょう。

ターミナルで実行

```
$ python3 recursive_ng.py
```

すると、何度も何度もfunc_fが呼び出され、最後には次のようなエラーを出してプログラムは強制終了してしまいます。

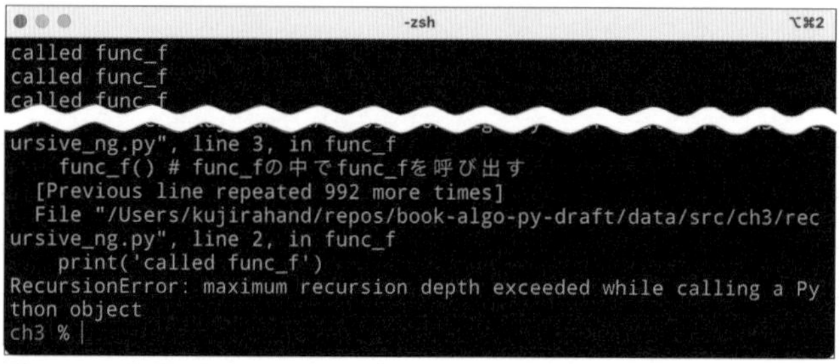

図 3-3-2　無限に関数を呼び出しプログラムが強制終了したところ

エラーメッセージを確認してみると、「RecursionError：maximum recursion depth exceeded while calling a Python object」(訳：再帰のエラー：Pythonオブジェクトの呼び出し時に最大再帰深度を超えました)と表示されました。

もちろん、関数の中で関数自身を呼び出すだけでは意味がありません。次に意味のある再帰の例を確認していきましょう。

意味のある再帰 —— 1からNの合計を求める

再帰を使うことでプログラムが簡単に記述できる場面が多くあります。例えば、再帰を利用して、1からNの合計(1+2+3…+N)を求めるプログラムを記述してみましょう。

以下は、1からNの合計を求める関数rec_sumを定義して、1から10までの合計を求めるプログラムです。

src/ch3/rec_sum.py

```
01  # 1からnまでの合計を求める関数
02  def rec_sum(n):
03      # 1以下なら1を返す ────────────────────── 1
04      if n <= 1:
05          return 1
06      # 1からn-1までの合計を再帰的に求めnを足す ────── 2
07      return n + rec_sum(n - 1)
08
09  # 1から10までの合計を表示 ────────────────── 3
10  print(rec_sum(10))
```

プログラムを実行してみましょう。1から10を順に足していくと55になりますので、正しい答えを求められたことが分かります。

ターミナルで実行

```
$ python3 rec_sum.py
55
```

プログラムを確認してみましょう。1 では引数nの値を確認しています。nが1以下の場合に1を返すようにします。つまり、nの値が1以下になった場合には、それ以上再帰呼び出しを行いません。再帰呼び出しを行う関数では、このように再帰呼び出しの終了条件を指定する必要があります。

そして、2 では関数rec_sum自身を引数n-1で呼び出したものと、引数nを足したものを関数の戻り値として返します。

最後に 3 でrec_sum(10)を呼び出すことで、1から10までの合計を計算し画面に出力します。

再帰呼び出しを1ステップずつ確認しよう

再帰呼び出しについて、なんとなく理解できてきたでしょうか。理解を深めるために、上記のrec_sum関数の再帰呼び出しについて、1つずつ動きを確認してみましょう。

特に、rec_sum関数の 2 の部分に注目してみましょう。ここでは「return rec_sum(n-1) + n」のプログラムが実行されます。具体的に変数nの値と関数の戻り値を確認しましょう。

関数の呼び出し	再帰呼び出し	戻り値
rec_sum(1)	→ 1	1
rec_sum(2)	→ rec_sum(1) + 2	3
rec_sum(3)	→ rec_sum(2) + 3	6
rec_sum(4)	→ rec_sum(3) + 4	10
rec_sum(5)	→ rec_sum(4) + 5	15

これを図にすると以下のようになります。rec_sum(5)の中で、rec_sum(4)が呼び出され、その中でrec_sum(3)が呼び出され…とrec_sum(1)が呼び出されます。このとき、rec_sum(1)では再帰呼び出しを行うことなく1を返します。以下のように図にすると、再帰呼び出しがどのようなものか概念が理解できるでしょう。

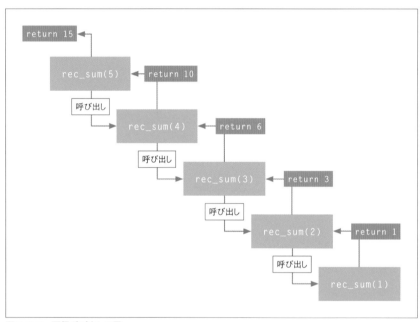

図3-3-3　再帰呼び出しの図

再帰呼び出しでフィボナッチ数列を計算する

さて、再帰が分かったところで、フィボナッチ数列の計算を再帰で解いてみましょう。ここで、復習なのですが、n番目の値は、(n-1)番目の値と(n-2)番目を足したものでした。つまり、n ＞ 1のときには、次のような式で表現できます。

$$Fib(n) = Fib(n-2) + Fib(n-1)$$

これは、フィボナッチを求める関数Fibの中で、再帰的に関数Fibを呼び出しているのと同じことです。これを元にして、フィボナッチ数列のn番目を計算するプログラムを作ってみましょう。

src/ch3/fib_rec.py

```
01  # 再帰的にフィボナッチ数を計算する関数 ━━━━━━━━━━━━━━━━ ■1
02  def fib(n):
03      # 1以下なら1を返す ━━━━━━━━━━━━━━━━━━━━━━━━━ ■2
04      if n <= 1:
05          return 1
06      # 再帰的にフィボナッチ数を得て計算 ━━━━━━━━━━━━━━━━ ■3
07      return fib(n - 2) + fib(n - 1)
08
09  # n個のフィボナッチ数列を求める関数 ━━━━━━━━━━━━━━━━━ ■4
10  def fib_list(n):
11      return [fib(i) for i in range(0, n)]
12
13  # テスト
14  def test_fib_list2():
15      assert fib_list(3) == [1, 1, 2]
16      assert fib_list(8) == [1, 1, 2, 3, 5, 8, 13, 21]
17
18  if __name__ == '__main__':
19      # フィボナッチ数列を11個表示する ━━━━━━━━━━━━━━━━ ■5
20      print(fib_list(11))
```

ターミナルでプログラムを実行してみましょう。すると、先ほどfor文を利用してフィボナッチ数列を求めた「fib_for.py」と同じ結果が表示されます。

ターミナルで実行

```
$ python3 fib_rec.py
[1, 1, 2, 3, 5, 8, 13, 21, 34, 55, 89]
```

プログラムを確認しましょう。■1では再帰的にフィボナッチ数列を計算する関数fibを定義します。■2では引数に1以下の値が指定されたときに1を返すようにします。これが再帰の終了条件となります。そして、■3では2つ前の値と1つ前の値を足して返します。再帰的に関数fibを呼び出すことで今回の値を求めます。

■4ではn個のフィボナッチ数列を求める関数fib_listを定義します。リスト内包表記を利用することで、繰り返しfib関数を呼び出してフィボナッチ数列を計算します。そして、■5の部分で、フィボナッチ数列を11個表示します。

関数fibの再帰呼び出しの様子

なお、fib(5)を実行した場合に、どのように関数の再帰呼び出しが行われるのかをネットワーク図で確認してみましょう。**図3-3-4**では__main__からfib(5)を呼び出したときの様子が記されています。なお、青線が関数の呼び出しで、赤線が関数からの戻り方向と戻り値を表しています。

それで、fib(5)に注目すると、fib(3)とfib(4)が呼び出されて、3と5の戻り値が得られるのでそれらを足した8を答えとして__main__に戻します。同様に、fib(3)ではfib(1)とfib(2)を呼び出し戻り値として1と2が得られるのでそれらを足した3を答えとして返します。関数fibが再帰的に呼び出され、フィボナッチ数列が順に計算されるのを確認できます。

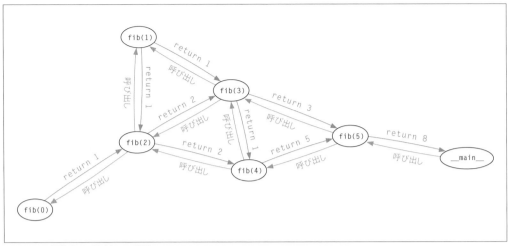

図 3-3-4 　関数fibの呼び出しの様子

参考 メモ化再帰について

なお、「fib_rec.py」のプログラムを見ていると、fib(n)が呼び出されるときに、再帰によって何度も同じ計算が行われているのに気付くことでしょう。そうであれば、fib(n)の実行結果を辞書型変数に覚えておくと、計算量が大幅に削減されます。これを「メモ化」(英語：memoization)と呼びます。メモ化を行うことで、メモリの使用量が増えるものの、計算量を大幅に削減できるメリットがあります。

src/ch3/fib_rec_memo.py

```
01   # fib関数の実行結果を覚えておくための辞書型変数           1
02   fib_memo = {}
03   # 再帰的にフィボナッチ数を計算する関数
04   def fib(n):
05       if n <= 1: return 1
06       # 既に計算済みか確認                              2
07       if n in fib_memo:
08           return fib_memo[n]
09       # 再帰的に関数fibを呼び出して、変数に結果を保存       3
10       fib_memo[n] = fib(n - 2) + fib(n - 1)
11       return fib_memo[n]
12
13   # n個のフィボナッチ数列を求める関数
14   def fib_list(n):
15       return [fib(i) for i in range(0, n)]
16
17
18   if __name__ == '__main__':
19       # フィボナッチ数列を38個表示する
20       print(fib_list(38))
```

このプログラムでは、38個のフィボナッチ数列を求めます。ターミナルから実行してみましょう。次のように表示されます。

```
$ python3 fib_rec_memo.py
[1, 1, 2, 3, 5, 8, 13, 21, 34, 55, 89, 144, 233, 377, 610, 987, 1597, 2584, 4181, 6765,
10946, 17711, 28657, 46368, 75025, 121393, 196418, 317811, 514229, 832040, 1346269,
2178309, 3524578, 5702887, 9227465, 14930352, 24157817, 39088169]
```

プログラムを確認してみましょう。■ では関数 fib の実行結果を覚えておくための辞書型のグローバル変数 fib_memo を定義しました。■ では fib_memo を確認してすでに計算済みかどうかを確認します。■ では再帰的にフィボナッチ数列を計算して、fib_memo に結果を保存します。

なお、どのくらい処理が早くなったのかも確認してみましょう。上記プログラム「fib_rec.py」の ■ の部分にある関数 fib_list の呼び出しを fib_list(38) に修正して動作速度を比較してみましょう。

メモ化なしで再帰を使って作った関数 fib_list(38) を筆者のマシン（MacBook Pro／CPU：Apple M1）で実行すると、なんと13秒もかかりました。しかし、メモ化した上記の関数 fib_list(38) を実行すると、わずか0.13秒で処理が完了しました。メモ化の威力がここからも分かるでしょう。

練習問題 再帰を利用してnのm乗を求めよう

【問題】

再帰呼び出しを使うとさまざまな処理を手軽に記述することができます。そこで、再帰を利用して、値nのm乗を求めるプログラムを使って作ってください。

【ヒント】 1からNの合計を求めるプログラムを参考にするとよいでしょう。

答え nのm乗を求めるプログラム

以下のプログラムが、再帰を使って、nのm乗を解くプログラムです。関数 power に注目して見てみましょう。

src/ch3/rec_power.py

```
01 # n の m 乗を求める                                    ■
02 def power(n, m):
03     if m <= 0:
04         return 1
05     return n * power(n, m - 1)
06
07 # テスト                                              ■
08 def test_power():
09     assert power(2, 2) == 2 ** 2
10     assert power(2, 3) == 2 ** 3
11     assert power(3, 5) == 3 ** 5
```

定義した関数 power を pytest でテストしてみましょう。実行して「1 passed」と表示されればうまく動作したことになります。

```
$ python3 -m pytest ./rec_power.py
```

プログラムを確認してみましょう。■では、nのm乗を求めるpower関数を定義しました。再帰の終了条件はmの値が0以下になることで、mの値を1つずつ減らして再帰的にpower関数を呼び出します。

そして、■では定義したpower関数をテストするプログラムを記述しました。Pythonでは、べき乗を求める「**」演算子が用意されています。そのため、「power(n，m)」と「n ** m」の値が等しくなれば、うまく関数powerが動いていることが分かります。

なお、変数mの値と戻り値がどのように変化していくのかに注目して、プログラムを確認するなら、再帰の動作が掴みやすくなります。

図3-3-5はpower(2,5)を呼び出したときに、どのように関数powerが再帰的に呼び出されるかを表したネットワーク図です。右端の__main__で、power(2，5)を呼び出したとき、どのようにpowerが再帰的に呼び出されるかを確認してみましょう。青線が関数の呼び出し、赤線と数字が戻る方向と戻り値を示しています。power(2，5)を呼び出すと、そこからpower(2，4)、power(2，3)、power(2,2)……が順に呼び出されていきます。そして、左端power(2，0)が呼び出されると、1が返されます。そして、2に1を掛けた2が返され、それに2を掛けた4が返され、8が返され…最終的に答えである32が__main__に戻されます。

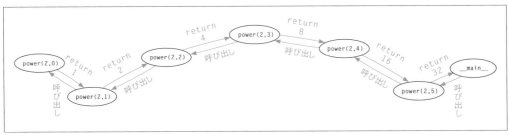

図3-3-5 関数powerの呼び出しの様子

まとめ

以上、本節では「フィボナッチ数列」を求めるアルゴリズムを紹介しました。また、フィボナッチ数列を手軽に求めるために再帰についても解説しました。再帰を使いこなせるようになると、プログラムを作るのが面白くなります。なお、本章では「再帰」を使っていろいろな問題を解いていきます。最初はちょっと難しいと思うかもしれませんが、頑張って理解していきましょう。

木構造のディレクトリ内の
ファイルを全列挙

メジャーなOSのファイルシステムでは、ディレクトリの中にファイルやディレクトリを配置できます。これは、木構造というデータ構造になっています。木構造のデータは再帰を使うことで効率的に処理ができます。

ここで学ぶこと

● **再帰**

● **木構造**

● **ディレクトリ構造**

● **ルートディレクトリ**

● **tree コマンド**

木構造について

すでに紹介したように「木構造」とは、木の枝のようなデータ構造です。1つの枝が複数の枝に分岐していく様子に似ています。

そして、本節で取り上げるファイルシステムも木構造です。ディレクトリの下に複数のファイルやディレクトリがあり、そのディレクトリの下には、さらに複数のファイルやフォルダが存在します。

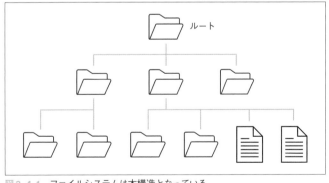

図3-4-1　ファイルシステムは木構造となっている

なお、ファイルシステムでも、最も最上位に位置するディレクトリを「ルートディレクトリ」と呼びますが、木構造でも最上位に位置するノードを「ルート」(英語：root)と呼びます。ルートとは木の根を意味する言葉で、木構造における根っこの要素であることから、このように呼ばれています。

指定ディレクトリ以下のファイルを全部列挙しよう

木構造のデータを処理する場合、再帰を使うとルートからすべての要素をたどって処理を行うことができます。最初に指定ディレクトリ以下にあるファイルを全部列挙するプログラムを作ってみましょう。

最初に、このプログラムで必要となるPythonの関数を確認してみましょう。

関数	説明
`os.listdir(path)`	pathにあるファイルとフォルダを列挙
`os.path.isdir(path)`	pathがディレクトリかどうか判定

まず、`os.listdir`関数を使うと、そのディレクトリ以下にあるファイルとディレクトリの一覧を列挙します。ただし、ディレクトリの下にはディレクトリがある可能性があるため、すべてのファイルを列挙するためには、再帰的にディレクトリを確認する必要があります。その際、ディレクトリ以下にあるのが、ファイルかフォルダを判定するために、`os.path.isdir`関数を使います。

src/ch3/enumfiles.py

```
01  import os
02  # 全ファイル列挙 ─────────────────────────── ■1
03  def enumfiles(path):
04      if os.path.isdir(path):
05          # ディレクトリの場合 ─────────────── ■2
06          for f in os.listdir(path):
07              ff = os.path.join(path, f)
08              enumfiles(ff) # 再帰的に処理 ──── ■3
09      else:
10          # ファイルの場合 ─────────────────── ■4
11          print(path)
12
13  if __name__ == '__main__':
14      # 指定ディレクトリ以下の全ファイルを列挙 ── ■5
15      enumfiles('./test_dir')
```

ここでは、サンプルプログラム内に配置された「test_dir」というフォルダ以下にあるファイルを列挙します。ターミナルからコマンドを実行してみましょう。

ターミナルで実行

```
$ python3 enumfiles.py
./test_dir/bbb/test3.txt
./test_dir/bbb/iroha.xlsx
./test_dir/bbb/prices.xlsx
./test_dir/ccc/ddd/test4.txt
./test_dir/ccc/eee/test5.txt
./test_dir/ccc/eee/prices.xlsx
./test_dir/aaa/test1.txt
./test_dir/aaa/test2.txt
```

プログラムを確認してみましょう。■1では全ファイルを列挙する関数enumfilesを定義します。■2ではos.listdir

を使って指定パスにあるファイルとディレクトリの一覧を取得します。関数os.path.joinは、ファイルやディレクトリのパスとパスを結合する働きをします。

ここで、os.path.joinを使わず、文字列同士の足し算を利用して「path + '/' + f」のように記述することができます。しかし、OSごとにパスの区切り記号は異なりますし、文字列の足し算でファイルのパスをくっつけると、うっかりミスで不正なパスにしてしまうことがよくあります。そのため、ファイルパスの結合を行う専用のos.path.joinを使うと安心です。

そして、**3** ではfor文で列挙したすべての要素についてenumfilesを呼び出します。**4** ではファイルだった場合に、pathを画面に表示します。そして、最後の **5** では「./test_dir」以下にあるサブディレクトリを含んだ全ファイルを列挙します。

参考 os.walkを使う方法

なお、Pythonのosモジュールには便利なos.walk関数が用意されています。この関数を使うと、再帰を使わなくても、for文だけで繰り返しサブディレクトリを含んだファイルの一覧を取得できます。

上記のプログラム「enumfiles.py」を次のように書き換えることができます。

src/ch3/enumfiles_walk.py

```
01  import os
02  def enumfiles(path):
03      # os.walkでサブディレクトリ以下も全部取得
04      for pathname, dirnames, filenames in os.walk(path):
05          for f in filenames:
06              ff = os.path.join(pathname, f)
07              print(ff)
08
09  if __name__ == '__main__':
10      # 指定ディレクトリ以下の全ファイルを列挙
11      enumfiles('./test_dir')
```

このプログラムのポイントは、os.walk関数を使っているところです。この関数は指定の階層のファイルを列挙するだけでなく、サブディレクトリを含んだすべてのファイルの一覧を取得します。

プログラムを実行するには、ターミナルで次のコマンドを実行します。実行結果は先ほどと同じなので省略します。

ターミナルで実行

```
$ python3 enumfiles_walk.py
```

なお、globモジュールの関数globを使うことでも似たような処理が可能です。globは基本的に指定した階層のファイル一覧を得る機能を提供します。Pythonでは用途に応じたファイル列挙の関数が用意されているので便利です。

サブディレクトリ以下にある Excelファイルを探そう

【問題】

サンプルプログラムに「test_dir」ディレクトリがあり、それ以下のどこかにExcelファイルがあります。Excelファイル（拡張子"xls"と"xslx"のもの）だけを画面に表示するプログラムを作ってください。なお、再帰の練習なので、os.walkを使わずに作ってください。

【ヒント】 再帰を利用してディレクトリ内のファイルを一つずつチェックしていくとよいでしょう。拡張子は必ずパスの末尾にあるので、「文字列.endswith('.xlsx')」のようにして判定できます。

Excelファイルを探して表示するプログラム

指定のディレクトリ「test_dir」以下にあるExcelファイルを検索するプログラムは次の通りです。

src/ch3/enumfiles_excel.py

```
01  import os
02  # 全ファイル列挙 ─────────────────────────────────── 1
03  def enumfiles(path):
04      if os.path.isdir(path):
05          # ディレクトリの場合
06          for f in os.listdir(path):
07              ff = os.path.join(path, f)
08              enumfiles(ff) # 再帰的に処理 ──────────── 2
09      else:
10          # ファイルの場合Excelファイルか判定 ────────── 3
11          if path.endswith('.xls') or path.endswith('.xlsx'):
12              print(path) # 表示
13
14  if __name__ == '__main__':
15      # 指定ディレクトリ以下の全ファイルを列挙 ────────── 4
16      enumfiles('./test_dir')
```

プログラムを実行してみましょう。ターミナルで以下のコマンドを実行します。

ターミナルで実行

```
$ python3 enumfiles_excel.py
./test_dir/bbb/iroha.xlsx
./test_dir/bbb/prices.xlsx
./test_dir/ccc/eee/prices.xlsx
```

プログラムを確認してみましょう。1ではファイルを再帰的に列挙する関数enumfilesを定義します。指定されたpathがディレクトリかどうかを調べて、ディレクトリであれば、ファイル一覧を列挙して、2で再帰的に関数enumfilesを呼び出します。

そして、Excelファイルかどうかを判定しているのが **3** の部分です。endswithメソッドを使って、pathの末尾(拡張子の部分)が、'.xls'か'.xlsx'であればパスを表示します。

最後の **5** では、調査したいパスを指定して関数enumfilesを実行します。

練習問題 # treeコマンドを作ってみよう

ところで、ターミナルから使えるツールに「tree」コマンドがあります。これは、手軽に指定パス以下のファイル構造を調べるツールです。

treeコマンドを使うと、次のようにディレクトリとファイルの一覧を表示できます(これは、macOSでtreeコマンドを実行したものです)。

ターミナルで実行

```
$ tree test_dir
test_dir
├──    aaa
│      ├──    test1.txt
│      └──    test2.txt
├──    bbb
│      ├──    iroha.xlsx
│      ├──    prices.xlsx
│      └──    test3.txt
└──    ccc
       ├──    ddd
       │      └──    test4.txt
       └──    eee
              ├──    prices.xlsx
              └──    test5.txt
```

treeコマンドは、Windowsでは最初からインストールされており、macOS/Linuxではパッケージマネージャーを使ってインストールできます。

このツールは、ターミナル上でディレクトリ構造を容易に把握できるので重宝するのですが、ここまで学んだことを利用して、再帰を使うと似たようなツールを作ることができるでしょう。そこで、練習問題です。自作のtreeコマンドを作ってみてください。

【ヒント】 ディレクトリを再帰で調べるときに、どのようにそのファイルを表示すればよいのかインデント情報を与えることで、treeコマンドのような出力を行うことができます。

答え **treeコマンドを独自実装したもの**

以下が、treeコマンドを独自に実装したプログラムです。全く同じではありませんが、ほとんど同じようにディレクトリ構造を木構造で出力します。

src/ch3/tree.py

```python
01  import os, sys
02  # インデントに使う記号を宣言                                                    ■1
03  INDENT_PIN_C = '├── '
04  INDENT_PIN_E = '└── '
05  INDENT_BLANK = '    '
06  INDENT_LEVEL = '│   '
07  # 再帰的にファイル一覧を表示する関数                                              ■2
08  def enumfiles(path, indent='', level=0, is_last=False):
09      # ファイル(ディレクトリ)の先頭に表示する記号を選択                            ■3
10      pin = INDENT_PIN_E if is_last else INDENT_PIN_C
11      pin = '' if level == 0 else pin
12      if os.path.isdir(path):
13          # ディレクトリの場合                                                   ■4
14          print(indent + pin + os.path.basename(path))
15          # インデント記号を用意する                                             ■5
16          indent += INDENT_BLANK if is_last else INDENT_LEVEL
17          indent = '' if level == 0 else indent
18          # ディレクトリ以下のファイル一覧を取得して繰り返す                        ■6
19          subdirs = list(sorted(os.listdir(path)))
20          for i, f in enumerate(subdirs):
21              ff = os.path.join(path, f)
22              is_last = ((len(subdirs)-1) == i) # 最後の要素か                   ■7
23              enumfiles(ff, indent, level+1, is_last) # 再帰                    ■8
24      else:
25          # ファイルの場合                                                      ■9
26          print(indent + pin + os.path.basename(path))
27
28  if __name__ == '__main__':
29      # コマンドラインを解析                                                    ■10
30      if len(sys.argv) < 2:
31          print('USAGE: tree.py (path)')
32          quit()
33      enumfiles(sys.argv[1])
```

先にプログラムを確認してみましょう。■1ではターミナル上で木構造を表現するインデント記号を宣言します。ここで宣言した記号は次のように組み合わせて使います。

```
├──aaa                      ……INDENT_PIN_Cで表現
│   └── test1.txt               ……INDENT_LEVELとINDENT_PIN_Eで表現
└──bbb                      ……INDENT_PIN_Eで表現
    └── test2.txt               ……INDENT_BLANKとINDENT_PIN_Eで表現
```

■2では再帰的にファイル一覧を表示する関数enumfilesを定義します。なお、関数の引数に指定されるlevelは、再帰呼び出し回数を表しており、何階層目なのかを表します。そして、引数のis_lastはディレクトリ内でそのサブディレクトリかファイルが最後の要素であるかどうかを表します。

しかし、なぜ引数levelとis_lastを指定するのかと言うと、■3でファイルやディレクトリの先頭に表示する記号を指定しますが、その際、このlevelとis_lastに基づいて記号を決定するからです。levelが0でなければ、基本的にINDENT_PIN_Cを採用しますが、ディレクトリの末尾要素なら、INDENT_PIN_Eを採用します。

■4ではディレクトリの場合の処理を記述します。■5では階層表示のインデント記号を選択します。この部分も■3と

同じように、その要素が末尾かどうかを確認して記号を変更します。最後のエントリであれば木構造を示す縦線が不要なので、is_lastを確認して記号を選択します。

■6では実際にディレクトリ以下のファイル一覧を取得して繰り返します。■7ではそのファイル（ディレクトリ）が最後の要素かどうかを判定して、その結果を■8で再帰的に関数enumfilesを呼び出します。そして、■9ではファイルの場合にファイル名を表示します。

■10ではコマンドラインを解析して、指定されたコマンドライン引数を得ます。それを関数enumfilesの引数に指定して実行します。

プログラムを実行するには、次のコマンドを実行します。

```
$ python3 tree.py test_dir
```

サンプルプログラムのディレクトリで実行すると、**図3-4-2**のように表示します。

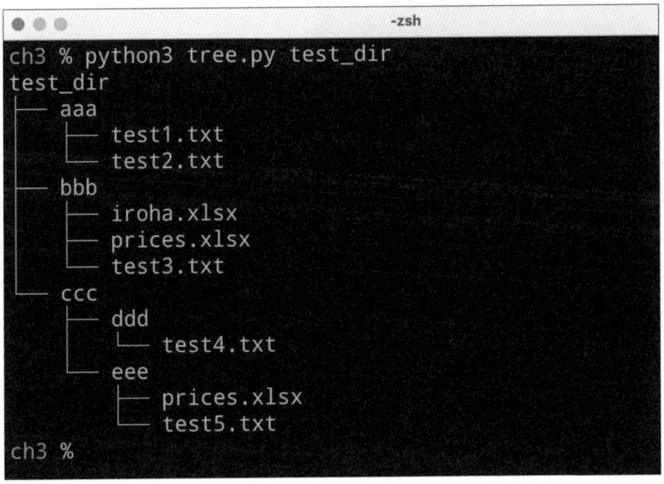

```
ch3 % python3 tree.py test_dir
test_dir
├── aaa
│       ├── test1.txt
│       └── test2.txt
├── bbb
│       ├── iroha.xlsx
│       ├── prices.xlsx
│       └── test3.txt
└── ccc
        ├── ddd
        │       └── test4.txt
        └── eee
                ├── prices.xlsx
                └── test5.txt
ch3 %
```

図3-4-2 ディレクトリ階層を木構造で表示するtree.pyを実行したところ

発展問題 tree.pyを改良してみよう

上記の「tree.py」では、一通りディレクトリ以下のファイル一覧を木構造で表示するところまで作りました。しかし、本家のtreeコマンドは、もっと便利な機能が実装されていて便利です。また、絵文字などを使えばもっとカラフルな表示にできます。そこで、次のような機能を追加してみましょう。

- 名前がドットから始まるファイルの表示を省略する
- あまり深いディレクトリを表示したくないので、3階層以上の階層を省略する
- 絵文字を利用してファイルの種類に応じてアイコン風の表示を行う

【ヒント】例えばプログラムを実行したときに、次のような表示となるように改良してみましょう。

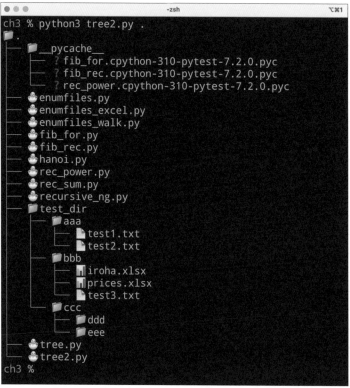

図3-4-3 ディレクトリ階層を木構造で表示するtree.pyを実行したところ（環境により絵文字が表示されないことがあります）

答えのプログラムを本書のサンプルに「tree2.py」という名前で収録しています。

なお、上記の「tree.py」と同じように「python3 tree2.py（フォルダパス）」を指定して実行します。

まとめ

以上、本節は再帰を使った実用的な例として、ディレクトリ構造を再帰的に検索してファイル一覧を表示するプログラムを作ってみました。ディレクトリとファイルの扱いは実用面で役立つものです。再帰の練習ついでに、身近なファイル処理をPythonで自動化する方法を考えてみるとよいでしょう。

再帰で解くハノイの塔

ハノイの塔とはパズルの一種です。一定のルールに従って、すべての円盤を隣の柱に移動すること
を目的としています。再帰を使うと手軽に解くことができるので、実装してみましょう。

ここで学ぶこと

● **ハノイの塔**

● **再帰**

● **Tkinter**

● **PyInstaller**

ハノイの塔とは

ハノイの塔は、1883年にフラ
ンスの数学者が発売したパズ
ルゲームをルーツとしていま
す。このパズルは一定のルー
ルに従って、すべての円盤を
右端の柱に移動することを目
標としています。

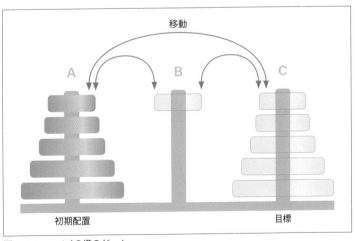

図3-5-1　ハノイの塔のゲーム

ハノイの塔には次のようなルールがあります。

● 3本の柱と大きさの異なるN枚の穴の空いた円盤を用意します。

● 最初、1本目の柱にN枚の円盤を重ねます。その際、上が小さい円盤、下が大きい円盤となるように重ねます。

- 円盤を1回に1枚ずつどれかの柱に移動させることができます。ただし、その際、小さな円盤の上に大きな円盤を重ねることはできません。
- 上記のルールに沿って円盤を右端の柱に移動させてください。

ハノイの塔は知育玩具として販売されている

なお、日本でも子供用の知育玩具として、いろいろなハノイの塔の玩具が発売されています。通販サイトで「ハノイの塔」を調べて見ると、どんなパズルなのか具体的にイメージできるでしょう。

図3-5-2　ハノイの塔の玩具 —— Amazonで検索したところ

どのようにハノイの塔を解くのか

ハノイの塔のルールが分かったでしょうか。このパズルをプログラミングの力で解くのが目標です。冒頭の図のように、3本の柱をそれぞれA、B、Cとします。
簡単な場合分けをしてハノイの塔の解法を確認してみましょう。

円盤が1枚のハノイの塔を解く方法

いきなり円盤がたくさんあると難しくなりますので、円盤が1つしかないという前提で考えてみましょう。円盤が1つの場合単純にAからCに移動すれば完成です。

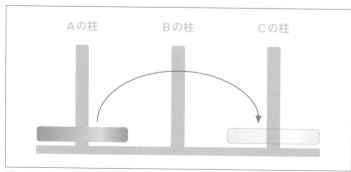

図3-5-3　A→Cに移動すれば完成

円盤が2枚のハノイの塔を解く方法

次に円盤が2枚の場合はどうでしょうか。小さな円盤の上に大きな円盤は重ねられないというルールがあるので、Bの柱を経由する必要があります。2枚の場合は、AからBへ、AからCへ、BからCへ移動します。

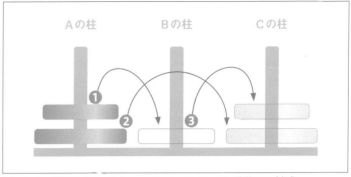

図3-5-4　円盤が2枚のn場合 - A→B・A→C・B→Cに移動すれば完成

円盤が3枚のハノイの塔を解く方法

続けて、円盤が大中小の3枚であった場合を考慮しましょう。少し手順が増えて7手順必要です。

❶小をA→C
❷中をA→B
❸小をC→B
❹大をA→C
❺小をB→A
❻中をB→C
❼小をA→C

このように移動することで解くことができます。右の図のように円盤を動かします。

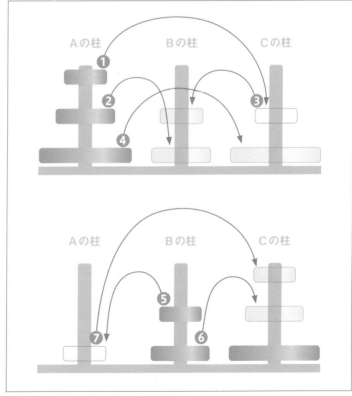

図3-5-5　円盤が3枚の場合の手順

図3-5-5では「大」「中」「小」の円盤があります。図の上側では大の円盤を目的とするCの柱に動かすために、中小の円盤を柱Bに積み変えます。そして、図の下側は、大の円盤がCの柱に移った後の動きを解説します。Bの柱にある中と小の円盤を、一度Aを経由して、その後でCに移し替えます。

再帰を使ってハノイの塔を解くアルゴリズム

上記の円盤が3枚の場合を考えると、円盤を何度も移動する必要があり、このパズルを解くのは、結構難しいのではないかと思えます。しかし、実際のところ、再帰を使うことで簡単に解くことができます。

次のような手順で操作を行えばよいのです。ここでは、n枚の円盤があるとして、再帰的に手順を実行することを、Hanoi(n)とします。

❶ nが1であれば、その1枚を移動先の柱に移動

❷ nが2以上ならば以下の❸から❺の手順で円盤を移動

❸ 先頭の円盤から開始してn-1番目の円盤まで、暫定の柱に移動するために手順Hanoi(n-1)を実行

❹ n段目（最下段）の円盤を目的とする柱に移動

❺ 上記❸で暫定の柱に移動した円盤を、手順Hanoi(n-1)を利用して移動先の柱に移動

つまり、円盤が1枚であれば、移動元から移送先へ移せるのですが、2枚以上のあるときは、最下段にある円盤nを動かすために、まずは、手順❸のように、先頭からn-1までの円盤を暫定の柱に移動しておきます。そして、❹で円盤を移動したら、手順❸で暫定に柱に移動した円盤を移動先の円盤に移動するのです。

ハノイの塔を解くプログラム

この手順を基にしてプログラムを作ると次のようになります。

src/ch3/hanoi.py

```
01  # ハノイの塔を再帰で解く関数                                    ■1
02  def hanoi(n, source, destination, temp):
03      if n == 1:
04          # 円盤1枚なら対象を目的地に移動                        ■2
05          move_disk(source, destination)
06      if n >= 2:
07          # 円盤2枚以上の場合の処理                              ■3
08          # nより上の円盤を再帰によって待避用の杭に移動           ■3a
09          hanoi(n - 1, source, temp, destination)
10          # n(一番下の円盤)を目的地に移動                        ■3b
11          move_disk(source, destination)
12          # 先ほど待避用の杭に移動した円盤を再帰によって目的地に移動  ■3c
13          hanoi(n - 1, temp, destination, source)
14
15  # 円盤の移動を表示する関数                                      ■4
16  def move_disk(source, destination):
17      print(f'{source} → {destination}')
18
19  if __name__ == '__main__':
20      # 円盤が3枚のときの手順を表示する                          ■5
21      hanoi(3, 'A', 'C', 'B')
```

ターミナルで次のコマンドを実行しましょう。プログラムを実行すると、円盤3枚の場合の手順が表示されます。

```
$ python3 hanoi.py
A → C
A → B
C → B
A → C
B → A
B → C
A → C
```

プログラムを確認してみましょう。■ ではハノイの塔を解く手順を調べる関数hanoiを定義します。関数の引数は順に、円盤の枚数(n)、移動元(source)、移動先(destination)、待避用(temp)です。

■ では円盤が1枚のとき、どのような処理を行うかを指定します。円盤が1枚であれば、当然、円盤を移動元から移動先へ移すだけです。

■ 以降では円盤が2枚以上ある場合の処理を指定します。ここでは、一番下にある円盤nを移動することを考えます。そのために、■a では、先頭0からn-1までにある円盤を、関数hanoiを再帰的に呼び出して暫定の柱に移動します。そして、■b にてn番目の円盤を移動先に移動します。それから、■c で暫定の柱に移動した円盤(先頭からn-1番までのもの)を改めて関数hanoiを利用して目的地の柱へ移動します。■ では円盤の移動を画面に表示するmove_disk関数を定義します。そして、■ で円盤が3枚の場合の解法を表示します。

ちなみに、プログラムで円盤の大小の比較が考慮されていないように見えるでしょうか。この点に関しては、関数hanoiで最後の1枚になってから円盤を移動していることに注目してください。もともと円盤は小さい順に並んでいるため、最後の1枚は最も小さな円盤になります。そのため、自然と移動後も小さい順に並ぶことになります。

ポイントを再確認しよう

なお、プログラムの■ で定義している関数hanoiですが、■a と■c では、引数の順番が異なる点に注目してみてください。

ハノイの塔のルールでは、杭に重なっている円盤を一度に数個移動することはできません。

一番上にある円盤を1つずつ移動する必要があります。そのため、左の杭で一番下にある円盤を右の杭に移動したい時には、暫定的にそれより上にある円盤を待避用にある杭に移動した上で移動を行います。

■a で、まずは暫定的に、左の杭にある円盤(最下部にある円盤を除いたもの)を、待避用の杭に移動します。

そして、■b で左の杭にある最下部の円盤を右側に移動します。その後■c で、待避用の杭に移動した円盤を目的の杭に移動します。

このように再帰的に円盤を次々と移動していくことで、円盤を目的とする杭に移動することができます。

HINT

関数hanoiの動きが分からないときは
デバッグ出力を入れてみよう

「関数hanoiの動きが分かりづらい」と思う方がいるでしょう。関数の再帰呼び出しは複雑で、ゆっくり考えないと混乱しがちです。そんなときは、プログラムにデバッグ出力を入れるのがオススメです。それにより、関数がどのように呼び出されるかが明らかになります。

今回のハノイの塔のプログラムでは、関数hanoiがどのように呼び出されるのかに注目するとよいでしょう。そこで、def hanoi(...)のすぐ下にprint関数を書き加えてみましょう。参考までに、デバッグ出力を追加したプログラム「hanoi_debug.py」をサンプルプログラムに収録しています。

このプログラムを実行すると次のように表示されます。なお、再帰的に関数hanoiを呼んだことが分かるよう、hanoiを再帰呼び出しするときは、インデントとメモをつけるようにしました。

```
ch3 % python3 hanoi_debug.py
┌── hanoi(3, A, C, B)          [5]          最初
│   ┌── hanoi(2, A, B, C)      [3]a         n=3より上の円盤を待避
│   │   ┌── hanoi(1, A, C, B)  [3]a         n=2より上の円盤を待避
│   │   └── move_disk(A → C)   [2]          n=1なので直接移動
│   ├── move_disk(A → B)       [3]b         n=2(一番下の円盤)を目的地に移動
│   │   ┌── hanoi(1, C, B, A)  [3]c         n=2の時待避した円盤を移動
│   │   └── move_disk(C → B)   [2]          n=1なので直接移動
├── move_disk(A → C)           [3]b         n=3(一番下の円盤)を目的地に移動
│   ┌── hanoi(2, B, C, A)      [3]c         n=3の時待避した円盤を移動
│   │   ┌── hanoi(1, B, A, C)  [3]a         n=2より上の円盤を待避
│   │   └── move_disk(B → A)   [2]          n=1なので直接移動
│   ├── move_disk(B → C)       [3]b         n=2(一番下の円盤)を目的地に移動
│   │   ┌── hanoi(1, A, C, B)  [3]c         n=2の時待避した円盤を移動
│   │   └── move_disk(A → C)   [2]          n=1なので直接移動
ch3 %
```

図3-5-6　src/ch3/hanoi_debug.pyの実行結果

この関数hanoiの呼び出し状況を見ながら、改めてプログラムを確認してみましょう。

最初に「hanoi(3, 'A', 'C', 'B')」を呼び出したとき、n=3で円盤は杭Aに3枚あることを意味します。それで、[3]以下の部分が実行されます。

このとき、[3]aで杭Aにある3枚の円盤のうち上2枚の円盤を待避用の杭Bに移動する必要があります。それで、hanoi(2, 'A', 'B', 'C')を呼び出します。しかし、このとき杭Aにはまだ2枚の円盤があるため、上1枚を待避用の杭Cに移動する必要があります。それで、hanoi(1, 'A', 'C', 'B')を呼び出します。nが1であれば普通に杭の移動ができます。そこで[2]にてmove_diskで円盤をAからCに移動します。

次に、[3]bを見てみましょう。例えば、n=3のときでもこの部分を実行するとき、杭Aには1枚しか円盤がないので、そのまま杭Cに移動ができます。そして、円盤を移動した後、[3]cでは待避用の杭Bに移動した円盤を目的地の杭Cへ再帰的に移動します。

とにかく、どのように関数hanoiが呼び出されたのか、ゆっくり1つずつ確認していくことで、プログラムを理解できます。上記の呼び出し記録とプログラムを見比べてみてください。

再帰を使うことでプログラムが分かりやすくなる

ハノイの塔のプログラムを見ていて気付いたことはあるでしょうか。まず、このプログラムでは、円盤が残り1枚になったときに行う操作、2枚以上あるときに行う操作に分けて処理しているという点に注目できます。

次に、円盤が2枚以上残っているときには、先頭から(n-1)番目までの円盤を再帰的に、待避用の柱に移動する処理を実行し、最下段の円盤を移動してから、改めて円盤を再帰的に待避用の柱から目的地の柱へ移動するという操作を行う手順となっています。

上記2点を考えてみると、再帰処理を記述すれば、いちいち複雑な移動手順を指定する必要はなく、n番目の円盤をどのように処理するのかという一点に注目してプログラムを記述できるということが分かります。再帰を利用することで、プログラムはより単純になるという好例です。

ハノイの塔の移動手順を表示するプログラムを作ろう

なお、移動手順が表示されるだけでは、よく分からないという方もいます。そこで、柱と円盤の状態をグラフィカルに表示するプログラムを作ってみましょう。Pythonの標準GUIライブラリのTkinterモジュールを使います。
次のようにハノイの塔の解き方を具体的な図で表示するプログラムを作ります。

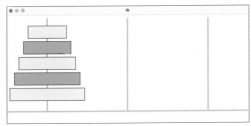

図3-5-7　プログラム開始時点

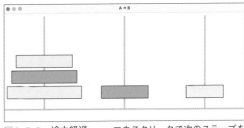

図3-5-8　途中経過 —— マウスクリックで次のステップを表示する

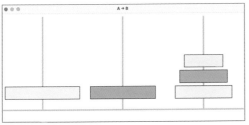

図3-5-9　途中経過

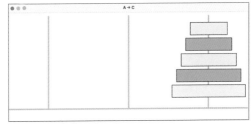

図3-5-10　完成したところ

実際のプログラムが以下になります。少し長いのですが、座標を計算して柱や円盤を描画している部分がほとんどです。少しずつ見ていきましょう。

src/ch3/hanoi_gui.py

```
01  import tkinter as tk, copy
02
03  # 柱と円盤の初期状態を設定 ──────────────────────── 1
04  cols = [[1,2,3,4,5], [], []]
05
06  # ウィンドウを作成 ─────────────────────────── 2
07  win = tk.Tk()
08  win.geometry('800x350')
09  cv = tk.Canvas(win, width=800, height=350, bg='white')
10  cv.pack()
11  # 柱を描画する ───────────────────────────── 3
12  def draw_pillar(no):
13      margin = 10 # 余白
14      col_width = 800 // 3 # 描画域の幅
15      col_x = no * col_width # 左端のX座標
16      dh, dw = 50, (col_width - margin * 2) # 円盤の高さと幅
17      by = margin + dh * 6 # 地上のY座標
18      cx = col_x + col_width // 2 # 柱のX座標
```

169

```
19        cv.create_line(cx, margin, cx, by, fill='silver', width=5) # 柱
20        cv.create_line(col_x, by, col_x+col_width, by, fill='silver', width=5) # 地
21    # 円盤リストの先頭に0を詰める ─────────────────────────────── 4
22    disks = copy.copy(cols[no])
23    while len(disks) < 5:
24        disks.insert(0, 0)
25    # 円盤を描画する ──────────────────────────────────────── 5
26    for i, w in enumerate(disks):
27        if w == 0: continue # 0 なら何も描画しない
28        dx = col_x + (col_width - dw) // 2 # 円盤のX座標
29        dy = margin + dh // 2 + i * dh # 円盤のY座標
30        sm = (5 - w) * 15 # 円盤のサイズ補正
31        cv.create_rectangle(dx + sm, dy, dx+dw - sm, dy + dh - 10,
32            fill=('orange' if w % 2 == 0 else 'yellow')) # 円盤を描画
33 # すべての柱を描画する ──────────────────────────────────── 6
34 def draw_pillars():
35    cv.delete('all') # 画面をクリア
36    for no in range(3):
37        draw_pillar(no)
38
39 # ハノイの塔の解法を求める ──────────────────────────────── 7
40 result = []
41 def hanoi(n, src, des, temp):
42    if n == 1: # 円盤が1つのとき
43        result.append([src, des])
44    else: # 円盤が2つ以上のとき
45        hanoi(n - 1, src, temp, des)
46        result.append([src, des])
47        hanoi(n - 1, temp, des, src)
48 hanoi(5, 0, 2, 1) # 円盤が5枚のとき、柱番号で0番から2番へ移動することを指定
49
50 # 次の手順を描画 ─────────────────────────────────────── 8
51 def next_step(e):
52    global result
53    if len(result) == 0: return
54    [src, des] = result[0] # ハノイの塔の解法を1つ取り出す
55    result = result[1:] # 取り出したので先頭を削除
56    labels = ['A', 'B', 'C'] # ウィンドウのタイトルに解法を表示
57    win.title(f'{labels[src]} → {labels[des]}')
58    cols[des].insert(0, cols[src][0]) # 柱の状態を更新
59    cols[src] = cols[src][1:]
60    draw_pillars() # 柱を描画
61
62 # マウスのクリックイベントでステップを進める ───────────────── 9
63 win.bind('<Button-1>', next_step)
64 draw_pillars() # 初期画面描画
65 win.mainloop() # ウィンドウのメインループを開始
```

プログラムを実行するには、以下のコマンドを実行します。

```
$ python3 hanoi_gui.py
```

プログラムを確認してみましょう。 1 では描画のために柱と円盤の初期状態を変数colsに代入します。3つの要素

として、左、真ん中、右の柱を設定しています。円盤は短いものが1、長いものが5です。

2 ではTkinterのウィンドウを作成します。800×350のサイズでウィンドウを作成し、その上に描画用のCanvasを配置します。

3 以降では柱の描画処理を記述します。左から(0から数えて)no番目の柱を描画します。描画領域や余白、円盤の高さや幅などを計算し、柱と地面を描画します。

4 では円盤データの先頭に0を詰める処理を行います。例えば[3,4,5]という状態なら、[0,0,3,4,5]のようにします。この処理を入れないと、円盤が浮いた状態になってしまいます。

5 の部分では上から順番に円盤を描画します。なお、要素が0なら描画処理を飛ばすようにしています。

6 では画面の描画を一度クリアして、A、B、Cの3つの柱を順に描画します。

7 ではハノイの塔の解法を求めます。リスト型の変数resultに柱の番号を使って[移動元, 移動先]を追加します。この部分は1つ前のプログラム「hanoi.py」とほとんど同じです。

8 では画面がクリックされるごとに次の手順を描画します。**7** で求めた解法のリスト型変数resultの要素を1つずつ取り出して、柱の状態を描画します。

9 ではマウスのクリックイベントを設定します。ウィンドウをクリックしたら **8** の解法ステップを1つ進めます。

Tkinterについて

Tkinterは、Pythonの標準GUIライブラリです。Windows/macOS/Linuxと主要なOSに対応したライブラリであり、ちょっとしたツールを作成するのにも便利です。もともと、Tcl/TkというGUIライブラリだったものをPythonで使えるようにしたものです。

ウィンドウ上にボタンやエディタなどGUIパーツを貼り付けてアプリを作ることができます。単純なパーツしか用意されていませんが、その分扱い方も単純なので、すぐに簡単なウィンドウアプリを作成できます。

Pythonで作ったプログラムを他の人にも使ってもらおうと思う場合、相手がパソコンに詳しい人でも、なかなか「ターミナルを起動してこのコマンドを実行して」とは言えません。その時点で使うのを諦めてしまう人が大半でしょう。その点で、Tkinterを使ったGUIで操作するウィンドウ画面を用意しておけば、誰にでも気軽に使ってもらえるアプリに仕上げることができます。

一番簡単なTkinterのアプリ

Tkinterの基本さえ押さえておけば、難しくありません。ただし、TkinterはPython 2の頃から存在する歴史あるライブラリであり、検索すると古い情報が出るので注意が必要です。

以下のプログラムは、ボタンを押すとテキストボックスに格言を表示するという簡単なプログラムです。

src/ch3/hello_tk.py

```
01  import tkinter as tk
02
03  # ボタンを押したときに実行する処理 ─────────────────── 1
04  def show_message():
05      txt.insert('1.0','穏やかな舌は命の木であり\n')
06      txt.insert('end','悪意ある言葉は人を落胆させる')
07
08  # ウィンドウを作成 ──────────────────────────── 2
```

```
09  win = tk.Tk()
10  win.geometry('300x200')
11
12  # ボタンを作成 ─────────────────────────────────────── 3
13  btn = tk.Button(win, text='格言表示', command=show_message)
14  btn.pack() # ウィンドウに配置
15
16  # テキストボックスを作成 ───────────────────────────── 4
17  txt = tk.Text(win)
18  txt.pack()
19
20  # メインループを開始 ───────────────────────────────── 5
21  win.mainloop()
```

最初にプログラムを実行してみましょう。ターミナルで以下のコマンドを実行すると、ウィンドウが起動します。

ターミナルで実行

```
$ python3 hello_tk.py
```

[格言表示] ボタンを押すとテキストボックスに格言を表示します。右はボタンを押したところです。

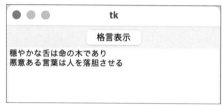

図3-5-11　ボタンをクリックすると挨拶を表示する

プログラムを確認してみましょう。1ではボタンを押したときに実行する処理を記述します。ここではテキストボックスに格言を表示します。テキストボックスにメッセージを挿入するinsertメソッドは第1引数に表示場所、第2引数に実際のメッセージを指定します。'1.0'を指定すると1行目0列目の意味になり、'end'を指定すると末尾に挿入するという意味になります。

2ではTkinterのメインウィンドウを作成します。ここでは、ウィンドウのサイズを幅300ピクセル、高さ200ピクセルに設定しているので、小さなウィンドウが表示されます。

3ではボタンを作成します。tk.Buttonメソッドでボタンを作成します。名前付き引数でcommandを指定することで、ボタンをクリックしたときの処理を記述します。packメソッドを実行するとウィンドウに自動配置できます。もしも任意の位置に配置したい場合は、placeメソッドを使います。4ではテキストボックスを作成します。tk.Textメソッドでテキストボックスを作成します。

そして、最後5ではメインループを開始します。Tkinterのプログラムでは必ずこのメインループを実行する必要があります。

このように、Tkinterを使えば、GUIのウィンドウが手軽に作成できますので、ユーザーとの対話が必要なプログラムを作る場合に便利です。

Pythonで作ったアプリを配布する「PyInstaller」について

また、プログラムを配布する場合には、Pythonのプログラムを実行ファイルに変換する「PyInstaller」というツールがあります。実行ファイルのアイコンをダブルクリックで起動したときに、Tkinterのウィンドウが起動するなら、他のウィンドウアプリと同じように気軽に使うことができるでしょう。

● **PyInstaller の Web サイト**

[URL] https://pyinstaller.org/

以下のコマンドを実行すると、PyInstallerをインストールできます。ただし、原稿執筆次点で、Python 3.7以降にしかしていませんので、対応バージョンをよく確認しましょう。

ターミナルで実行

```
$ python3 -m pip install -U pyinstaller
```

そして、以下のコマンドを実行すると、実行ファイルを生成できます。例えば、今回作ったhanoi_gui.pyを実行ファイルに変換してみましょう。

ターミナルで実行

```
$ pyinstaller hanoi_gui.py  --noconsole
```

すると**図3-5-12**、**図3-5-13**のように、「dist」というディレクトリが作成され、その中に実行ファイルが作成されます。Windowsの場合は「hanoi_gui.exe」が実行ファイルです。実行ファイルをダブルクリックすると、ウィンドウが起動します。

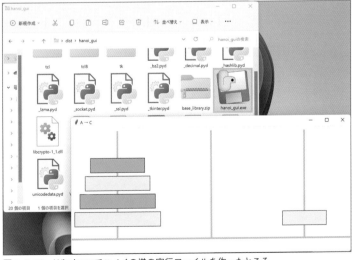

図3-5-12　Windowsでハノイの塔の実行ファイルを作ったところ

173

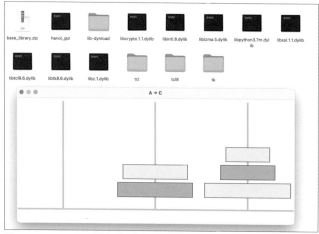

図3-5-13 macOSで配布用の実行ファイルを作ったところ

エラーメッセージは重要な情報源

ここまで見てきたように、とても便利なPyInstallerですが、エラーがでてうまく実行ファイルが作成できない場合もあります。その場合は、エラーメッセージを検索エンジンで調べてみると解決策が見つかることもあります。

例えば、macOSにpyenvを利用してPythonをインストールした場合にはエラーが出て動きません（pyenvは複数のバージョンのPythonを手軽に切り替えるためのツールで、本書では解説しません）。しかし、エラーメッセージで検索してみると、ターミナルで「PYTHON_CONFIGURE_OPTS="--enable-shared" pyenv install 3.7」を実行しPythonをインストールし直すと、このエラーを回避できることが分かります。

「エラーメッセージ」はプログラム開発を行う上での重要な情報源となります。軽視せず、エラーについて調べて見るとよいでしょう。

まとめ

本節では、ハノイの塔を解くプログラムを作ってみました。プログラミングを活用することで、パズルを効率的に解くこともできます。ハノイの塔では、再帰を使うことで手軽に解くことができます。また、Tkinterを利用してグラフィカルなアプリを作ってPyInstallerを利用して他人に配布する方法も紹介しました。

ターミナルで動く自分だけが使うプログラムを作るのもよいのですが、もっとプログラミングの腕を磨くには、いろいろなタイプのアプリを作ることも役立ちます。また、実現したいアイデアを次々と形にしていくことで、さまざまな知識を取り入れることができます。加えて、誰かの役に立つアプリを作って配布することができたなら、「物作りの愉しさ」をより実感できるでしょう。

データの間違いを簡単に検出できる「ハッシュ関数」

「ハッシュ関数」とは、あるデータから一定の計算手順に基づいて固定長の値を求めることです。
元のデータの要約値を得ることができます。ハッシュ関数を使うと、検索の高速化やデータ比較
処理の高速化、改竄の検出に使えます。

ここで学ぶこと

● **ハッシュ関数 / ハッシュ値**

● **チェックディジット**

● **ルーンアルゴリズム**

● **CRC-32**

● **SHA-256**

ハッシュ関数とは

「ハッシュ関数」(英語：hash function)とは、任意のデータから一定の計算手順に基づいて固定長の値を求める操作
を言います。その性質から「要約関数」と言います。そして、ハッシュ関数から得られた値のことを「ハッシュ値」
や「要約値」と言います。

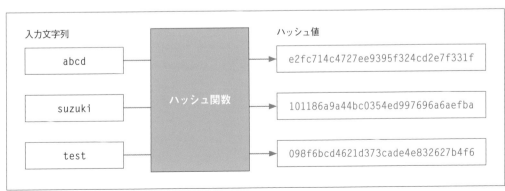

図 3-6-1　ハッシュ関数について

175

ハッシュ関数を使うと、検索やデータ比較処理の高速化や、データ改ざんチェックに使えます。また、入力データの誤り検出に使えるチェックサム、デジタル署名などに使われる暗号学的ハッシュなど、多目的で利用されます。

ハッシュ値（要約値）を使うと巨大データの比較も簡単

ハッシュ関数を使うと不可逆的で固有の「ハッシュ値」を生成します。「不可逆的」というのは、データからハッシュ値を求めることはできますが、その逆のハッシュ値からデータを求めることができないということです。

ハッシュ値は元データを短い固定長のデータで表現したものともみなせます。そのため「要約値」「ダイジェスト値」とも呼ばれます。そして、ハッシュ値を利用するとデータの比較が容易になります。

例えば、似たような長時間の動画ファイルが複数あったとします。その中から動画ファイルの内容が同じものを調べたいとします。その場合、1つずつのファイルをすべて比較するのではとても時間がかかってしまいます。しかし、最初にハッシュ値を調べておけば、動画同士を比較するのがとても容易になります。

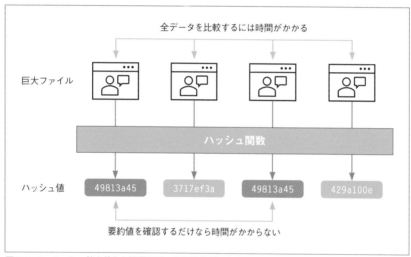

図3-6-2　ハッシュ値を使うと簡単にデータの比較ができる

クレジットカードのチェックディジットについて

「チェックディジット」（英語：check digit）とは、カード番号や会員番号など、数字列の誤りを検知するために付加される検査用の数字のことを言います。身近なところで使われているのがクレジットカードです。

Webサイトの買い物で、クレジットカードを入力したときに、番号の打ち間違いがあると瞬時に「入力ミスがあります」と出るときがあります。これを実現しているのが、チェックディジットです。わざわざ、カード番号を管理しているサーバーに問い合わせする必要がなく、簡単な計算により確認できるので、打ち間違いを瞬時に指摘できます。

チェックディジットにはさまざまなタイプがありますが、クレジットカード番号の番号確認には、「ルーンアルゴリズム」（英語：Luhn algorithm）という計算方法が採用されています。ルーンアルゴリズムは、クレジットカード以外にも、携帯電話の識別番号のIMEI、カナダの社会保険番号などで幅広く採用されています。

これは、次のような手順で計算することで、カード番号の間違いを指摘できます。

❶ カード番号の奇数桁（右端を1桁目とする）を足し合わせる。

❷ カード番号の偶数桁を2倍して足し合わせる。ただし10以上ならば9を引く。

❸ 上記❶と❷を足し合わせて、10で割って割り切れれば、カード番号は正しい。

これを図にすると次のようになります。

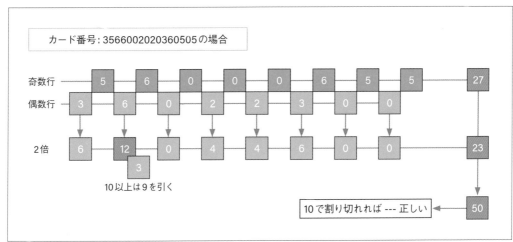

図3-6-3　クレジットカードの正当性確認

チェックディジット（ルーンアルゴリズム）を実装してみよう

それでは、クレジットカードのチェックを行う「ルーンアルゴリズム」を実装してみましょう。

src/ch3/checkdigit.py

```
01  # クレジットカードのチェック ──────────────────────────1
02  def checkdigit(numbers):
03      # 文字列に変換
04      numbers = str(numbers)
05      # ルーンアルゴリズムで各桁を合計 ──────────────────2
06      total = 0
07      for i, c in enumerate(reversed(numbers)):
08          c = int(c)
09          # 番号が偶数桁のとき番号を2倍する ──────────────3
10          if (i+1) % 2 == 0:
11              c = c * 2
12              c = c if c < 10 else (c - 9)
13          total += c
14      # 10で割り切れたら正しい番号 ──────────────────────4
15      return (total % 10 == 0)
16
17  # チェックディジットのテスト ──────────────────────────5
18  def test_checkdigit():
19      # 正しい番号のとき
20      assert checkdigit('3566002020360505')
21      assert checkdigit('4242424242424242')
22      assert checkdigit('378282246310005')
```

177

```
23      # 間違った番号のとき
24      assert checkdigit('000000000000111') == False
25      assert checkdigit('000000000000000111') == False
```

プログラムが正しく動くのか確認してみましょう。ターミナルから以下のコマンドを実行して、pytestを実行します。「1 passed」と表示されたら成功です。

```
$ python3 -m pytest checkdigit.py
```

プログラムを確認してみましょう。■以降ではクレジットカードの番号をチェックする関数checkdigitを定義します。

■のfor文にて、各カードの桁を1つずつ確認していきます。ルーンアルゴリズムでは、右端から何桁目かが重要です。そこで、reversedで変数numbersを右端から1文字ずつ取り出して順に繰り返します。なお、何桁目かを確認するため、enumerateを使うことで、0から数えて何回目の繰り返しなのかを取得します。

ルーンアルゴリズムではカードの桁数が偶数桁の場合は番号を2倍にします。■の部分でこの処理を行います。ただし、2倍した数が10以上なら9を引く処理が必要です。

なお、注意が必要な点ですが、ルーンアルゴリズムの手順では1起点で何桁目かを確認します。しかし、for文で実行回数のカウンタを得るenumerateは、0起点で何回目かを表します。そこで、変数iの値に+1して、その値が偶数かどうかを確認します。

最後■で桁の合計値が10で割り切れたら正しいカード番号です。

■では、pytestでテストする関数を記述します。ここでは、よくあるサンプルのクレジットカード番号と適当な番号を使ってチェックディジットが正しいか、また間違っているかどうかを確認します。

独自の会員番号をルーンアルゴリズムで生成したい場合

クレジットカードは14から16桁の番号から成り立っていますが、カード番号の最後の1桁をチェックディジット用として、ルーンアルゴリズムで正しい値を導出するために利用します。

同じように、独自の会員番号を生成したい場合に、任意の会員番号の末尾1桁をチェックディジット用の番号とし、ルーンアルゴリズムを確認して正しくなる番号を選んでみましょう。

あるお店で会員証を発行している場合、例えば、1001人目の人に会員証を発行したいとします。このとき、「1001」の末尾にチェックディジットの「7」を加えて「10017」という会員番号を発行します。そうすれば、会員番号を手入力したときの入力間違いを検出できます。

以下のプログラムは、先ほど作ったプログラム「checkdigit.py」をモジュールとして利用して、任意の会員番号の末尾にチェックディジット1桁を加えるものです。

src/ch3/cardno_gen.py

```
01  from checkdigit import checkdigit
02
03  # 独自の会員番号の末尾にチェックディジットを加える
04  def add_checkdigit(numbers):
05      # 0から9のいずれかを加えて確認する                          ■
```

```
06      for no in range(10):
07          cno = numbers + str(no)
08          if checkdigit(cno):
09              return cno
10      return numbers + '?'
11
12  # 正しい会員番号を生成するかテスト ─────────────────────────  2
13  def test_add_checkdigit():
14      assert add_checkdigit('1001') == '10017'
15      assert add_checkdigit('356600202036050') == '3566002020360505'
16      assert add_checkdigit('510510551051050') == '5105105510510500'
17      assert add_checkdigit('37144963539843') == '371449635398431'
```

ターミナルで以下のコマンドを入力してプログラムをテストしてみましょう。正しいカード番号が生成されたのであれば「1 passed」と出力されます。

ターミナルで実行

```
$ python3 -m pytest cardno_gen.py
```

プログラムを確認してみましょう。**1**では任意の番号の後ろに、0から9までのいずれかの値を順に加えて、ルーンアルゴリズムで正しくなる値を調べて返します。そして、**2**ではpytestのテストを記述して関数add_checkdigitが正しいカード番号を生成したかを検証します。

巡回冗長検査 (CRC) について

「巡回冗長検査」(英語：Cyclic Redundancy Check, CRC)とは、誤り検出符号の一種です。データ転送において、送信側と受信側で送受信したデータが壊れていないかを確認するのに利用します。
CRCにはいろいろなバリエーションがありますが、ファイル圧縮のZIPや画像のPNGなどに「CRC-32」と呼ばれる方式が使われています。CRC-32は次のような手順で計算します。

❶ CRCの初期値として0xFFFFFFFFを指定
❷ 対象データを1バイトずつ以下 ❸ から ❻ の処理を行う
❸ CRCと対象バイトのXORを求めてCRCとする
❹ CRCの下位1ビットが1ならば、CRC値を0xEDB88320でXOR演算
❺ CRCを右へ1ビットシフト
❻ 上記❹ から❺ を8回(8ビット分)繰り返す
❼ CRCのビットを反転する

CRC-32の処理をフローチャートにすると次のようになります。CRCでは2進数で考えると、処理がよく理解できます。CRCの初期値である0xFFFFFFFF(2進数では、11111111 11111111 11111111 11111111となる)をセットしてから、入力データに応じて、XOR演算やビットシフトによってCRC値が次々と変化していく様子を確認することができるでしょう。

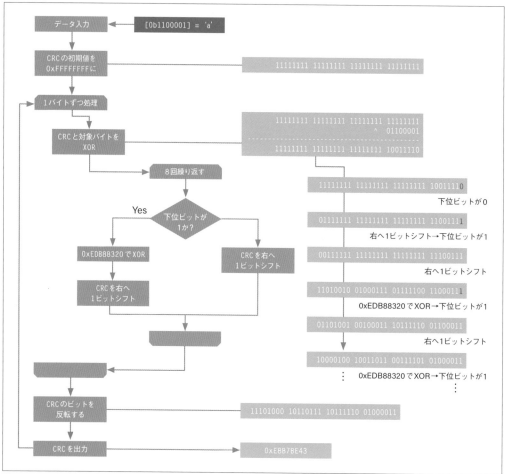

図3-6-4　CRC-32を求める方法

COLUMN

ハッシュ関数の実装に欠かせない「ビット演算」まとめ

Pythonのビット演算には次のものがあります。これらは、CRC-32やSHA-256などのハッシュ関数を実装するときに欠かすことのできないものです。プログラムを確認する前に、確認しておきましょう。より詳しくはChapter 2「N進数表現と変換」(p.087)を参考にしてください。

- 「A >> b」 … Aを右にbビットシフトする
- 「A << b」 … Aを左にbビットシフトする
- 「a & b」 … aとbの論理積（AND）
- 「a | b」 … aとbの論理和（OR）
- 「a ^ b」 … aとbの排他的論理和（XOR）
- 「~a」 … ビット反転

CRC-32を求めるプログラムを実装しよう

上記の手順に沿ってCRC-32を実装すると以下のようになります。

src/ch3/crc32.py

```
01  import binascii
02  # CRC-32を計算するのに必要な定数
03  CRC32POLY = 0xEDB88320
04
05  # CRC-32を計算する関数                                      1
06  def crc32(bin_data):
07      crc = 0xffffffff # 初期値
08      for b in bin_data: # 1バイトずつ繰り返す                2
09          crc ^= b # XOR演算                                  3
10          for bit in range(8): # 8回(8ビット分)繰り返す      4
11              if (crc & 1) == 1: # 下位ビットが1か?           5
12                  crc >>= 1
13                  crc ^= CRC32POLY # XOR
14              else:
15                  crc >>= 1
16      return crc ^ 0xffffffff # ビットを反転                 6
17
18  # CRC-32のテスト                                            7
19  def test_crc32():
20      assert crc32(b'hello') == binascii.crc32(b'hello')
21      assert crc32(b'world') == binascii.crc32(b'world')
22      assert crc32(b'abcd') == binascii.crc32(b'abcd')
23      assert crc32(b'test') == 0xD87F7E0C
24      assert crc32(b'hoge') == 0x8B39E45A
```

プログラムが正しく動くか確かめてみましょう。ターミナルで以下のコマンドを実行します。pytestが実行されて「1 passed」と表示されたら成功です。

ターミナルで実行

```
$ python3 -m pytest crc32.py
```

プログラムを確認してみましょう。**1**以降ではCRC-32を計算する関数crc32を定義します。**2**ではバイナリデータを1バイトずつ繰り返し処理します。**3**ではCRCを対象バイトでXOR演算します。**4**では8回繰り返し処理を行います。**5**では下位ビットが1か判定し、1であれば、1ビットシフトして定数0xEDB88320でXORを行います。それ以外の場合は1ビットシフトします。そして繰り返しの最後**6**でCRCのビットを反転させたものがCRC-32です。
なお、**7**ではpytestでテストコードを記述しています。binascii.crc32関数はPythonの標準モジュールでCRC-32を求めるものです。本家のCRC-32と自作のCRC-32の値が合致していれば問題なくプログラムが動いていることが分かります。なお、b'hello'のように書くと文字列ではなく「バイト列」となります。

テーブルを使ってCRC-32を高速に計算する方法

なお、上記の方法でCRC-32を計算する際、for文が2つあり、計算量が「$O(n*8)$」となることが分かります。この計算量はそれほど大きくはないのですが、あらかじめCRCの値を計算しておくことで、計算量を「$O(n)$」に抑え

ることができるので、より高速にCRC-32を計算できます。

テーブルを使ってCRC-32を計算するプログラムは次のようになります。

src/ch3/crc32_table.py

```
01  import binascii
02  # CRC-32を計算するためのテーブル
03  crc32_table = []
04  # CRC-32の計算用テーブルを初期化 ──────────────────────── ■
05  def crc32_get_table():
06      # 既にテーブルがあれば作成済みのものを返す
07      if len(crc32_table) != 0:
08          return crc32_table
09      # 0から255まで256個の値を生成
10      for byte in range(256):
11          crc = 0
12          for bit in range (8):
13              if (byte ^ crc) & 1:
14                  crc = (crc >> 1) ^ 0xEDB88320
15              else:
16                  crc >>= 1
17              byte >>= 1
18          crc32_table.append(crc)
19      return crc32_table
20
21  # テーブルを使ってCRC-32を求める ──────────────────────── ■
22  def crc32(bin_data):
23      table = crc32_get_table()
24      crc = 0xffffffff
25      # テーブルを活用してCRCを計算 ─────────────────────── ■
26      for b in bin_data:
27          crc = table[(crc & 0xFF) ^ b] ^ (crc >> 8)
28      return 0xffffffff ^ crc
29
30  # CRC-32のテスト
31  def test_crc32():
32      assert crc32(b'hello') == binascii.crc32(b'hello')
33      assert crc32(b'world') == binascii.crc32(b'world')
34      assert crc32(b'abcd') == binascii.crc32(b'abcd')
```

プログラムの動作は全く同じなので、プログラムだけを確認してみましょう。■以降ではCRC-32を計算するための
テーブルを作成する関数crc32_get_tableを定義します。ここでは、あらかじめ8回行うビットシフトとXORの計
算を256パターン分用意しておきます。

そして、■で実際のデータでCRC-32を求める際に、すでに計算済みのテーブルを使います。■が実際にCRC-32
を計算する処理なのですが、すでに■で8ビット分のビットシフトとXORを計算したテーブルを使うため、高速に
CRC-32の値が計算できます。

なお「crc32.py」と「crc32_table.py」でベンチマークを取ったものが**図3-6-5**のようになります。確かに、計算用
のテーブルを使う「crc32_table.py」が大幅に早くなっていることがグラフからも読み取れます。

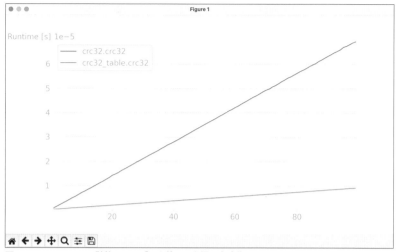

図 3-6-5　CRC-32 の計算でテーブルを使うと大幅に高速化できる

ハッシュ関数「SHA」について

暗号学的ハッシュ関数の「SHA」は電子署名やブロックチェーンなどにも利用される暗号化ハッシュ関数です。なお、SHAとは Secure Hash Algorithm の略となっており、米国立標準技術研究所（NIST）によって、標準のハッシュ関数に指定されたものを言います。SHA-2、SHA-3 が存在します。それぞれ SHA-256/SHA-512、SHA3-256/SHA3-512 など出力されるハッシュ値の長さが異なるバージョンが用意されています。

SHA-256 を実装してみよう

「SHA-256」とは SHA-2 の中で、ハッシュ長が 256 ビット（32 バイト）のものです。SHA-2 の中にあって、計算速度、暗号学的な安全性のバランスに優れているため、広く普及しています。
NIST が 2012 年に公表した FIPS180-4[※1] という文書に SHA-256 の実装方法が詳しく書かれています。
簡単に実装のポイントを示すと次のようになります。

❶ ハッシュ化したいメッセージを 512 ビット（64 バイト）ごとのブロックに分割すること
❷ 512 ビットに満たないブロックがあればパディング処理を行う
❸ 初期ハッシュをセットした後は、各ブロックに対してローテーション処理を行ってハッシュ値を計算する

なお、❸のローテーション処理ですが、これはハッシュ値を計算するために、ブロックごとにビット演算と XOR を組み合わせて行う計算処理です。具体的には、指定のビットを境に上位ビットと下位ビットを入れ替えて XOR 演算を行います。
以上の点を踏まえて、SHA-256 を実際に実装してみましょう。少しプログラムが長くなったので、ファイルを 2 つに分けました。1 つ目のファイルはハッシュを得るために、初期ハッシュの値と定数を定義します。この値を変えるとハッ

※1　FIPS180-4（https://csrc.nist.gov/publications/detail/fips/180/4/final）で公開されている

シュ値の計算結果が変わってしまいます。そのため、これらの定数はSHA-256の仕様で定められているものです。

src/ch3/sha256_const.py

```
01  # ハッシュの初期値を設定 ──────────────────────────────────────── 1
02  SHA256H = [
03      0x6a09e667, 0xbb67ae85, 0x3c6ef372, 0xa54ff53a,
04      0x510e527f, 0x9b05688c, 0x1f83d9ab, 0x5be0cd19]
05  # 丸め定数を初期化 ──────────────────────────────────────────── 2
06  SHA256K = [
07      0x428a2f98, 0x71374491, 0xb5c0fbcf, 0xe9b5dba5,
08      0x3956c25b, 0x59f111f1, 0x923f82a4, 0xab1c5ed5,
09      0xd807aa98, 0x12835b01, 0x243185be, 0x550c7dc3,
10      0x72be5d74, 0x80deb1fe, 0x9bdc06a7, 0xc19bf174,
11      0xe49b69c1, 0xefbe4786, 0x0fc19dc6, 0x240ca1cc,
12      0x2de92c6f, 0x4a7484aa, 0x5cb0a9dc, 0x76f988da,
13      0x983e5152, 0xa831c66d, 0xb00327c8, 0xbf597fc7,
14      0xc6e00bf3, 0xd5a79147, 0x06ca6351, 0x14292967,
15      0x27b70a85, 0x2e1b2138, 0x4d2c6dfc, 0x53380d13,
16      0x650a7354, 0x766a0abb, 0x81c2c92e, 0x92722c85,
17      0xa2bfe8a1, 0xa81a664b, 0xc24b8b70, 0xc76c51a3,
18      0xd192e819, 0xd6990624, 0xf40e3585, 0x106aa070,
19      0x19a4c116, 0x1e376c08, 0x2748774c, 0x34b0bcb5,
20      0x391c0cb3, 0x4ed8aa4a, 0x5b9cca4f, 0x682e6ff3,
21      0x748f82ee, 0x78a5636f, 0x84c87814, 0x8cc70208,
22      0x90befffa, 0xa4506ceb, 0xbef9a3f7, 0xc67178f2]
```

1 で定義しているのがハッシュの初期値です。そして、 2 で定義しているのがハッシュ値の計算に使う定数です。次に、上記の定数を利用して、SHA-256を計算するプログラムを見ていきましょう。

src/ch3/sha256.py

```
01  import sha256_const
02  # SHA-256のハッシュを求める関数 ──────────────────────────────── 1
03  def sha256(msg):
04      # ハッシュを初期化する ──────────────────────────────────── 2
05      hi = [sha256_const.SHA256H[i] for i in range(8)]
06      # ブロックサイズに合うようにパディング ─────────────────────── 3
07      msg = bytearray(msg)
08      pad = padding(msg, 64)
09      # ブロックサイズで区切って繰り返し処理する ─────────────────── 4
10      msg_blocks = split_bytes(pad, 64)
11      for block in msg_blocks:
12          sha256_block(block, hi)
13      # HEX文字列で出力
14      return ''.join(map(r'{:08x}'.format, hi))
15
16  # ビットローテーションを行う ──────────────────────────────────── 5
17  def rotr(x, y):
18      return ((x >> y) | (x << (32 - y))) & 0xFFFFFFFF
19
20  # 64ビットのブロックを処理 ────────────────────────────────────── 6
21  def sha256_block(block, hi):
22      # 64バイトを32ビットずつ16個のリストに分割 ──────────────────── 7
23      w = []
24      for i in range(16):
```

```
25        v = (block[i*4+0] << 24) + (block[i*4+1] << 16) + \
26            (block[i*4+2] << 8)  + (block[i*4+3])
27        w.append(v)
28    # 続く16から63バイトまでをローテーション計算
29    for i in range(16, 64):
30        s0 = rotr(w[i-15], 7) ^ rotr(w[i-15], 18) ^ (w[i-15] >> 3)
31        s1 = rotr(w[i-2], 17) ^ rotr(w[i-2], 19) ^ (w[i-2] >> 10)
32        w.append((w[i-16] + s0 + w[i -7] + s1) & 0xFFFFFFFF)
33    # 変数をハッシュで初期化                                                    8
34    a,b,c,d,e,f,g,h = [hi[i] for i in range(8)]
35    # ローテーション処理
36    for i in range(64):
37        s0 = rotr(a, 2) ^ rotr(a, 13) ^ rotr(a, 22)
38        maj = (a & b) ^ (a & c) ^ (b & c)
39        temp2 = s0 + maj
40        s1 = rotr(e, 6) ^ rotr(e, 11) ^ rotr(e, 25)
41        ch = (e & f) ^ ((~e) & g)
42        temp1 = h + s1 + ch + sha256_const.SHA256K[i] + w[i]
43        h, g, f = g, f, e
44        e = (d + temp1) & 0xFFFFFFFF
45        d, c, b = c, b, a
46        a = (temp1 + temp2) & 0xFFFFFFFF
47    # ハッシュの値を更新
48    h2 = (a,b,c,d,e,f,g,h)
49    for i in range(8):
50        hi[i] = (hi[i] + h2[i]) & 0xFFFFFFFF
51
52 # データを指定サイズに合うように詰め物をする                                      9
53 def padding(msg, size):
54    bits, mod = (len(msg) * 8, len(msg) % size)
55    padcount = size - mod
56    if mod > size - 8:
57        padcount += 64
58    for i in range(padcount):
59        msg.append(0x80 if i == 0 else 0)
60    # 最後の8バイトは入力のビット数を指定
61    for i in range(1, 8+1):
62        msg[len(msg) - i] = bits & 0xFF
63        bits >>= 8
64    return msg
65
66 # データを指定バイトごとに区切る                                                10
67 def split_bytes(msg, size):
68    a = []
69    n = len(msg) // size + (0 if len(msg) % size == 0 else 1)
70    for i in range(n):
71        a.append(msg[i*size:(i+1)*size])
72    return a
73
74 # SHA-256をテストする                                                        11
75 import hashlib
76 def test_sha256():
77    assert sha256(b'hello') == hashlib.sha256(b'hello').hexdigest()
78    assert sha256(b'world') == hashlib.sha256(b'world').hexdigest()
79    assert sha256(b'test') == '9f86d081884c7d659a2feaa0c55ad015a3bf4f1b2b0b822cd15d6c1
    5b0f00a08'
```

185

最初に、プログラムが正しく動くか確認してみましょう。

```
$ python3 -m pytest sha256.py
```

プログラムを詳しく見ていきましょう。 **1** 以降で定義している関数sha256がSHA-256のハッシュ値を求める関数です。 **2** では、sha256_const.pyで宣言しているハッシュ値の初期値を設定します。

そして、 **3** ではデータサイズを確認してパディング処理を行います。これは、データサイズが64バイトの倍数にならないときにダミーの値を詰める処理です。この処理はハッシュ値を計算するために必要な処理で、データをブロックサイズである64バイトに揃える処理です。

4 ではブロックサイズ64バイトにデータを分割します。そして、ブロックサイズごとに関数sha256_blockを呼び出してハッシュ値を計算します。

5 はビットローテーションを行う関数を定義しています。なお、「(x >> y)」というのは、値xをyビット右にシフトするという意味で、「(x << (32-y))」というのは(32-y)ビットだけ左にシフトするという意味です。そして「|」がOR演算子です。つまり、「((x >> y) | (x << (32 - y)))」の部分は、32ビットのyビット目を境に上位ビットと下位ビットをひっくり返すという意味になります。加えて「&」がAND演算子であり、「v & 0xFFFFFFFF」と書くことで変数vを32ビットの範囲に収める働きをします。

6 の関数sha256_blockが64バイトずつのブロックに対してハッシュ値を計算する処理です。 **7** では64バイトを4バイト(32ビット)ごとに分割してリスト変数wに代入します。そして、この値を利用してローテーション処理を行います。

8 では8個の変数a、b、c、d、e、f、g、hにハッシュ値の初期値を代入します。そして、さらにローテーション処理を行います。その後、変数a、b、c、d、e、f、g、hをハッシュ値に加算します。

9 の関数paddingはデータを指定サイズにぴったり合うように詰め物をする処理を行います。ただし、ただ0で初期化するのではなく、決められた値を指定する必要があります。メッセージの区切りに0x80を入れ、末尾の8バイトにデータサイズをビット単位で指定します。なお、1バイトは8ビットなので、ここには(データバイト×8)の値を設定します。そして、 **10** の関数split_bytesでは、指定バイトごとにデータを分割してリスト型で返します。

最後の **11** では、Pythonの標準ライブラリのhashlibを使って、SHA-256を求めて、自作の関数sha256が正しい値を返すかどうかをテストします。

このように、SHA-256ではブロック単位で繰り返しローテーション処理(ビット操作、XOR演算など)を行うことで精度の良いハッシュ値を計算することができます。

以上、本節では、いろいろなハッシュ関数について紹介しました。クレジットカードの誤入力の検出に使われるルーンアルゴリズム、データの誤送信を検出するCRC-32、そして暗号化ハッシュ関数のSHA-256を実際に実装してその仕組みを確認しました。それぞれ、よく使われるハッシュ関数なので、その仕組みを学ぶことで、ハッシュに関する理解が深まるでしょう。

非推奨になったハッシュ関数

なお、これまでさまざまなハッシュ関数が考案されてきました。そのため、どのハッシュ関数を使うかに関しては、「どんな用途に使うのか」に応じて変わってきます。

ハッシュ関数は、同じ入力に対して同じハッシュ値を返すという点では同じですが、異なる入力データに応じて同じハッシュ値を生成してしまう可能性もあります。2つの異なるデータから同じハッシュ値を生成することを「衝突」(英語：collision)と呼びます。

当然、衝突が多いハッシュ関数は望ましくなく、利用が非推奨になります。これまでよく利用されてきたMD5、SHA-0、SHA-1は強衝突の可能性が高いため、現在では利用は推奨されていません。

仮想通貨にも使われるハッシュ木
（マークル木）

「ハッシュ木」または「マークル木」は仮想通貨やバージョン管理システムなどで使われている技術です。この技術を使うとデータの改ざんを検出したり、膨大なデータからデータを検索することが可能です。幅広い技術で利用されるハッシュ木の仕組みを学びましょう。

ここで学ぶこと

- **ハッシュ木（マークル木）**

- **ブロックチェーン**

ハッシュ木（マークル木）とは

「ハッシュ木」（英語：hash tree）または「マークル木」（英語：Merkle tree）とは、木構造でデータのハッシュ値を格納するデータ構造です。データの完全性やセキュリティを確保するために使われるアルゴリズムです。公開鍵暗号の開発者の一人であるラルフ・マークル氏によって発明されたことからマークル木とも呼ばれます。複数マシンにまたがるデータや、大きな規模のデータを管理する際に有用で、データ検証や検索に利用されます。

ビットコインやイーサリアムなどの仮想通貨やブロックチェーン、バージョン管理システムのGitやMercurial、NoSQLデータベースのApache CassandraやAmazon DynamoDB、ファイルシステムのIPFSなどさまざまな分野で活用されています。

ハッシュ木の仕組み

最初に、ハッシュ木の仕組みについて見てみましょう。ハッシュ木は**図3-7-1**のようにハッシュ値を木構造に組み合わせることで構成します。

まず、データAをハッシュ関数にかけてハッシュ値Aを求めます。そして、データBからハッシュ値Bを求めます。同じように、データC、データDからハッシュ値C、ハッシュ値Dを求めます。

そして、ハッシュ値AとBを足したものをハッシュ関数にかけてハッシュ値ABを求めます。同様に、ハッシュ値CとDからハッシュ値CDを求めます。そして、ハッシュ値ABとCDを足して、ハッシュ値ABCDを求めます。このABCDがトップハッシュ（マークルルートあるいはマスターハッシュ）と呼ばれるハッシュ値です。

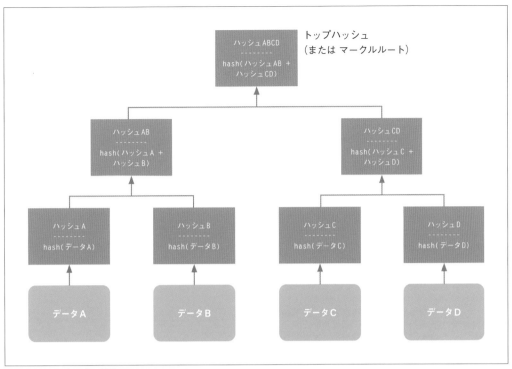

図3-7-1　ハッシュ木の構造

ハッシュ木を実装してみよう

ここでは、複数の適当なファイルを指定して、それらファイルからハッシュ木を構築して、トップハッシュの値を表示するプログラムを作ってみましょう。

src/ch3/hashtree.py

```
01  import hashlib
02  # ファイルのリストからハッシュ木を生成する関数 ────────────────────────1
03  def build_hashtree_from_files(files):
04      nodes = []
05      for i, file in enumerate(files):
06          # ファイルを読んでハッシュ値を求めて空ノードを生成 ──────────2
07          with open(file, 'rb') as fp:
08              data = fp.read().decode('utf-8')
09          node = {'hash': get_hash(data), 'left': None, 'right': None}
10          nodes.append(node)
11      return build_hashtree_rec(nodes)
12
13  # ノードのリストからハッシュ木を生成する ──────────────────────────3
14  def build_hashtree_rec(nodes):
15      # 要素が奇数なら末尾をコピーして要素を偶数個にする ──────────────4
16      if len(nodes) % 2 == 1:
17          nodes.append(nodes[-1].copy())
18      # 要素数が2つか ──────────────────────────────────────────5
```

189

```
19      if len(nodes) == 2:
20          # 2つならそれが左右の子ノードとなる ─────────────────────────── 6
21          left, right = nodes[0], nodes[1]
22      else:
23          # リストの中央を調べる ─────────────────────────────────── 7
24          middle = len(nodes) // 2
25          # 引数のnodesを左右分割して再帰的に呼び出す ───────────── 8
26          left = build_hashtree_rec(nodes[middle:])
27          right = build_hashtree_rec(nodes[:middle])
28      # 左右の子ノードから新たなハッシュを求める ─────────────────── 9
29      hash_v = get_hash(left['hash'] + right['hash'])
30      return {'left': left, 'right': right, 'hash': hash_v}
31
32  # SHA-256でハッシュ値を求める ──────────────────────────────────── 10
33  def get_hash(data):
34      return hashlib.sha256(data.encode('utf-8')).hexdigest()
35
36  # 再帰的に全ノードを画面に出力 ───────────────────────────────── 11
37  def print_htree(node, level=0):
38      indent = '|   ' * level
39      print(indent + '├── ' + node['hash'])
40      if node['left'] is not None:
41          print_htree(node['left'], level+1)
42      if node['right'] is not None:
43          print_htree(node['right'], level+1)
44
45  if __name__ == '__main__':
46      # ファイルを指定してハッシュ木を生成して出力 ─────────────── 12
47      htree = build_hashtree_from_files([
48          'files/a.txt', 'files/b.txt',
49          'files/c.txt', 'files/d.txt'])
50      print_htree(htree)
```

最初に、動作を確かめるためにプログラムを実行してみましょう。

ここでは、以下のように、filesディレクトリに、ファイルa.txt、b.txt、c.txt、d.txtを配置して、これら4つのテキストファイルのハッシュ値とトップハッシュの値を求めてみましょう。それぞれのテキストファイルには適当な文章を書き込んでおきます。文章はどんなものでも問題ありません。

```
- hashtree.py ... メインプログラム
- files
├── a.txt ... 適当なテキストファイル
├── b.txt
├── c.txt
└── d.txt
```

そして、ターミナルから次のコマンドを実行しましょう。

ターミナルで実行

```
$ python3 hashtree.py
```

プログラムを実行すると次のように表示されます。

図3-7-2 ハッシュ木を構築して画面にハッシュを出力したところ

なお、ファイルの1つを更新しただけで、該当ファイルとトップハッシュの値が変更されます。files/a.txtの内容を変更して改めてプログラムを実行してみてください。

では、このハッシュ木のプログラムをどのように活用できるでしょうか。例えば、あるデーター式を複数のサーバーに配信したとします。それで、データの一式が正確に保存されたかどうか、また、定期的に誰かにデータが改ざんされていないかを確かめたいとします。その場合、ハッシュ木を使えば、すべてのファイルの内容を比較する必要はありません。トップハッシュの値だけを確認すればよいので便利です。

動作を確かめたら、次にプログラムを確認してみましょう。■で関数build_hashtree_from_filesを定義します。この関数はファイルパスのリストからハッシュ木を生成します。

■では、図3-7-3で、ハッシュ木の末端に相当するノードを作成します。この末端のノードには、ファイルの内容を元に生成したハッシュ値を記録します。

なお、図3-7-3を見ると分かりますが、ルートと末端を除けば、必ず2つの子ノードがぶら下がった構造になっています。それで2つの子ノードを左側(left)と右側(right)と呼ぶことにします。末端の要素にはこの2つの子要素は存在しませんが、プログラム全体で扱うノードが同じ構造になっていると扱いが便利です。次のような構造のオブジェクトを利用します。

```
# ノードを表すオブジェクトの構造
{
    'hash': 'ハッシュ値',
    'left': (子ノード左側のオブジェクト),
    'right': (子ノード右側のオブジェクト)
}
```

それで、■で作成する末端ノードも上記のような構造です。ただし末端なので、左右の子ノードは存在しないのでNoneを指定します。

■ではノードのリストからハッシュ木を生成する関数build_hashtree_recを定義します。

■では引数として受け取ったノードの要素数が奇数だった場合に、末尾の要素をコピーして偶数個になるように揃えています。これは、後述のビットコインで採用されているハッシュ木と同じ動作です。

■以降では、引数に指定されたノードの要素が2つかどうかを確認します。関数build_hashtree_recは再帰的に呼ばれますが、最終的に引数に指定するノード数が2つになることが再帰の終了条件です。ノードの数が1つになってしまうときもありますが、そのときは■で同じ値が複製されて2になります。

191

6 では引数から得た2つのノードを左右の子ノードにします。

7 では引数に与えられたノード（nodes）の要素数から、中央値を調べます。そして、8 で左右に分割して、再帰的に関数build_hashtree_recを呼び出します。なお、引数nodesの個数が奇数となる場合もありますが 4 で偶数になるように複製されます。

9 では2つの子ノードが持つハッシュ値を結合して、その値を元にして新たなハッシュ値を生成します。そして、新たにオブジェクトを生成して、左右の子ノードとハッシュ値を代入して、関数の戻り値とします。

10 ではハッシュ関数SHA-256でハッシュ値を調べてHEX文字列で返します。

11 では再帰的に全ノードを画面に出力する関数print_htreeを定義します。当然、末端のノードには、子ノードが存在しないので、その場合は再帰呼び出しをしないようにしています。

Pythonでは値がNoneかどうかを調べるのに「if （値） is None：」と書きますが、Noneでないことを確かめるのに「if （値） is not None：」と書くことができます。

12 では実際にファイルを指定してハッシュ木を生成して画面にハッシュ値を表示します。

ブロックチェーンについて

「ブロックチェーン」（英語：blockchain）は、仮想通貨のビットコインの公開取り引き台帳としての役割を果たすために発明されました。このブロックチェーンは、ハッシュ木を基にしています。

ビットコインのほかイーサリアムなど、その他の仮想通貨でも使われています。ブロックチェーンは電子的な台帳であり、信頼できる中央集権サーバーの設置を必要とすることなく二重取引の問題を解決し分散管理を可能にしました。ブロックチェーンは複数の「ブロック」と呼ばれるデータ単位のまとまりで構成されます。そして、複数のブロックが「鎖（チェーン）」によって連結されます。この鎖にあたるのがハッシュ値です。ハッシュ値は前のブロックの情報をもとに計算されるため、過去データの改ざんが困難です。もし取り引きデータを改ざんすると、ハッシュ値が変わってしまうので容易に不正な取り引きを検出できます。

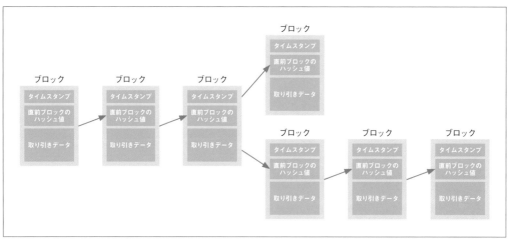

図 3-7-3　ブロックチェーンの構造

改ざんを防止するPoW（Proof of Work）について

改ざんが行われた不正なチェーンは切り捨てられます。一方で、正常なブロックチェーンにはその後も次々とブロックが追加されていきます。改ざんを成功させるには、正常なブロックチェーンよりも早く後続するブロックを生成していく必要があるということです。

しかし、多くの参加者がいる中で、正常な参加者全員のブロックチェーンを上回る速度で後続するブロックチェーンを生成するのは困難であるため、なりすましや改ざんが困難です。この仕組みを「PoW（Proof of Work）」と言います。

なお、ある取り引きをブロックチェーンに追加するには、ナンス（英語：Nonce）と呼ばれる値を計算する必要があります。この値を参加者に公開し、正しいことが認められてはじめてブロックチェーンに追加されます。ナンスの計算には時間がかかるため、簡単に改ざんができない仕組みです。

ハッシュ木の部分データ検証について

ハッシュ木では、データ全体が分からない状態でも、ハッシュ値と一部のデータが入手できれば、データ全体が正しいことを検証できる特性があります。信頼性の低いストレージやネットワークからダウンロードしたデータが破損したり、改ざんしたりされていないことを検証するときに利用できます。

例えば、次の図のように、データA、データB、データC、データDと4つのデータがある場合を考えてみましょう。これらのデータがすべて手元に揃っていれば、間違いなく正確なトップハッシュを求められます。しかし、トップハッシュの値を求めるには、必ずしも4つのデータが手元に揃っている必要はありません。

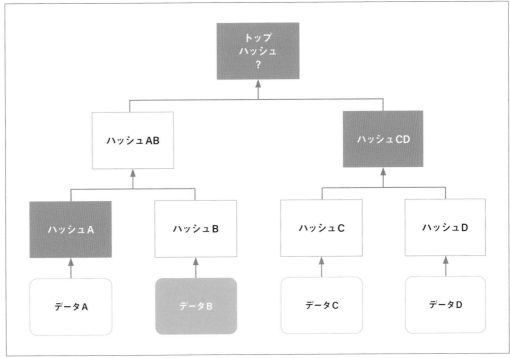

図 3-7-4　すべてのデータを知らなくてもトップハッシュを求めることができる

ここで図の色のついた要素（データB、ハッシュ値Aとハッシュ値CDの3つの値）さえ分かって入れば、そこからトップハッシュの値を計算することができます。つまり、データ全体が手元にないとしても、必要な要素さえ分かれば、ハッシュ木全体が正しいことが分かります。

それで、ブロックチェーンでも、ハッシュ木のこの性質を利用しており、取り引き全部を検証することなく、関連するハッシュ値のみを利用して効率的に正当性を検証できるようになっています。

まとめ

以上、本節ではハッシュ木について紹介しました。ハッシュ木はさまざまな分野で利用されているアルゴリズムですが、ここでは、ブロックチェーンの仕組みに注目し、簡単に解説しました。もちろん、ここで紹介できたのは導入部分のみです。興味があればブロックチェーンについて詳しく調べてみるとよいでしょう。

COLUMN

伝説の80年代「8ビットパソコン」からアイデアを学ぼう

皆さんが、はじめて自分用に買ったパソコンは何でしたか？ 国内メーカーのWindowsでしょうか、それとも、AppleのMacでしょうか。筆者が人生ではじめて買ったパソコンは、パナソニックのMSXという8ビットパソコンでした。TVにつないで使う小型マシンで電源を入れるとプログラミング言語のBASICの入力画面が起動しました。そのため自然とBASICでプログラミングをするようになりました。

ちなみにMSXは1983年に米Microsoftとアスキーによって提唱された共通規格のパソコンです。MSX対応機種は日本で約300万台、海外で約100万台販売されました。当時は各社が発売した8ビットパソコンが人気で、書店ではプログラムと解説が掲載された月刊誌が売っていました。インターネット登場前で、主な情報源は本や雑誌でした。筆者もそれらを見てプログラミングを学び、ゲームやツールをいくつも作りました。

その後、インターネットの時代になり、いろいろな技術が誕生しました。広く普及し現在でも使われているものもあれば、廃れて人知れず消えてしまったものもたくさんあります。しかし、消えていった技術の中にもキラリと光る秀逸なアイデアもあります。

例えば、アルファベットを並べて音楽を作成するMML（Music Macro Language）があります。これはcdefgabがドレミファソラシを表しており、手軽に楽譜データの入力が可能でした。なお、筆者はこのMMLが大好きで、これをブラウザ上で使える、テキスト音楽「サクラ」（http://sakuramml.com）を公開しています。

他にも、画像を描画するGML（Graphic Macro Language）も使うことができました。描画用のコマンドを並べることで、いろいろな絵を描画できました。当時の画面サイズは 256x192 ピクセルと非常に荒いものでしたが、その限られた解像度の中で創造力をかきたてるさまざまなイラストが描かれました。

また、MSXではフォントが格納されているメモリ領域が手軽に書き換えられる仕組みになっていました。それで簡単なメモリ操作で文字を太くして個性を出したり、フォントの上部だけ少し右にずらして個性的な文字にしたりと、いろいろな技が生み出されました。「MSX フォント VPOKE」などのキーワードで調べて見ると面白い資料が見つかるでしょう。

今でも一部のファンの間では熱烈に愛されているMSXではありますが、販売もサポートも何十年も前に終了しています。しかし、達人たちによって編み出された技術やアイデアの片鱗がブログなどで公開されています。当時を偲んでレトロな気分に浸ることもできますし、それらの失われた技術やアイデアを参考にするなら、新しい技術を生み出すヒントにすることができるでしょう。

定番アルゴリズム
(データの検索とソート)

Chapter 4 ではデータの検索とソートに注目してアルゴリズムを紹介します。挿入ソート、マージソート、クイックソートなど、どのように作られているのか、その考え方や解き方を学びましょう。また、N進数やデータ圧縮、画像処理などのアルゴリズムについても紹介します。

Chapter 4-1

基本ソートアルゴリズムについて
（バブルソート/コムソート/選択ソート/挿入ソート）

データを並べ替えるソートについて考察してみましょう。ソートアルゴリズムには先人の知恵が一杯詰まっています。ここでは、基本的なソートアルゴリズムをまとめて紹介します。ソートの仕組みに注目してみましょう。

ここで学ぶこと

● バブルソート

● コムソート

● 選択ソート

● 挿入ソート

ソートとは

ソート（英語：sort）とは、データの集合（リスト）を一定の規則に従って並べることです。データを並べ替える機会は非常に多くあります。本節ではさまざまなアルゴリズムでソートする方法を解説します。

昇順と降順

ソートにまつわる用語を確認しておきましょう。小さいものから大きいものへと並べ替えることを「昇順」（英語：ascending order）、大きいものから小さいものへと並べ替えることを「降順」（英語：descending order）と言います。「昇順」と「降順」の覚え方ですが、高層ビルを思い浮かべてください。エレベーターで「降」りるときは、階数が3、2、1…と減りますし、「昇」るときは、1、2、3…と増えると覚えましょう。

並び順	リストの例
昇順	[1, 2, 3, 4, 5]
降順	[5, 4, 3, 2, 1]

安定ソート

同じ値があったときに、ソート前の順序がソート後も維持されているソートを「安定ソート」（英語：stable sort）と言います。例えば、クイックソートは、ソート前の順番を維持しませんが、マージソートは安定ソートです。

内部ソートと外部ソート

ソートを行うとき、データの格納領域を変更して処理を進めるものを「内部ソート」、データの領域外にある記憶領域を使うものを「外部ソート」と呼びます。つまり、ソートを行う際に、「内部ソート」であれば特に外部記憶領域を使うことなく処理が行えますが、「外部ソート」であれば別途記憶領域が必要になります。

Python組み込みのソートについて

なお、Pythonには最初からリストにsortメソッドが備わっています。また、組み込み関数sortedが用意されています。通常の用途では、これらのメソッドを使ってソートを行います。簡単に使い方を確認しておきましょう。

4src/ch4/sort_lib.py

```
01  # sortメソッドを使う ─────────────────────────────────  ■1
02  a_list = [5, 2, 4, 1, 3]
03  a_list.sort()
04  print(a_list)
05
06  # sorted関数を使う ────────────────────────────────  ■2
07  b_list = [5, 2, 4, 1, 3]
08  b_list2 = sorted(b_list)
09  print(b_list2)
10
11  # 降順にソートする場合 ──────────────────────────────  ■3
12  c_list = [5, 2, 4, 1, 3]
13  c_list.sort(reverse=True)
14  print(c_list)
15
16  d_list = [5, 2, 4, 1, 3]
17  d_list2 = sorted(d_list, reverse=True)
18  print(d_list2)
```

プログラムを実行すると次のように表示されます。それぞれ、■1ではリストのsortメソッド、■2では組み込みsorted関数、また■3ではreverse引数の使い方を示すものです。なお、■1のsortメソッドは内部ソート、■2のsorted関数は外部ソートとなります。

ターミナルで実行

```
$ python3 sort_lib.py
[1, 2, 3, 4, 5]
[1, 2, 3, 4, 5]
[5, 4, 3, 2, 1]
[5, 4, 3, 2, 1]
```

なぜソートについて学ぶのか?

上記のように、Pythonの組み込みメソッドを使えば手軽にデータの並び替えが可能です。それでは、なぜソートアルゴリズムについて学ぶのでしょうか。本書のChapter 1で紹介したように、そこには先人の知恵が凝縮されているからです。そのアルゴリズムの中に、高速化のテクニックや発想の転換などのアイデアが詰まっています。

197

ここから定番ソートアルゴリズムを1つずつ見ていきます。その動作原理と実行手順を実際のプログラムで確認して先人の知恵を学びとっていきましょう。

バブルソートについて

最初に「バブルソート」(英語：bubble sort)について見ていきましょう。これは隣り合う要素の大小を比較しながら整列を行うアルゴリズムです。二重ループを利用して要素を順に交換するという単純なアルゴリズムで並び替えを行います。別途記憶領域を使わない内部ソートであり、安定ソートが可能ですが、計算量は $O(n^2)$、メモリ使用量は $O(1)$ とソートアルゴリズムの中では低速です。

図4-1-1はバブルソートによる並び替えを1手順ずつ示したものです。図の左側で、色の付いた要素(隣り合う要素同士)を比較します。比較して左の要素が右の要素より大きい(左 > 右)のときに要素を交換します。末尾の要素から先頭に向かって順に交換を繰り返します。

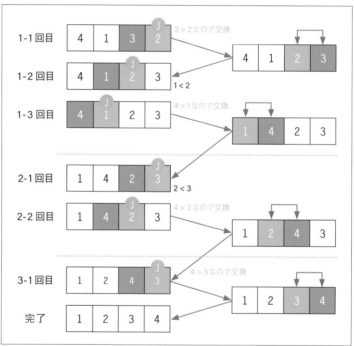

図4-1-1　バブルソートの例

バブルソートを実装しよう

以下はバブルソートを実装したものです。バブルソートを定義した関数bubblesortはコメントを除くとわずか6行です。とても簡単なコードで並び替えができるのが分かります。

src/ch4/bubblesort.py

```
01  # バブルソート ─────────────────────────────────── ■1
02  def bubblesort(a):
03      # 繰り返し交換する ──────────────────────────── ■2
04      for i in range(len(a)):
05          for j in range(len(a)-1, i, -1):
```

```
06              if a[j-1] > a[j]: # 隣の要素と比較 ─────────── 3
07                  a[j], a[j-1] = a[j-1], a[j] # 交換 ─────── 4
08                  print(f'swap {j-1},{j}', a)
09      return a
10
11  # テスト ─────────────────────────────────────────── 5
12  def test_bubblesort():
13      assert bubblesort([5,1,4,3,2]) == [1,2,3,4,5]
14      assert bubblesort([3,3,1]) == [1,3,3]
15      assert bubblesort([2,1,0]) == [0,1,2]
16
17  if __name__ == '__main__':
18      # 実行テスト ─────────────────────────────────── 6
19      print(bubblesort([5, 2, 4, 1, 3]))
```

最初にプログラムを実行して、プログラムの **6** に書いたプログラムを実行してみましょう。ソートの途中経過が表示され、最後に昇順に並べ替えた結果を出力します。

ターミナルで実行

```
$ python3 bubblesort.py
swap 2,3 [5, 2, 1, 4, 3]
swap 1,2 [5, 1, 2, 4, 3]
swap 0,1 [1, 5, 2, 4, 3]
swap 3,4 [1, 5, 2, 3, 4]
swap 1,2 [1, 2, 5, 3, 4]
swap 2,3 [1, 2, 3, 5, 4]
swap 3,4 [1, 2, 3, 4, 5]
[1, 2, 3, 4, 5]
```

なお、**5** には pytest 用のテストを書きました。テストが通るか確認してみましょう。ターミナルで以下のコマンドを実行して「1 passed」と表示されれば成功です。

ターミナルで実行

```
$ python3 -m pytest ./bubblesort.py
```

プログラムを確認してみましょう。**1** ではバブルソートで並べ替えを行う関数 bubblesort を定義します。**2** では二重に for 文を記述します。**3** では変数 j の要素と隣（j-1）の要素を比較します。それから **4** で交換します。**5** では pytest のテスト、**6** では実際に関数 bubblesort を実行します。

コムソートについて

次に「コムソート」（英語：comb sort）を見てみましょう。コムソートのコム（comb）とは「櫛（くし）」を意味する語です。このソートアルゴリズムは、バブルソートを改良したものです。ただし、バブルソートのように隣り合った要素を入れ替えるのではなく、櫛の形状のように、少し離れた要素と交換していきます。内部ソートですが安定ソートではなく、平均計算量は $O(n\ log\ n)$、最悪計算量は $O(n^2)$、メモリ使用量は $O(1)$ となります。

なお、「最悪計算量」とは、名前の通り最悪なケースを考慮した場合で、入力データに対して計算ステップが最も多くなる条件の場合における計算量です。逆に「最良計算量」とは、計算ステップが最も少なくなる条件における計算量のことです。そして、「平均計算量」は入力データのすべてのケースを考慮し、すべてのケースにおける操作の平均値のことです。

それで、コムソートで並び替えを行うには次の手順を実行します。
① 要素の総数を1.3で割った値を切り捨て間隔hとする
② iを0とする
③ iの要素とi+hの要素を比較して、i+hの要素が小さければ入れ替える
④ iに1を加算して、(i+h ＞ 要素の総数)となるまで手順③に戻る
⑤ hを1.3で割った値を切り捨て新たな間隔hとして手順②に戻る
⑥ hが1になり入れ替えが発生しなくなれば並び替えが完成する

具体的には次のような手順になります。なお、①と⑤でhの値を1.3で割った値を切り捨てて間隔hの値を決定していますが、これは、値を1.3で割った商の値(割り算の余りではない値)に対して、小数点以下を切り捨てて整数にしたものです。
それで、次の図のように、間隔を表す変数hを決定した後、iを0から1ずつ加算しながら要素を入れ替えます。(i+h)が末尾に到達したら、hを1.3で割って間隔を狭めます。そして、改めてiを0から1ずつ加算しながら要素を入れ替えます。これを繰り返していくことで並び替えが完成します。そのため間隔hが少しずつ狭くなっていくという点に注目しましょう。

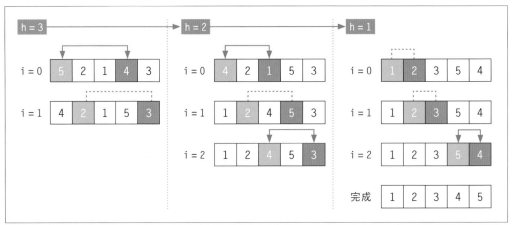

図4-1-2 コムソートの例

コムソートを実装してみよう

それでは、上記の手順に沿ってコムソートを実装してみましょう。

src/ch4/combsort.py

```
01  # コムソートを実装した関数
02  def combsort(a):
03      h = len(a)
```

```
04        is_swapped = False
05        # hが1超で入れ替えがあるまで繰り返す ─────────────── 2
06        while h > 1 or is_swapped:
07            is_swapped = False
08            h = h * 10 // 13 # 間隔を1.3で割る ──────────── 3
09            h = 1 if h < 1 else h
10            # iを先頭に(i+h)が末尾になるまで繰り返す ──────── 4
11            i = 0
12            while i+h < len(a):
13                if a[i] > a[i+h]: # 入れ替える ──────────── 5
14                    a[i], a[i+h] = a[i+h], a[i]
15                    is_swapped = True
16                    print(f'h={h} swap {i},{i+h}', a)
17                i += 1
18        return a
19
20 # pytest用のテスト ─────────────────────────────── 6
21 def test_combsort():
22     assert combsort([3,1,2]) == [1,2,3]
23     assert combsort([5,3,4,2,1]) == [1,2,3,4,5]
24     assert combsort([1,5,3]) == [1,3,5]
25
26 if __name__ == '__main__':
27     # 実行テスト ─────────────────────────────── 7
28     print(combsort([5,2,1,4,3]))
```

最初にpytest用のテストを実行して試してみましょう。ターミナルで以下のコマンドを実行しましょう。「1 passed」と表示されたら正しくテストに合格したことが分かります。

ターミナルで実行

```
$ python3 -m pytest combsort.py
```

次にターミナルでプログラムを実行して、ソートの途中経過と最終結果を確認してみましょう。次のコマンドを実行します。

ターミナルで実行

```
% python3 combsort.py
h=3 swap 0,3 [4, 2, 1, 5, 3]
h=2 swap 0,2 [1, 2, 4, 5, 3]
h=2 swap 2,4 [1, 2, 3, 5, 4]
h=1 swap 3,4 [1, 2, 3, 4, 5]
[1, 2, 3, 4, 5]
```

プログラムを確認しましょう。1 以降ではコムソートを実装した関数combsortを記述します。2 ではwhile文で入れ替えが発生しなくなるまで繰り返し処理を記述します。3 では間隔hを1.3で割ってhの値を狭めます。ここでは、1.3を割るのに、10で掛けて13で割っています。「h = int(h / 1.3)」と書いても同じ意味になりますが、整数の割り算「//」を使うことで手順を省いて記述しました。

そして、4 以降のwhile文ではiに0を代入します。そして、(i+h)の値が末尾に至るまでiを加算していきます。

5 では入れ替えが必要かを確認して要素を入れ替えます。なお、このとき、入れ替え手順が生じたことを表す変数 is_swapped を True にします。

6 では pytest 用のテストを記述します。7 では実際に関数 combsort を実行します。

選択ソートについて

「選択ソート」(英語:selection sort)は、ソート対象の要素の中から最小値を探し、配列の先頭要素と入れ替えることで並び替えを行うアルゴリズムです。内部ソートですが安定ソートではありません。しかも計算量が $O(n^2)$ と遅いです。

とは言え、次の手順のように、手順が分かりやすいのがメリットです。
1 リストの先頭から末尾まで変数 i を繰り返す
2 リストの要素 i 以降で、最も値の小さなものを探して、要素 i と入れ替える

図で確認すると次のようになります。

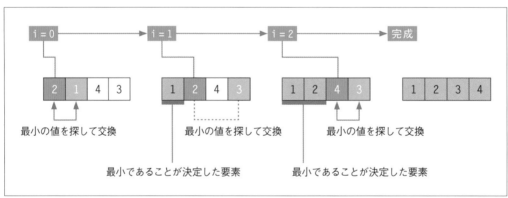

図4-1-3　選択ソートの例

選択ソートを実装してみよう

選択ソートを実装すると次のようになります。

src/ch4/selectionsort.py

```
01  # 選択ソート                                                     1
02  def selsort(a):
03      # 先頭から末尾まで繰り返す                                     2
04      for i in range(len(a)-1):
05          # 要素iよりも小さな値を探す                                3
06          min_i = i
07          for j in range(i + 1, len(a)):
08              if a[j] < a[min_i]: # 見つけた場合                     4
09                  min_i = j
10          a[i], a[min_i] = a[min_i], a[i]
```

```
11          print(f'swap {i}, {min_i}', a)
12      return a
13
14  # テスト ─────────────────────────────────────────  5
15  def test_selsort():
16      assert selsort([1,4,5,2,3]) == [1,2,3,4,5]
17      assert selsort([3,2,1,0]) == [0,1,2,3]
18      assert selsort([4,0,2]) == [0,2,4]
19
20  if __name__ == '__main__': # ──────────────────────  6
21      print(selsort([4, 5, 2, 1, 3]))
```

ターミナルからプログラムを実行して、途中経過と最終結果を表示してみましょう。次のコマンドを実行しましょう。

ターミナルで実行

```
$ python3 selectionsort.py
swap 0, 3 [1, 5, 2, 4, 3]
swap 1, 2 [1, 2, 5, 4, 3]
swap 2, 4 [1, 2, 3, 4, 5]
swap 3, 3 [1, 2, 3, 4, 5]
[1, 2, 3, 4, 5]
```

プログラムを確認してみましょう。1 の関数 selsort が選択ソートを実装したものです。2 で for 文を記述することで先頭から末尾まで繰り返します。3 ですが for 文を使って変数 i 以降にある最も小さな値を探します。4 では小さな値を見つけたときの処理を記述します。変数 min_i には最小の要素を持つインデックスが入っているのでこれを更新します。

最後の 5 では pytest 用のテストを記述します。6 では実際に選択ソートの関数 selsort を実行します。

挿入ソートについて

「挿入ソート」(英語：insertion sort)とは、整列しているリストに対して追加要素を適切な場所に挿入することで並べ替えるアルゴリズムです。安定ソートで内部ソートであり、計算量は $O(n^2)$ です。

次のようなアルゴリズムで並び替えができます。
① リストを整列済みと未処理に分けて考える
② 変数 i を未処理位置の先頭とする
③ 未処理の要素 i を、整列済みのどこに挿入するのか探す。なお、挿入先を探しながらそれぞれの要素の位置をずらしていく
④ 未処理がなくなるまで、変数 i に1を加えて手順 ② に戻る

図で確認してみましょう。上下で2つの例を示していますが、未処理の要素を順に整列済みに追加していく手順が分かるでしょうか。上は要素が4つ[2,1,4,3]をソートする様子を図にしたもので、下は要素が5つ[3,5,4,1,2]をソートする様子を図にしたものです。

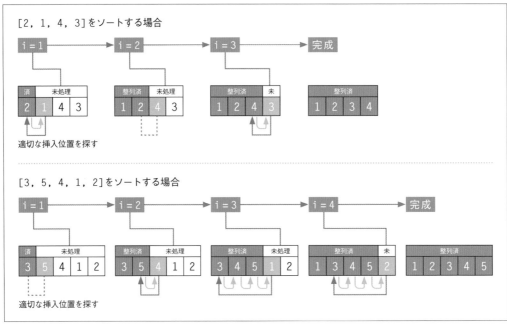

[2, 1, 4, 3]をソートする場合

| i=1 | → | i=2 | → | i=3 | → | 完成 |

適切な挿入位置を探す

[3, 5, 4, 1, 2]をソートする場合

| i=1 | → | i=2 | → | i=3 | → | i=4 | → | 完成 |

適切な挿入位置を探す

図 4-1-4　挿入ソートの例

挿入ソートを実装してみよう

上記の手順に沿って挿入ソートを実装したのが次のプログラムです。

src/ch4/insertionsort.py

```
01  # 挿入ソート                                              1
02  def insertion_sort(a):
03      # リストを末尾まで繰り返す(iは未処理の先頭を指す)        2
04      for i in range(1, len(a)):
05          print(f'i={i}')
06          # 整列済みの中から挿入先を検索                      3
07          j = i
08          while (j > 0) and (a[j-1] > a[j]):
09              a[j-1], a[j] = a[j], a[j-1]  # 交換            4
10              print(f'swap {j-1}, {j}', a)
11              j -= 1
12      return a
13
14  # テスト                                                  5
15  def test_insertion_sort():
16      assert insertion_sort([3, 5, 4, 1, 2]) == [1, 2, 3, 4, 5]
17      assert insertion_sort([4, 0, 2]) == [0, 2, 4]
18      assert insertion_sort([6, 1, 2, 4, 5, 3]) == [1, 2, 3, 4, 5, 6]
19
20  if __name__ == '__main__':  #                             6
21      print(insertion_sort([3, 5, 4, 1, 2]))
```

プログラムを実行して、途中経過と最終結果を確認してみましょう。ターミナルで次のコマンドを実行します。

```
$ python3 insertionsort.py
i=1
i=2
swap 1, 2 [3, 4, 5, 1, 2]
i=3
swap 2, 3 [3, 4, 1, 5, 2]
swap 1, 2 [3, 1, 4, 5, 2]
swap 0, 1 [1, 3, 4, 5, 2]
i=4
swap 3, 4 [1, 3, 4, 2, 5]
swap 2, 3 [1, 3, 2, 4, 5]
swap 1, 2 [1, 2, 3, 4, 5]
[1, 2, 3, 4, 5]
```

プログラムを確認してみましょう。■では挿入ソートを実装した関数insertion_sortを定義します。■ではfor文で変数iを1から末尾まで繰り返します。なお、変数iが未処理部分の先頭を指します。■以降のwhile文では整列済み領域（変数i以前）の中を探します。それで変数jに変数iの内容を代入して1つずつ値を減らしながら交換できる要素を探します。そして、■で要素を交換します。

そして、■ではpytestのテストを記述し、■ではターミナルから普通に実行したときに、関数insertion_sortを実行します。

練習問題 辞書型のデータをソートできるようにしてみよう

【問題】

上記で実装したソートアルゴリズムは、基本的な手順を示すために、いずれも数値を並べ替えることしかできません。そのため次のような辞書型の値を持つリスト変数frutisをソートできません。そこで、ソート関数にkey引数を指定できる機能を加えましょう。そして、変数frutisを価格の安い順に（priceをキーして昇順に）ソートできるように改良してください。

```
fruits = [
    {'name': 'リンゴ', 'price': 350}, {'name': 'バナナ', 'price': 210},
    {'name': 'イチゴ', 'price': 820}, {'name': 'ミカン', 'price': 420}
]
```

【ヒント1】 最初にPythonの標準機能に備わっているsorted関数で、key引数がどのようなものなのか確認してみましょう。以下のプログラムは、辞書型の変数fruitsを、priceをキーにして昇順にソートして表示するものです。

src/ch4/custom_sort_std.py

```
01  # ソート対象データ
02  fruits = [
03      {'name': 'リンゴ', 'price': 350}, {'name': 'バナナ', 'price': 210},
04      {'name': 'イチゴ', 'price': 820}, {'name': 'ミカン', 'price': 420}
```

```
05     ]
06     # カスタムソートの実行 ━━━━━━━━━━━━━━━━━━━━━━━━━━━━━━━━ ▣
07     fruits = sorted(fruits, key=lambda v: v['price'])
08     # 結果を出力
09     for f in fruits:
10         print(f['name'], f['price'])
```

上記プログラムでカスタムソートを実行している ▣ がポイントです。key引数に対して、lambda関数を与えることで、辞書型データのどの要素を比較キーとして取り出すかを指定します。プログラムを実行すると下記のように、値段（price）をキーにして昇順に並び替えてフルーツが表示されます。

ターミナルで実行

```
$ python3 custom_sort_std.py
バナナ 210
リンゴ 350
ミカン 420
イチゴ 820
```

【ヒント2】 ソート関数にkey引数を実装する場合、2つの要素を比較している部分で、key引数に指定された関数を実行するように改造するとよいでしょう。

答え ソート関数にkey引数を実装しよう

ここでは、バブルソートでソートを行う関数にkey引数の機能を実装してみました。次のようになります。

src/ch4/custom_sort.py

```
01     # バブルソートにkey関数を受け取れるようにしたもの ━━━━━━━━━━━━━ ▣
02     def bsort(a, key):
03         for i in range(len(a)):
04             for j in range(len(a)-1, i, -1):
05                 # key関数を実行して比較したい値を取り出す ━━━━━━━━━ ▢
06                 j_prev = key(a[j-1])
07                 j_curr = key(a[j])
08                 # 大小を比較 ━━━━━━━━━━━━━━━━━━━━━━━━━━ ▣
09                 if j_prev > j_curr:
10                     a[j], a[j-1] = a[j-1], a[j] # 交換 ━━━━━━━ ▣
11         return a
12
13     # 対象データ ━━━━━━━━━━━━━━━━━━━━━━━━━━━━━━━━━ ▣
14     fruits = [
15         {'name': 'リンゴ', 'price': 350}, {'name': 'バナナ', 'price': 210},
16         {'name': 'イチゴ', 'price': 820}, {'name': 'ミカン', 'price': 420}
17         ]
18     # 比較関数 ━━━━━━━━━━━━━━━━━━━━━━━━━━━━━━━━━━ ▣
19     bsort(fruits, key=lambda v: v['price'])
20     # 結果を出力 ━━━━━━━━━━━━━━━━━━━━━━━━━━━━━━━━ ▣
21     for f in fruits:
22         print(f['name'], f['price'])
```

ターミナルで次のコマンドを入力して、プログラムを実行してみましょう。果物が正しく値段順に並びました。

```
$ python3 custom_sort.py
バナナ 210
リンゴ 350
ミカン 420
イチゴ 820
```

プログラムを確認してみましょう。■ではバブルソートの引数に比較関数を指定できるように改造したbsortを定義します。■の部分が比較関数を実行する部分です。■では比較関数keyで取り出した2つの値を比較します。そして、■で要素(j-1)の方がjよりも大きいときに、要素jと(j-1)を交換します。

■では対象となる果物データ(辞書型の値を持つリスト)を定義します。

■では関数bsortを呼び出しますが引数keyにlambda関数を与えます。ここでは、辞書型のデータvからpriceの値を取り出して返すような関数を指定しました。そして、■では並び替えた結果を表示します。

改めてポイントを確認してみましょう。ソート関数を実装するには、2つの要素を繰り返し比較する必要があります。それで、辞書型データのリストを並び替えるときには、辞書型から並び替えに使うキーを取り出して比較する必要があります。そのため、2つのデータを比較するif文の直前で、辞書型から値を取り出す関数を実行するようにします(■)。このようにすることで辞書型のデータも比較できるようになります。なお、バブルソート以外のプログラムについてもkey関数を引数に取れるよう改造してみるとよいでしょう。

なお、Python標準のソート関数sortedは引数に指定した配列の内容を変更しない外部ソートですが、今回作成した関数bsortは引数の値を直接変更する内部ソートとなっているため注意してください。

COLUMN

Python標準のkey実装について

ところで、Python標準関数のsortedの実装では、このkeyに指定した関数を各要素に対して一度だけ実行するように設計されています。と言うのも、関数の呼び出しには、それなりに呼び出しコストがかかるため、比較のたびにkey関数を実行していては効率が悪いためです。そこで、要素ごとにkey関数の実行結果を記憶しておくことで効率よくソートが実行できます。

余力があれば読者の皆さんも、この仕組みがどのように実装できるか試してみるとよいでしょう。本書のサンプルプログラム「src/ch4/custom_sort_cache.py」に簡単な実装例を収録しています。参考にしてみてください。

まとめ

以上、本節では基本的なソートアルゴリズムを解説し、実際のプログラムを実装してみました。ソートがどのように実現されているのか、その考え方とそれを実際のプログラムで表現する方法に注目して先人の知恵を学びましょう。

発展ソートアルゴリズムについて
（シェルソート/ヒープソート/マージソート/クイックソート）

前節に引き続きデータを並べ替えるソートについて紹介します。ここでは、ソート速度の速い定番ソートアルゴリズムをまとめて紹介します。少し手順を工夫することで何倍にも処理を高速化できることが分かります。

ここで学ぶこと

● **シェルソート**

● **ヒープソート**

● **マージソート**

● **クイックソート**

シェルソートについて

「シェルソート」（英語：shell sort）とは、挿入ソートを改良したソートアルゴリズムです。リストの中の間隔が離れた要素をソートすることを何度も繰り返すことでソートを行うアルゴリズムです。1959年に英国の計算機学者ドナルド・シェル氏によって発明されたのでこの名前がついています。

内部ソートであり安定ソートではないものの最良計算量は $O(n\ log\ n)$ であり、比較的高速なアルゴリズムと言えます。しかし、最悪計算量は $O(n^2)$ になってしまうため、平均して後述のマージソートやクイックソートなどの高速なアルゴリズムと比べると遅くなりがちです。

アルゴリズムの基本部分は「挿入ソート」(p.203)と同じです。そもそも挿入ソートは、ほぼ整列されたリストなら高速にソートできるものの、あまり整列していないデータに対しては低速でした。シェルソートではこの弱点を改善するため、飛び飛びの要素（つまり間隔が離れた要素）を選択して交換することを繰り返し、少しずつ間隔を狭めていくことで正しく並べ替えます。

シェルソートは次の手順でソートします。

❶ 大きめの間隔gapを決める
❷ gap離れた要素を選んで挿入ソートを行う
❸ gapを狭めて手順❷に戻る
❹ gapが0になるまで繰り返す

次の図のように、最初に一定の間隔gapを決めて、gapだけ離れた先の要素と比較して交換します。そして、交換した後に挿入ソートを行います。つまり、挿入すべき位置を探してから要素を交換します。なお末尾まで走査したら、間隔gapを狭めて同じように要素を比較します。

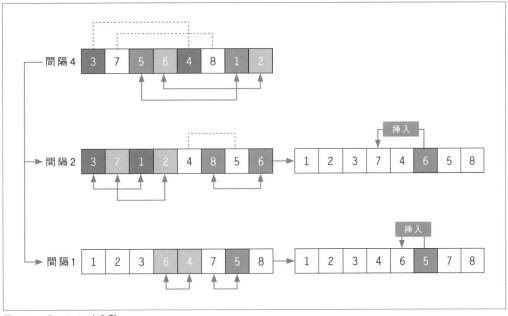

図4-2-1　シェルソートの例

なお、シェルソートでは一定の間隔gapの取り方に応じて性能が大きく変化します。上記の図とこの後で紹介するプログラムでは、初期gapをリスト要素の半分に設定し、手順❸でgapを狭める際にもgapを半分にしています。しかし、gapを3で割る場合もあります。また、最も性能の良いgapの固定値である[701, 301, 132, 57, 23, 10, 4, 1]を採用する場面もあります。

シェルソートを実装してみよう

それでは、上記の手順に従ってシェルソートを実装しましょう。

src/ch4/shellsort.py

```
01  # シェルソートを実行したもの ─────────────────────── 1
02  def shellsort(a):
03      # 大きめの間隔を選ぶ ─────────────────────── 2
04      gap = len(a) // 2
05      # 間隔が0になるまで繰り返し実行 ─────────────── 3
06      while gap > 0:
07          # gap間隔分手前の要素と繰り返し比較して交換 ── 4
08          for i in range(gap, len(a)):
09              # 適切な挿入場所を探す ─────────────── 5
10              tmp = a[i]
11              j = i
12              while (j >= gap) and (a[j-gap] > tmp):
```

```
13                      a[j] = a[j-gap]
14                      j -= gap
15              if i != j: # 交換する                                              6
16                  a[j] = tmp
17                  print(f'gap={gap} swap {i},{j}', a)
18          # 間隔を半分にする                                                      7
19          gap = gap // 2
20      return a
21
22  # テスト                                                                        8
23  def test_shellsort():
24      assert shellsort([5,3,1,2,4]) == [1,2,3,4,5]
25      assert shellsort([3,0,7,5]) == [0,3,5,7]
26      assert shellsort([8,3,1,2,7,5,6,4]) == [1,2,3,4,5,6,7,8]
27      assert shellsort([6,4]) == [4,6]
28
29  if __name__ == '__main__': #                                                   9
30      print(shellsort([3, 7, 5, 6, 4, 8, 1, 2]))
```

ターミナルでプログラムを実行してみましょう。途中経過と結果が表示されます。

```
$ python3 shellsort.py
gap=4 swap 6,2 [3, 7, 1, 6, 4, 8, 5, 2]
gap=4 swap 7,3 [3, 7, 1, 2, 4, 8, 5, 6]
gap=2 swap 2,0 [1, 7, 3, 2, 4, 8, 5, 6]
gap=2 swap 3,1 [1, 2, 3, 7, 4, 8, 5, 6]
gap=2 swap 7,3 [1, 2, 3, 6, 4, 7, 5, 8]
gap=1 swap 4,3 [1, 2, 3, 4, 6, 7, 5, 8]
gap=1 swap 6,4 [1, 2, 3, 4, 5, 6, 7, 8]
[1, 2, 3, 4, 5, 6, 7, 8]
```

プログラムを確認してみましょう。1ではシェルソートを実装する関数shellsortを記述します。2では最初に大きめの間隔gapを決めます。ここではリストの要素数を2で割った値にしました。3以降では間隔gapが0になるまで繰り返し実行します。

4では、変数jにiの値を代入します。それで、要素iと(j - gap)の値を比較します。そしてiの要素よりも(j - gap)が大きければ交換を行います。なお、5のwhile文で適切な挿入位置を探して、6で要素を交換します。指定の間隔gapで末尾まで並び替えたら7でgapの値を半分にして改めて3以降の処理を行います。

8ではpytestによるテストを記述します。9では実際にshellsort関数を実行します。

プログラムを確認して分かるように、基本的には挿入ソートと同じなのですが、一定の間隔をあけた要素と入れ替えるというアイデアを取り入れることにより、挿入ソートよりも高速にソートできます。

ヒープソートについて

「ヒープソート」(英語：heap sort)とは、「二分ヒープ木」を用いて並び替えを行うアルゴリズムです。安定ソートではなく、計算量は $O(n \log n)$ です。

二分ヒープ木について

ヒープソートを理解するには「二分ヒープ木」(英語：binary heap tree)について学ぶ必要があります。まず、各要素に2つの枝がある木構造のことを「二分木」(英語：binary tree)と言います。それで、「二分ヒープ木」というのは、親要素が子要素よりも大きな値となるように配置したものを言います。つまり、親子関係に制限がついた二分木のことを言います。

なお、二分ヒープ木には「最大ヒープ木」(英語：max heap tree)と「最小ヒープ木」(英語：min heap tree)があります。通常「二分ヒープ木」と言えば最大ヒープ木であり、親要素が子要素よりも大きな値となります。逆に、親要素が子要素よりも小さな値になるように配置したものが「最小ヒープ木」です。

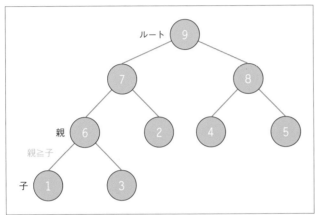

図4-2-2
二分ヒープ木 ── 親要素が子要素よりも
大きいという制約付きの木構造

二分ヒープ木をリストで表現しよう

なお、この二分ヒープ木はリストを使って表現可能です。わざわざ辞書型やオブジェクトを利用しなくても表現できるというのがポイントです。いろいろな表現方法がありますが、次の図のようにルート要素を要素0に、ルートの子要素を要素1と2に、要素1の子要素を3と4に…と表現するのが便利です。

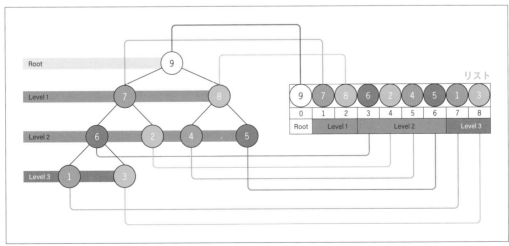

図4-2-3　二分ヒープ木をリストで表現する方法

211

なぜ便利なのかというと、次のような計算式で親要素から子要素のインデックスを求められるからです。例えば、ルート要素は0、ルートの右側の子は、0×2+2で要素2にあります。続いて、要素2を親として見たとき、その左側の子要素は、2×2+1で要素5にあります。

```
左側の子 = 親 * 2 + 1
右側の子 = 親 * 2 + 2
```

ヒープソートのアルゴリズム

ここまでの部分で「二分ヒープ木の特徴」と「リストで表現する方法」が分かりました。この2点を理解しないと、ヒープソートを理解するのは難しいものです。

それでは、ヒープソートの手順を確認しましょう。以下のような手順になります。
❶ 最初にリストの要素を二分ヒープ木（最大ヒープ木）に登録する
❷ 末尾から先頭に向かって変数iで繰り返す
❸ 二分ヒープ木のルート要素をソート済み領域iに移動する。
❹ ソート済み領域を除いて、二分ヒープ木を再構築する。
❺ すべての要素がソート済み領域に揃うまで、手順❸に戻る。

最初にリストの要素を「二分ヒープ木（最大ヒープ木）」に登録するのがポイントです。つまり、（親要素＞子要素）のように要素を並べていきます。その後で、二分ヒープ木のルート要素をソート済み領域に移動し、二分ソート木を再構築してさらにルート要素をソート済み領域に移動します。これを繰り返して、すべての要素がソート済み領域に移動します。

ヒープソートを実装しよう

それでは上記の手順に沿って、プログラムを作ってみましょう。

src/ch4/heapsort.py

```
01  # ヒープソートを実装したもの                                              ■1
02  def heapsort(a):
03      # 二分ヒープ木の構築                                                ■2
04      for i in range(1, len(a)):
05          upheap(a, i)
06          print('upheap:', a[:i+1])
07      # 二分ヒープ木の親と整列済み領域iを繰り返し交換                        ■3
08      for i in range(len(a)-1, 0, -1):
09          a[i], a[0] = a[0], a[i]   # 木のルートとiを交換                   ■4
10          # 末尾iを除いて二分ヒープ木を再構築                               ■5
11          downheap(a, i)
12          print('downheap:', a[:i], '→ 整列済', a[i:])
13      return a
14
15  # i番目の要素をヒープの正しい位置に移動                                    ■6
16  def upheap(a, i):
17      # 正しい位置に配置されるまで繰り返す
```

```python
18      while i > 0:
19          parent = (i - 1) // 2   # 親のインデックス
20          if a[parent] >= a[i]:  # 親が子より大きいとき
21              break                # 交換しない
22          # 親と子を交換
23          a[parent], a[i] = a[i], a[parent]
24          i = parent
25
26  # ルート(0)の要素をヒープ(0からi番目まで)の正しい位置へ移動
27  def downheap(a, i):
28      if i == 0: return
29      parent = 0
30      # 正しい位置に配置されるまで繰り返す
31      while parent * 2 + 1 < i:
32          left = parent * 2 + 1 # 子要素(左)インデックス
33          right = parent * 2 + 2 # 子要素(右)インデックス
34          child = left # 左右の子要素の大きな方を調べる
35          if right < i and a[right] > a[left]:
36              child = right
37          if a[parent] >= a[child]: # 親が子より大きいとき
38              break                # 交換しない
39          # 親と子を交換
40          a[parent], a[child] = a[child], a[parent]
41          parent = child
42
43  # テスト
44  def test_heapsort():
45      assert heapsort([4, 1, 5, 3, 2]) == [1, 2, 3, 4, 5]
46      assert heapsort([1, 0, 2]) == [0, 1, 2]
47      assert heapsort([2]) == [2]
48      assert heapsort([7, 2, 4, 1, 3, 5, 6]) == [1, 2, 3, 4, 5, 6, 7]
49
50  if __name__ == '__main__':  #
51      print('結果:', heapsort([4, 1, 5, 9, 3, 2, 6, 8, 7]))
```

7
8
9
10
11
12
13
14

ターミナルでプログラムを実行してみましょう。プログラムの途中経過と結果を表示します。以下のコマンドを実行しましょう。

ターミナルで実行

```
$ python3 heapsort.py
upheap: [4, 1]
upheap: [5, 1, 4]
upheap: [9, 5, 4, 1]
upheap: [9, 5, 4, 1, 3]
upheap: [9, 5, 4, 1, 3, 2]
upheap: [9, 5, 6, 1, 3, 2, 4]
upheap: [9, 8, 6, 5, 3, 2, 4, 1]
upheap: [9, 8, 6, 7, 3, 2, 4, 1, 5]
downheap: [8, 7, 6, 5, 3, 2, 4, 1] → 整列済 [9]
downheap: [7, 5, 6, 1, 3, 2, 4] → 整列済 [8, 9]
downheap: [6, 5, 4, 1, 3, 2] → 整列済 [7, 8, 9]
downheap: [5, 3, 4, 1, 2] → 整列済 [6, 7, 8, 9]
downheap: [4, 3, 2, 1] → 整列済 [5, 6, 7, 8, 9]
downheap: [3, 1, 2] → 整列済 [4, 5, 6, 7, 8, 9]
```

```
downheap: [2, 1] → 整列済 [3, 4, 5, 6, 7, 8, 9]
downheap: [1] → 整列済 [2, 3, 4, 5, 6, 7, 8, 9]
結果: [1, 2, 3, 4, 5, 6, 7, 8, 9]
```

プログラムを確認しましょう。■ではヒープソートを実装した関数heapsortを定義します。この関数では、まず■で二分ヒープ木を構築します。このために、■で定義した関数upheapを繰り返し呼び出します。なお、二分ヒープ木を構築するために、要素を1つずつ移動していきます。

続いて■では、繰り返し二分ヒープ木のルート要素（0番目）を順に整列済み領域（末尾位置i）へ移動します。二分ヒープ木ではルート要素が最も大きな値となるため、■で最大値と末尾にある要素を入れ替えて、■で再び二分ヒープ木を再構築します。これを繰り返すことで、すべての要素が整列済みとなります。

■では、末端の要素から二分ヒープ木を構築する関数upheapを定義します。これはリストのi番目の要素が二分ヒープ木の正しい位置に移動するように繰り返し調整する関数です。■でi番目の親要素のインデックスを計算します。そして、■で二分ヒープ木における親子関係が正しくなければ、親と子の要素を交換します。

■では、ルート要素（0番目）をヒープ内（0からi番目まで）の正しい位置へ移動する関数downheapを定義します。親要素が正しい位置に移動するまで繰り返し調整します。■では子要素（左と右）のインデックスを計算します。なお、親が子より大きくなる必要があるため、■で左右の子要素のうち大きな方と親を比較します。■では親子関係が正しくなければ要素を交換します。

■ではpytestによるテストを記述し、■では実際にheapsort関数を実行します。

なお、関数upheapとdownheapは、それぞれ二分ヒープ木の要素が正しく配置されるように調整するものですが、関数upheapが木の末端から要素を移動していくのに対して、downheapはルート要素から末端へと要素を移動していくのが異なります。

マージソートについて

「マージソート」（英語：merge sort)とは、並び替え対象となるリストを繰り返し2分割して細分化した後、細分化した要素同士を整列して結合するというアルゴリズムです。メモリ使用量は$O(n)$必要になりますが、平均計算量も最悪計算量も、$O(n \log n)$であり高速です。「分割統治法」と呼ばれる手法を用いて並べ替えを行います。これは、大きな問題をより小さな部分問題に分割し、それぞれの部分問題を解決して、最後にそれらの解を統合することで全体の解を得る方法です。

マージソートでは次の手順で並び替えを行います。
❶ 要素を繰り返し2分割する
❷ 分割した要素をソートしながら結合していく

具体的には**図4-2-4**のようになります。

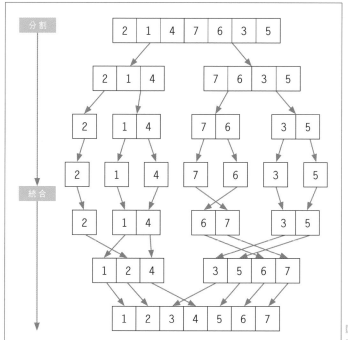

図4-2-4
マージソートの例

マージソートを実装しよう

左右に繰り返し分割する部分は再帰を使うことですっきり記述できます。また、ポイントとなるのが結合時の処理です。左右のリストを結合するときには、それらがすでにソートされているので左右を順に比較することで結合できます。それでは実際にプログラムを実装してみましょう。

src/ch4/mergesort.py

```
01  # マージソートを実装する関数 ─────────────────────── 1
02  def mergesort(a):
03      if len(a) <= 1:
04          return a
05      # リストを分割する ─────────────────────────── 2
06      mi = len(a) // 2 # 中央値を調べる
07      left = mergesort(a[:mi]) # 分割して左側を並べる
08      right = mergesort(a[mi:]) # 分割して右側を並べる
09      # 結合して戻す ───────────────────────────── 3
10      return list(merge_list(left, right))
11
12  # 分割したリストを結合する ──────────────────────── 4
13  def merge_list(left, right):
14      print(left, right)
15      result = []
16      left_i, right_i = 0, 0
17      # 左右のリストを並び替えながら結合 ─────────────── 5
18      while left_i < len(left) and right_i < len(right):
19          if left[left_i] <= right[right_i]:
20              result.append(left[left_i])
```

chapter
4-2

215

```
21              left_i += 1
22          else:
23              result.append(right[right_i])
24              right_i += 1
25      # 左右に残りがあれば追加                                          6
26      if left_i < len(left):
27          result.extend(left[left_i:])
28      if right_i < len(right):
29          result.extend(right[right_i:])
30      return result
31
32  # テスト                                                              7
33  def test_mergesort():
34      assert mergesort([1,3,2,4,5]) == [1,2,3,4,5]
35      assert mergesort([5,3,1,2,4]) == [1,2,3,4,5]
36      assert mergesort([3,0,7,5]) == [0,3,5,7]
37
38  if __name__ == '__main__': #                                          8
39      print(mergesort([2,1,4,7,6,3,5]))
```

ターミナルからプログラムを実行して、途中経過と最終結果を確認してみましょう。途中経過は結合の要素を表示します。

```
$ python3 mergesort.py
[1] [4]
[2] [1, 4]
[7] [6]
[3] [5]
[6, 7] [3, 5]
[1, 2, 4] [3, 5, 6, 7]
[1, 2, 3, 4, 5, 6, 7]
```

それでは、プログラムを確認してみましょう。■ではマージソートの関数 mergesort を定義します。この関数では再帰的に分割処理を行って最後に結合します。■ではリストを左右に分割します。■では分割したリストを結合します。

次に ■ では分割したリストを結合する関数 merge_list を記述します。■ では左右のリストの要素を順に比較しながら結合していきます。この時点で、左のリストと右のリストは、それぞれソート済みです。そこで、この2つのリストの各要素を比較しながら小さい順に並ぶように結合していきます。■ では未追加の要素があれば追加します。

■ では pytest のテストを記述し、■ では mergesort を実行します。

クイックソートについて

「クイックソート」(英語:quick sort)とは、基準値(ピボット)を設定して、基準値よりも小さいグループと大きいグループに分けて再帰的に並び替えを行うアルゴリズムです。安定ソートではないものの、平均計算量が $O(n \log n)$ となり、一般的に他のソートアルゴリズムよりも高速です。リストを分割しながら再帰的にソートを行うことから、マージソートと同じ分割統治法を使います。

クイックソートは次のような手順で並び替えを行います。

① 基準値となるピボット(英語:pivot)を選ぶ

② リストを次の3つのグループに分割する。(A)ピボットよりも小さな値のリスト(B)同じ値のリスト(C)より大きな値のリスト

③ 上記手順② で作った(A)と(C)のリストに対して、再帰的に手順① と② を行う

④ ソート済みのリスト(A)と(B)と(C)を結合して結果とする

図にすると次のようになります。基準となるピボットを選んだら、その値を基準にグループ分けします。図の最初の場合だと3をピボットに選んだら、3未満のリスト、3と等しいリスト、3超のリストに分けます。そして、それぞれのグループについて、再帰的にピボットでリストを分割する処理を行います。そして、ソートされたそれぞれのグループを結合すれば、全体的にソートされたリストが完成します。

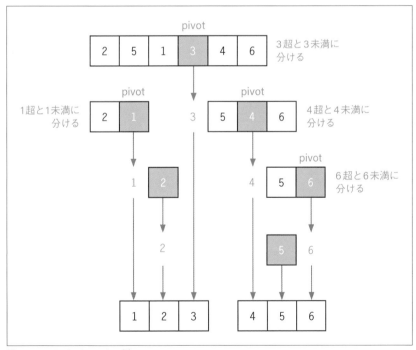

図4-2-5　クイックソートの例

クイックソートを実装しよう

それでは、上記の手順に沿ってクイックソートのプログラムを作ってみましょう。

src/ch4/quicksort.py

```
01  # クイックソートを実装したもの                                      ■1
02  def quicksort(a):
03      if len(a) == 0:
04          return []
05      # 基準値(ピボット)を決める                                      ■2
06      pivot = a[len(a) // 2]
07      # 基準値よりも小さい,大きい,同じリストを用意                     ■3
08      left, right, middle = [], [], []
09      # 繰り返しaの各値を確認                                         ■4
10      for v in a:
11          if v < pivot:
12              left.append(v)
13          elif v > pivot:
14              right.append(v)
15          else:
16              middle.append(v)
17      print(f'pivot={pivot}', left, '<', middle, '<', right)
18      # 基準値よりも小さい値を再帰的にソート                           ■5
19      left = quicksort(left)
20      # 基準値よりも大きい値を再帰的にソート
21      right = quicksort(right)
22      # 小さい + 同じ + 大きいリストを結合して返す                     ■6
23      return left + middle + right
24
25  # テスト                                                        ■7
26  def test_quicksort():
27      assert quicksort([]) == []
28      assert quicksort([3,2,1,4]) == [1,2,3,4]
29      assert quicksort([3,1,1,2]) == [1,1,2,3]
30      assert quicksort([2,0,6,4]) == [0,2,4,6]
31
32  if __name__ == '__main__': #                                  ■8
33      print(quicksort([2, 5, 1, 3, 4, 6]))
```

ターミナルからプログラムを実行してみましょう。以下のコマンドを実行すると、実行経過と最終結果が表示されます。

ターミナルで実行

```
$ python3 quicksort.py
pivot=3 [2, 1] < [3] < [5, 4, 6]
pivot=1 [] < [1] < [2]
pivot=2 [] < [2] < []
pivot=4 [] < [4] < [5, 6]
pivot=6 [5] < [6] < []
pivot=5 [] < [5] < []
[1, 2, 3, 4, 5, 6]
```

プログラムを確認しましょう。■1ではクイックソートを実装した関数quicksortを記述します。■2では適当に要素

の中央にある要素を基準値のピボットに選定します。**3** ではピボット未満（left）、ピボットと等しい（middle）、ピボット超（right）の3つのリストを初期化します。そして、**4** ではリストaをfor文で繰り返し、要素の各値をリストに追加します。そして、**5** では、再帰的にleftとrightのリストをソートします。そして、**6** ではソート済みのリストを順に結合します。

6 ではpytestによるテストを記述し、**7** ではquicksortを実際に実行します。

練習問題 各ソートアルゴリズムの性能を比較しよう

【問題】

前節と本節でいろいろなソートアルゴリズムを紹介しました。そこで、それらのアルゴリズムを比較してみましょう。実行時間のベンチマークをとってみましょう。ライブラリを活用してグラフ描画してみてください。

【ヒント】 perfplotモジュールなどパッケージを使うと気軽に比較できます。また、デバッグ出力が多いとその分処理が遅くなるのでプログラム中のprint文を除去する必要があります。

答え 各ソートアルゴリズムの性能比較

筆者が試したところ次のような結果になりました。皆さんの結果と比べてどうでしょうか。やはりバブルソートと挿入ソート、選択ソートはダントツで遅いということが分かります。

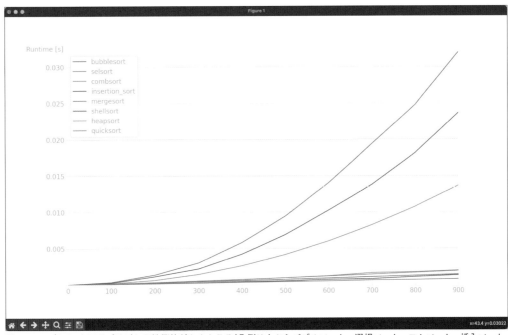

図4-2-6　各ソートアルゴリズムの性能比較したところ（凡例は上からバブルソート、選択ソート、コムソート、挿入ソート、マージソート、シェルソート、ヒープソート、クイックソート）

219

シンプルで美しいソートアルゴリズム

ここまでの説明を読んで、世の中にはいろいろなソートアルゴリズムがあることが分かったでしょう。先人たちが編み出したソートアルゴリズムには、それぞれ工夫がありました。

その仕組みを学んでみると「よくそんな方法を思いついたものだ」と感心するのではないでしょうか。

特に筆者は「クイックソート」のプログラムを初めて見たときは驚きました。再帰を使ったシンプルなコードでありながら動作が非常に高速なのです。今回、改めてこのアルゴリズムを眺めてみて、やはり、シンプルで美しく芸術的なアルゴリズムと感じました。

比較に利用したプログラムは、次の通りです。なお、各ソートのプログラムにある print 文はコメントに変更しています。

src/ch4/sort_bench/sort_bench.py

```
01  import perfplot
02  import random
03  import bubblesort, combsort, selectionsort, insertionsort
04  import mergesort, shellsort, heapsort, quicksort
05
06  # 指定個数のランダムな数値を生成する関数
07  def make_samples(n):
08      a = [random.randint(0, 10000) for _ in range(n)]
09      print(f'test {n}=', a)
10      return a
11
12  pp = perfplot.live(
13      setup=lambda n: make_samples(n),
14      n_range=range(0, 1000, 100), # 0から900までの値でテストする
15      kernels=[
16          # テストしたい関数を以下に列挙する
17          bubblesort.bubblesort,
18          selectionsort.selsort,
19          combsort.combsort,
20          insertionsort.insertion_sort,
21          mergesort.mergesort,
22          shellsort.shellsort,
23          heapsort.heapsort,
24          quicksort.quicksort,
25      ]
26  )
```

プログラムを実行するには、次のようなコマンドを実行します。

ターミナルで実行

```
$ python3 sort_bench.py
```

ソートアルゴリズムの計算量について

参考までに、各ソートアルゴリズムの性能を表で確認してみましょう。

アルゴリズム	平均計算量	最悪計算量	空間使用量	安定性
バブルソート	$O(n^2)$	$O(n^2)$	$O(1)$	安定
コムソート	$O(n \log n)$	$O(n^2)$	$O(1)$	非安定
選択ソート	$O(n^2)$	$O(n^2)$	$O(1)$	非安定
挿入ソート	$O(n^2)$	$O(n^2)$	$O(1)$	安定
シェルソート	$O(n \log n)$	$O(n^2)$	$O(1)$	非安定
マージソート	$O(n \log n)$	$O(n \log n)$	$O(n)$	安定
ヒープソート	$O(n \log n)$	$O(n \log n)$	$O(1)$	非安定
クイックソート	$O(n \log n)$	$O(n^2)$	$O(\log n)$	非安定

まとめ

以上、前節と本節で各種ソートアルゴリズムをまとめてみました。交換、挿入、分割、結合、再帰、二分木など、さまざまな手法を活用してデータを並び替えていることが分かりました。ちょっとした工夫で計算量が減ったり、処理が高速になる点も確認できました。

Chapter 4-3

探索アルゴリズムについて
（線形探索/二分探索/二分探索木）

探索アルゴリズムとは、たくさんのデータの中から任意のデータを見つけたり、たくさんの選択肢の中から考えられる解を見つけ出すアルゴリズムのことです。探索アルゴリズムから先人の知恵を学びましょう。

ここで学ぶこと

● 探索アルゴリズム

● 線形探索

● 二分探索

● 二分探索木

線形探索とは

「線形探索」（英語：linear search または sequential search）とは、最も基本的な検索アルゴリズムです。リストに入ったデータに対する検索で、先頭から順に比較を行い、それが見つかるまで検索を行います。n個のデータからデータを探索するとき、時間計算量 $O(n)$ が必要となります。

問題　リストの中にある数値を探そう

線形探索について考えるにあたって、次のような簡単な問題を解きましょう。

【問題】

次のようなリストがあります。このリストから5を探して、リストのインデックスを表示してください。

```
# リスト
a_list = [1, 9, 8, 2, 3, 4, 5, 7, 6]
```

リストの先頭から順に値を比較しながら検索します。

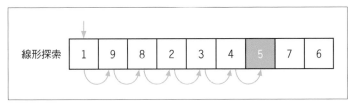

図4-3-1　線形探索のアルゴリズム

この問題を解くプログラムは次の通りです。

src/ch4/linear_search.py

```
01  # 線形探索
02  a_list = [1, 9, 8, 2, 3, 4, 5, 7, 6]
03  value = 5
04  for i, v in enumerate(a_list):
05      if v == value:
06          print(f'インデックス={i}')
```

プログラムを実行してみましょう。以下のコマンドを実行します。

ターミナルで実行

```
$ python3 linear_search.py
インデックス=6
```

for文の中で、if文で順に比較するだけなので問題はないでしょう。

二分探索について

次に「二分探索」(英語：binary search)を見ていきましょう。

これは、ソート済みのリストに対する探索アルゴリズムです。中央の値を見て、検索したい値よりも前方にあるか後方にあるかを判断します。そして、片方には存在しないことを確かめることで、検索範囲を狭めることができます。n個のデータがある場合に計算量は $O(log\ n)$ となります。

次のような手順で探索を行います。
❶ 整列済みのリストを用意
❷ 中央にある値と検索したい値を比較
❸ 検索したい値が小さければ、先頭から中央値より前を再帰的に検索して手順❷に戻る
❹ 検索したい値が大きければ、中央値より後ろを再帰的に検索して手順❷に戻る
❺ 値を見つけたらそこで検索を終了する。もし検索範囲が0になったら検索したい値がリストにないことが分かる

223

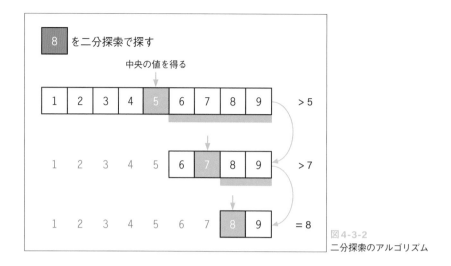

図4-3-2
二分探索のアルゴリズム

二分探索のプログラム

ここでは、先ほどと同じ問題を解いてみましょう。二分探索ではリストを最初にソートしてから処理を行います。

src/ch4/binary_search.py

```
01  # 二分探索を行う関数                                              1
02  def binary_search(a, value, min_i, max_i):
03      if max_i < min_i:
04          return None
05      # 中央のインデックスを得る                                    2
06      i = min_i + (max_i - min_i) // 2
07      # 前方にあるか後方にあるか判定                                3
08      if a[i] > value:
09          # 前方にある場合 - 範囲を狭めて再帰的に検索              4
10          return binary_search(a, value, min_i, i-1)
11      if a[i] < value:
12          # 後方にある場合 - 範囲を狭めて再帰的に検索              
13          return binary_search(a, value, i+1, max_i)
14      # 答えを見つけた                                            5
15      return i
16
17  # テスト                                                        6
18  def test_binary_search():
19      a = [0,1,2,3,4,5,6,7,8]
20      assert binary_search(a, 4, 0, len(a)-1) == 4
21      assert binary_search(a, 7, 0, len(a)-1) == 7
22      assert binary_search(a, 13, 0, len(a)-1) == None
23
24  if __name__ == '__main__':
25      # データを二分探索で検索する                                7
26      a_list = [1, 9, 8, 2, 3, 4, 5, 7, 6]
27      value = 8
28      # ソートしておく必要がある
29      a_list.sort()
30      i = binary_search(a_list, value, 0, len(a_list)-1)
31      print('検索結果=', i)
```

プログラムを実行してみましょう。以下のコマンドを実行します。検索結果はソート後のインデックスとなります。

```
$ python3 binary_search.py
検索結果= 7
```

プログラムを確認してみましょう。■では二分探索を行う関数binary_searchを定義します。■では中央のインデックスを求めます。リストがソート済みであるので、中央値の前と後ろで次回の探索範囲を狭められます。■で前方か後方かを判定します。■では探索範囲を定めて再帰的に関数を呼び出します。■では検索したい値と中央値が等しいとき、そのインデックスを戻します。

■ではpytest用のテストを記述し、■では実際に関数binary_searchを実行して今回の例題を解きます。

練習問題 二分探索で 元のリストのインデックスが知りたい場合

【問題】

すでに述べたように、二分探索を行う場合、必ずリストをソートしておく必要があります。しかし、どうしてもリストをソートする前のインデックスを知りたい場合があります。そこで、二分探索を使いつつ、ソート前のインデックスも表示するプログラムを作ってください。

【ヒント】 当然、単純な二分探索では元のリストのインデックスが失われてしまいます。そこで、辞書型を利用してインデックスを保持するようにするのはどうでしょうか。

答え 二分探索でソート前のインデックスも表示するプログラム

以下が二分探索でソート前のインデックスを表示するプログラムです。整数リストをソートする前に、辞書型のリストを作ります。そして、辞書型のリストをソートして二分探索を行うようにします。

src/ch4/binary_search2.py

```python
01  # 二分探索を行う関数 ─────────────────────────────── 1
02  def binary_search(a, value, fn, min_i, max_i):
03      if max_i < min_i:
04          return None
05      i = min_i + (max_i - min_i) // 2 # 中央のインデックス
06      # 前方にあるか後方にあるか判定して範囲を狭めて再帰的に検索
07      if fn(a[i]) > fn(value):
08          return binary_search(a, value, fn, min_i, i-1)
09      if fn(a[i]) < fn(value):
10          return binary_search(a, value, fn, i+1, max_i)
11      return a[i] # 結果の辞書型を返す
12
13  if __name__ == '__main__':
14      # 例題を解く ─────────────────────────────────── 2
```

```
15      a_list = [1, 9, 8, 2, 3, 4, 5, 7, 6]
16      value = 8
17      # ソート前にリストを辞書型に変換しインデックスを記憶 ──────────── 3
18      a_list2 = [{'i': i, 'v': v} for i, v in enumerate(a_list)]
19      v_dict = {'i': -1, 'v': value}
20      # インデックス取得用のlambdaを用意
21      fn = lambda x:x['v']
22      # 辞書型をソートする ──────────────────────────── 4
23      a_list2.sort(key=fn)
24      # 二分探索を行う ──────────────────────────── 5
25      result = binary_search(a_list2, v_dict, fn, 0, len(a_list2)-1)
26      print('元データ:', a_list)
27      print('検索結果:', result)
28      print(f'値{value}は(0から数えて){result["i"]}番目にあります')
```

上記のプログラムでは、例題にあるリストのデータと探索する値を指定して二分探索を行いますが、ソート前のインデックスを表示するようにしています。それでは、プログラムを実行してみましょう。ターミナルで以下のコマンドを実行します。

```
$ python3 binary_search2.py
元データ: [1, 9, 8, 2, 3, 4, 5, 7, 6]
検索結果: {'i': 2, 'v': 8}
値8は(0から数えて)2番目にあります
```

プログラムを実行すると、元データの(0から数えて)2番目にあるので正しいデータが得られていることが分かります。

それでは、プログラムを確認してみましょう。1 では二分探索を行う関数binary_searchを定義します。内容はほぼ「binary_search.py」と同じです。比較を行う部分だけが異なります。引数fnを指定することにより辞書型から任意の値を取り出してから比較します。2 ではリストから8を探すという例題を解く処理を記述します。
なお、リストのソート前に、リストのインデックスを覚えておく処理が必要になります。3 ではa_listの整数の要素を辞書型に変換します。{'i': 元データのインデックス，'v': 値}の形式にします。
4 では辞書型の要素を持つリストをソートします。なおsortメソッドの引数keyに関数を指定することで辞書型のキーの値を利用してソートできます。ここでは、lambda関数fnにキーvを取り出すコードを指定したので、vをキーにしてソートを行います。
そして、5 ではソート済みのリストに対して二分探索を行います。ここでも、lambda関数のfnを引数にします。

二分探索木について

次に「二分探索木」(英語:binary search tree)を使って、リストから値を探索するアルゴリズムを紹介します。「二分探索木」という名前から分かる通り「二分木」を利用した探索アルゴリズムです。
データ探索がやりやすくなるよう二分木を構築するのがポイントで、二分木を構築する際に「左の子孫の値 ≦ 親の値 < 右の子孫の値」という制約をつけて構築します。これにより、データを探索するとき、値の大小を比較することで素早く目的の値に到達できます。

計算量は構築した木の深さによって変わります。二分木が左右均等に配置できた場合は $O(log\ n)$ ですが、最悪の場合は $O(n)$ となります。これはリストの並び順によって変化します。

図で確認してみましょう。まずは、リストから二分木を作成する方法を確認しましょう。これは [11，15，8，-3，21，12] のリストから二分木を作成する例です。リストの先頭から順に二分木に値を追加しますが、「子(左) ≦ 親 < 子(右)」となるように値を追加します。

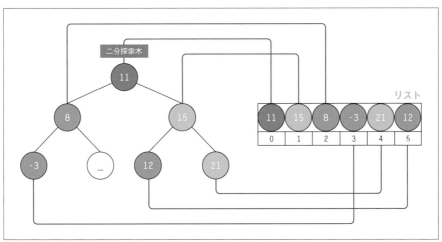

図 4-3-3　二分探索木のアルゴリズム

次に二分木から値を検索する方法を確認しましょう。**図 4-3-4** は構築した二分木から値21を探します。基本的には、ノードを上から順にたどって値を探すのですが、ノードの値と検索したい値を比較し、値が大きければ右側の子に進み、値が小さければ左側の子に進みます。

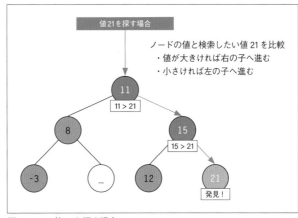

図 4-3-4　値21を探す場合

二分探索木のプログラムを実装しよう

それでは、実際のプログラムを作ってみましょう。以下が二分探索木でリストを検索するプログラムです。図で示した通り、リスト [11, 15, 8, -3, 21, 12] から21を探すプログラムを作ってみましょう。

src/ch4/binary_search_tree.py

```
01  # リストから二分探索木を構築
02  def bstree_build(a):
03      bsnode = lambda v, i: { 'value': v, 'index': i, 'left': None, 'right': None }
```

```
04      root = bsnode(a[0], 0) # ルートを作成                            2
05      if len(a) > 1:
06          for i, v in enumerate(a[1:]): # ルートに子を追加していく
07              bstree_insert(root, bsnode(v, i + 1))
08      return root
09
10  # 二分探索木に値を追加                                                3
11  def bstree_insert(node, v):
12      # ノードの値と挿入したい値を比較
13      if node['value'] < v['value']:
14          if node['right'] is None: # ノードの右に追加
15              node['right'] = v
16          else:
17              bstree_insert(node['right'], v)
18      else:
19          if node['left'] is None: # ノードの左に追加
20              node['left'] = v
21          else:
22              bstree_insert(node['left'], v)
23
24  # 二分探索木nodeからvalueを検索                                       4
25  def bstree_search(node, value):
26      if node is None: # 木の末端に至ったら値は存在しない
27          return None
28      if node['value'] == value: # 値を見つけた
29          print('- 発見!')
30          return node
31      if node['value'] > value: # ノードと値を比較
32          print(f'- {node["value"]} > {value}')
33          return bstree_search(node['left'], value) # 左を探す
34      else:
35          print(f'- {node["value"]} < {value}')
36          return bstree_search(node['right'], value) # 右を探す
37
38  # テスト                                                            5
39  def test_bstree():
40      tree = bstree_build([1, 9, 8, 2, 3, 4, 5, 7, 6])
41      assert bstree_search(tree, 8)['index'] == 2
42
43  if __name__ == '__main__':
44      import json
45      # 二分探索木を構築                                               6
46      tree = bstree_build([11, 15, 8, -3, 21, 12])
47      print('tree=', json.dumps(tree, indent=2))
48      # 木から21を検索                                                 7
49      r = bstree_search(tree, 21)
50      print('index=', r['index'], 'value=', r['value'])
```

ターミナルからプログラムを実行してみましょう。以下のコマンドを実行します。

ターミナルで実行

```
$ python3 binary_search_tree.py
```

すると、次の画面のように、二分木の構造と検索の途中経過、最終結果を表示します。

```
●●●                            -zsh                           ⌥⌘1
ch4 % python3 binary_search_tree.py
tree= {
  "value": 11,
  "index": 0,
  "left": {
    "value": 8,
    "index": 2,
    "left": {
      "value": -3,
      "index": 3,
      "left": null,
      "right": null
      "left": null,
      "right": null
    }
  }
}
- 11 < 21
- 15 < 21
- 発見！
index= 4 value= 21
```

図4-3-5 二分木探索のプログラムを実行したところ

プログラム内にpytestのテストコードも記述しています。以下のコマンドを実行してテストできます。「1 passed」と表示されたら成功です。

```
$ python3 -m pytest binary_search_tree.py
```

プログラムを確認してみましょう。■ ではリストaから構文木を構築する関数bstree_buildを定義します。■ では先頭の要素をルートにします。そして、ルートから連なるノードへとfor文で順に値を追加していきます。
■ では指定のノードnodeにノードvを追加する関数bstree_insertを定義します。この処理のポイントは、必ずnodeの子にvを追加するわけではないという点です。値を比較してnodeの子がnode（木の末端の状態）であればそこにノードvを追加します。ただし、すでにnodeの子が存在するのであれば、再帰的にbstree_insertを呼び出して、nodeの子の子、つまり、孫ノード以降に追加します。
■ では二分探索木nodeから値valueを検索する関数bstree_searchを定義します。ノードの値（node['value']）と検索したい値valueを比較して、ノードの値が大きければ左側（node['left']）を再帰的に検索し、小さければ右側（node['right']）を再帰的に検索します。
■ ではpytestのためのテストを記述します。■ ではリストから二分探索木を構築します。そして、■ では構築した木から21の値を持つノードを検索して結果を表示します。

まとめ

本節では基本的な探索アルゴリズムについて取り上げました。先頭から順に探索を行う「線形探索」が最も簡単な探索です。そして、次々と検索範囲を狭めていく「二分探索」と、制約付きの二分木を構築してそこから検索を行う「二分探索木」を紹介しました。探索をはじめる前にソートしたり、二分木を構築したりと、少し工夫することで計算量をぐっと減らすことができることが分かったことでしょう。

バイナリデータをテキスト表現しよう

バイナリデータはテキストで表現できない値が含まれます。そのため、バイナリデータを文字列で表現するためにいろいろな表現が考案されてきました。そこで、HEX文字列やURLエンコーディング、Base64などの表現方法を考察してみましょう。

ここで学ぶこと

● **HEX文字列**

● **URL エンコーディング**

● **Base64**

バイナリデータとテキストデータの違い

「テキストデータ」とはテキストエディタで読める文字で構成されたデータのことです。これに対して「バイナリデータ」はコンピュータが処理するためのバイト列で表現されるため、テキストエディタなどで無理矢理開くと文字化けしているように見えます。画像や動画などのデータや圧縮ファイルなど、多くのファイル形式がバイナリデータで記述されます。

HEX文字列について

すでに述べたとおり、バイナリデータはそのままではテキストエディタで読み書きするのは困難です。そこで、バイナリデータをさまざまな形式で表現できる手法が考案されてきました。「HEX文字列」(p.117)または「16進数文字列」(p.087)はその1つです。Chapter 2でも簡単に紹介しましたが、ここでも改めて見ていきましょう。

HEX文字列はバイナリデータの各データを16進数2文字で表現する方法です。例えば、[0x91, 0x40, 0x7F, 0x81, 0x40, 0x00]というバイナリデータをHEX文字列で表現すると「91407F814000」になります。
PythonでHEX文字列を作成するには、bytesのオブジェクトであれば、メソッドhexが利用できます。また、binasciiモジュールの関数hexlifyも利用できます。対話型実行環境で試してみましょう。

```
>>> import binascii
>>> # bytes型のデータを定義
>>> bin_data = bytes([0x91, 0x40, 0x7F, 0x81, 0x40, 0x00])
>>> # bytesのhexメソッドでHEX文字列を生成
>>> bin_data.hex()
'91407f814000'
>>> # 関数hexlifyでHEX文字列を生成
>>> binascii.hexlify(bin_data).decode('utf-8')
'91407f814000'
```

それでは、次に、HEX文字列からbytes型のオブジェクトに変換してみましょう。bytes型のオブジェクトの
fromhexメソッドを使うことができます。また、binasciiモジュールの関数unhexlifyも使えます。対話型実行環
境で試してみましょう。

```
>>> import binascii
>>> bin_str = '91407f814000'
>>> # bytes.fromhexメソッドを使ってbytes型を生成
>>> bytes.fromhex(bin_str)
b'\x91@\x7f\x81@\x00'
>>> # 関数unhexlifyを使ってbytes型を生成
>>> binascii.unhexlify(bin_str)
b'\x91@\x7f\x81@\x00'
```

なお、対話型実行環境の結果を見ると、'\x40'となるべきコードが'@'に置き換わっています。これは、ASCIIコー
ドの0x40に対応する文字が'@'であるためです。

整数リストからHEX文字列を生成するプログラム

HEX文字列が分かったところで、整数のリストを元にHEX文字列を生成するプログラムを作ってみましょう。

src/ch4/list_to_hex.py

```
01  # 数値リストをHEX文字列に変換する関数 ──────────────1
02  def list_to_hex(a_list):
03      return ''.join(map(lambda v: f'{v:02x}', a_list))
04
05  # テスト ────────────────────────────────2
06  def test_bin_to_hex():
07      assert list_to_hex([0xFF, 0x07, 0x40]) == 'ff0740'
08      assert list_to_hex([0x1, 0x2, 0x3]) == '010203'
09      assert list_to_hex([]) == ''
10      assert list_to_hex([0xFF, 0xEE, 0x33, 0x22]) == 'ffee3322'
```

pytestで関数list_to_hexをテストしてみましょう。「1 passed」と表示されたら正しく動いていることになります。

```
$ python3 -m pytest list_to_hex.py
```

プログラムを確認してみましょう。■では整数のリストをHEX文字列に変換する関数list_to_hexを定義します。関数mapを使うとリストの各要素に対して処理を適用できます（p.047参照）。それで、lambda関数ではf-stringを利用して数値を2桁の16進数に変換する処理を指定します。そして■では関数list_to_hexをテストするプログラムを記述します。

なお、■の関数list_to_hexを、mapを使わずに書き直すと次のようになるでしょう。

```python
# mapを使わずにlist_to_hexを書き直したもの
def list_to_hex(a_list):
    result = []
    for v in a_list:
        result.append(f'{v:02x}')
    return ''.join(result)
```

上記のように、mapを使わないなら1行で記述できた処理を4行で記述する必要があります。mapが使えるようになるとプログラムを簡潔に記述できることが分かるでしょう。

URLエンコーディングについて

「URLエンコーディング」または「パーセントエンコーディング」は、バイナリデータや非ASCII文字（漢字やひらがな、特殊文字や制御文字）を「%20」のような%付きの2桁16進数で表現する方法です。主に、インターネットのアドレスなどを表すURLなどで使われているため、この名称が採用されています。

URLエンコーディングでは、非ASCII文字や特殊文字を「%XX」の形式で表現します。例えば「hello world」という文字列をURLエンコーディングに変換すると「hello%20world」となります。

半角英数字以外のマルチバイト文字（漢字やひらがななど）も「%XX」の形式で表現します。例えば「あいう」というUTF-8の文字列をURLエンコーディングに変換すると「%E3%81%82%E3%81%84%E3%81%86」となります。

対話型実行環境で試してみましょう。

`対話モードで実行`

```python
>>> from urllib.parse import quote
>>> # URLエンコーディングに変換
>>> quote('hello world')
'hello%20world'
>>> quote('abcあいう', encoding='UTF-8')
'abc%E3%81%82%E3%81%84%E3%81%86'
```

なお、日本語を変換する際には、どの文字エンコーディングを利用して変換されるのかを意識する必要もあるでしょう。もし、Shift_JISに変換するのは下記のように記述します。対話型実行環境で試してみましょう。

`対話モードで実行`

```python
>>> from urllib.parse import quote
>>> # Shift_JISでURLエンコーディングに変換
>>> quote('abcあいう', encoding='Shift_JIS')
'abc%82%A0%82%A2%82%A4'
```

上記の逆で、URLエンコーディングに変換した文字列を文字列に変換するには、関数unquoteを利用します。対話型実行環境で確認してみましょう。またbytes型のオブジェクトに変換するには関数unquote_to_bytesを利用します。

対話モードで実行

```
>>> from urllib.parse import unquote, unquote_to_bytes
>>> # URLエンコーディングから文字列へ変換
>>> unquote('abc%E3%81%82%E3%81%84%E3%81%86')
'abcあいう'
>>> # URLエンコーディングからbytes型へ変換
>>> unquote_to_bytes('abc%E3%81%82%E3%81%84%E3%81%86')
b'abc\xe3\x81\x82\xe3\x81\x84\xe3\x81\x86'
```

Base64について

「Base64」とは64種類の文字 (英数記号) と記号「=」を利用して、バイナリデータを文字列で表現する方法です。Base64は7ビットしか扱うことのできない電子メールにバイナリデータを添付したい場合や、テキストデータであるHTMLにバイナリデータを埋め込むのに使われます。

バイナリデータをBase64に変換するには以下の手順に沿って変換します。
❶ 元データを6ビットずつに分割する。もし、6ビットに満たないものがあれば、後ろに0を足して6ビットに揃える
❷ 分割した6ビットずつの値について、変換表を使って変換する
❸ 変換結果の文字数が4の倍数になるように記号「=」を追加する

Base64の変換表は次の通りです。

ビット列	文字	ビット列	文字	ビット列	文字	ビット列	文字
000000	A	010000	Q	100000	g	110000	w
000001	B	010001	R	100001	h	110001	x
000010	C	010010	S	100010	i	110010	y
000011	D	010011	T	100011	j	110011	z
000100	E	010100	U	100100	k	110100	0
000101	F	010101	V	100101	l	110101	1
000110	G	010110	W	100110	m	110110	2
000111	H	010111	X	100111	n	110111	3
001000	I	011000	Y	101000	o	111000	4
001001	J	011001	Z	101001	p	111001	5
001010	K	011010	a	101010	q	111010	6
001011	L	011011	b	101011	r	111011	7
001100	M	011100	c	101100	s	111100	8
001101	N	011101	d	101101	t	111101	9
001110	O	011110	e	101110	u	111110	+
001111	P	011111	f	101111	v	111111	/

図4-4-1　Base64で使う記号

それで、具体的な処理は次のようになります。大まかに言うと、文字列を2進数に変換して、6ビットずつ分割して、それぞれの6ビットごとに変換表の文字を適用するという手順です。

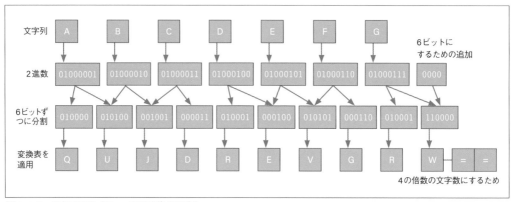

図4-4-2　ABCDEFGをBase64に変換する場合

Base64に変換するプログラム

上記の手順通りにデータをBase64に変換するプログラムを作ってみましょう。

src/ch4/base64encode.py

```python
01  # Base64変換テーブル ─────────────────────────────────────── 1
02  TBL = 'ABCDEFGHIJKLMNOPQRSTUVWXYZabcdefghijklmnopqrstuvwxyz0123456789+/'
03
04  # バイナリデータをBase64に変換する関数 ─────────────────────── 2
05  def base64_encode(bin_data):
06      bin = to_binstr(bin_data) # バイナリデータを2進数文字列に変換 ── 3
07      if len(bin) % 6 >= 1:
08          bin += '0' * (6 - len(bin) % 6) # 6ビットに足りない場合0で補完 ── 4
09      result = ''
10      # 6ビットずつに分けて処理 ─────────────────────────────── 5
11      for i in range(len(bin) // 6):
12          bit6 = bin[i*6:i*6+6]
13          result += TBL[bin_to_dec(bit6)] # 変換テーブルから1文字得る ── 6
14      if len(result) % 4 >= 1:
15          result += '=' * (4 - len(result) % 4) # 4の倍数文字数に揃える ── 7
16      return result
17
18  # データを2進数に変換する ─────────────────────────────────── 8
19  def to_binstr(data):
20      result = ''
21      for b in data: # 1バイトずつ処理
22          bin = ''
23          for i in range(8): # 8bitずつ処理
24              bin = ('1' if (b >> i) & 1 else '0') + bin
25          result += bin
26      return result
27
28  # 2進数を10進数に変換 ─────────────────────────────────────── 9
29  def bin_to_dec(bin_str):
30      result = 0
```

```
31      for c in bin_str:
32          result <<= 1
33          result += 1 if c == '1' else 0
34      return result
35
36  # テスト ─────────────────────────────────────────── ⑩
37  def test_base64_encode():
38      assert to_binstr(b'A') == '01000001'
39      assert bin_to_dec('1111') == 15
40      assert base64_encode(b'0') == 'MA=='
41      assert base64_encode(b'ABCDEFG') == 'QUJDREVGRw=='
42      assert base64_encode(b'Hello') == 'SGVsbG8='
43
44  if __name__ == '__main__':
45      print(base64_encode(b'ABCDEFG'))
```

ターミナルからプログラムを実行してテストしてみましょう。

```
$ python3 base64encode.py
QUJDREVGRw==
```

プログラムを確認してみましょう。❶ではBase64の変換テーブルを定義しています。変換テーブルといっても64文字の文字列です。この後❷以降でデータを6ビットずつに区切った後、TBL[bit6]のようにして対象文字を取り出します。

❷では、バイナリデータ(正確にはPythonのbyte型)を引数にしてBase64文字列に変換する関数base64_encodeを定義します。

❸ではbytes型のデータを2進数文字列に変換します。Base64では必ず6ビットずつのデータにする必要があります。そこで、❹では6ビットに足りない場合に'0'を補います。

❺では2進数文字列に変換したデータを6ビットずつに分けて処理します。変数bit6には6文字ずつ(6ビットずつ)取り出した値が入ります。ただし、2進数文字列なので、関数bin_to_decで10進数に変換して、変換テーブルから1文字取り出します(❻)。❼ですがBase64では必ず4の倍数文字列にする規則があるので、'='を追記します。

❽ではbytes型のデータを2進数文字列('0'か'1'の連続した文字列)に変換します。❾では2進数文字列を10進数の整数に変換します。この辺りは2進数と10進数の相互変換で作成した処理を応用したものです。

⑩ではpytest用のテストコードを記述します。その後、実際に関数base64_encodeを実行します。

なお、⑩で記述したpytestのテストを実行するには次のコマンドを実行します。「1 passed」と表示されたら成功です。

```
$ python3 -m pytest base64encode.py
```

Base64では6ビットごとにデータを分割するのがポイント

Base64のエンコード処理は2進数に変換して6ビットごとに区切って変換表を適用するという処理を行うだけでした。特定ビットでデータを分割するという考え方は、いろいろな場面で活用できるので覚えておきましょう。

Base64から
バイナリに変換するプログラムを作ろう

【問題】

ここまでの部分でBase64の仕組みが理解できたでしょうか。それでは、Base64の文字列をバイナリデータ
（Pythonのbytearray型）に変換するプログラムを作ってみてください。

【ヒント】 Base64の変換表を使って各文字を6ビットに変換したあとでそれを結合してバイナリデータに変換します。

答え Base64からバイナリデータに変換するプログラム

答えは次のようになります。

src/ch4/base64decode.py

```
01  # Base64変換テーブル ────────────────────────────────────────── 1
02  TBL = 'ABCDEFGHIJKLMNOPQRSTUVWXYZabcdefghijklmnopqrstuvwxyz0123456789+/'
03
04  # Base64デコード ────────────────────────────────────────────── 2
05  def base64_decode(encoded_str):
06      res_bytes = bytearray()
07      # TBLを逆引きするための辞書を作成 ──────────────────────────── 3
08      tbl_dict = {}
09      for i, c in enumerate(TBL):
10          tbl_dict[c] = i
11      tbl_dict['='] = 0
12      # 4文字ずつ処理 ─────────────────────────────────────────── 4
13      for i in range(0, len(encoded_str), 4):
14          # 4文字(24ビット)を1つの整数に変換 ───────────────────── 5
15          s4 = encoded_str[i:i+4]
16          v = 0
17          for c in s4:
18              v <<= 6
19              v += tbl_dict[c]
20          # 3バイトに分解 ──────────────────────────────────────── 6
21          res_bytes.append((v >> 16) & 0xff)
22          if s4[2] != '=':
23              res_bytes.append((v >> 8) & 0xff)
24          if s4[3] != '=':
25              res_bytes.append((v >> 0) & 0xff)
26      return res_bytes
27
28
29  # テスト ─────────────────────────────────────────────────── 7
30  def test_base64_decode():
31      assert base64_decode('SGVsbG8=') == b'Hello'
32      assert base64_decode('QUJDREVGRw==') == b'ABCDEFG'
33      assert base64_decode('MA==') == b'0'
34      assert base64_decode('Zg==') == b'f'
35      assert base64_decode('Zm8=') == b'fo'
```

```
36      assert base64_decode('Zm9v') == b'foo'
37      assert base64_decode('Zm9vYg==') == b'foob'
38      assert base64_decode('Zm9vYmE=') == b'fooba'
39
40  if __name__ == '__main__':
41      print(base64_decode('SGVsbG8='))
```

プログラムを実行してみましょう。「SGVsbG8=」というBase64文字列をb'Hello'というバイナリデータに変換できていることが分かります。

```
$ python3 base64decode.py
bytearray(b'Hello')
```

それでは、プログラムを確認してみましょう。 **1** ではBas64の変換テーブルを定義します。そして、 **2** ではBase64デコードを行う関数base64_decodeを定義します。 **3** ではBase64変換テーブルを逆引きするための辞書を作成します。

4 ではBase64文字列を4文字ずつデコードします。4文字切り出して変換テーブルで順に変換します。そして、 **5** では4文字(24ビット)を1つの整数に変換します。そして、 **6** で8ビット3バイトに分解します。

と言うのも、Base64文字列の1文字は6ビットの情報しかありません。つまり4文字で24ビットであり、8ビット(1バイト)に変換すると3バイトになります。それで、Base64文字列4文字からバイナリデータ3バイトに変換するのです。

具体的な例として、プログラム中で指定している'SGVsbG8='について考えてみましょう。このうち'='はパディング(文字数を4の倍数に合わせるための空データ)なので、実質7文字のBase64文字列です。そして、この1文字は6ビットの情報を表すので、7文字×6ビット=42ビットの情報を表現できます。それで、42ビットを8ビット(1バイト)で割ると5バイトになります。つまり、Base64文字列7文字が、デコード後は'Hello'の5バイトになります。

7 では関数base64_decodeをテストする関数を記述します。 **8** では関数base64_decodeを実行します。

ここで、プログラムの **7** に記述した関数のテストをpytestで検証してみましょう。以下を実行して、1 passedと表示されたら成功です。

```
$ python3 -m pytest base64decode.py
```

まとめ

以上、本節ではバイナリデータをHEX文字列やURLエンコーディング、Base64の手法でテキストデータを表現する方法を学びました。それぞれ、どのような仕組みなのかをしっかり理解して使い分けていくとよいでしょう。

データの圧縮について

圧縮とはデータの実質的な内容を変えずに、データ量を減らすことです。データを圧縮することで、データの保存サイズを軽減し、転送にかかるコストを減らすことができます。ここでは、代表的な圧縮アルゴリズムを解説します。

ここで学ぶこと

● **データ圧縮**

● **ランレングス圧縮**

● **ハフマン圧縮**

データ圧縮とは

「データ圧縮」(英語：data compression)とは、データの実質的な性質をできる限り保ったままにデータサイズを削減することです。圧縮したデータを展開して元のデータに戻すことを「解凍」(英語：decompression)、または「展開」「抽出」(英語：extract)と呼びます。

データ圧縮の種類には「可逆圧縮」と「非可逆圧縮」があります。「可逆圧縮」とは、圧縮したデータを完全に復元する圧縮方法です。これに対して「非可逆圧縮」は圧縮したデータを完全には復元できない圧縮方法です。完全に復元できないと困る気がしますが、画像や音声の圧縮において人間があまり認識しない成分を削除することでデータをより小さく圧縮できます。画像ファイル形式のJEPGや音声形式のMP3は非可逆圧縮を採用した代表的なファイル形式です。

圧縮で使われるアルゴリズム

本節では、有名な圧縮アルゴリズムの「ランレングス圧縮」と「ハフマン符号化」を中心に解説します。これらはいずれも「可逆圧縮」のアルゴリズムです。

ランレングス圧縮（連長圧縮）について

「ランレングス圧縮」（英語：Run Length Encoding、RLE）または「連長圧縮」とは、連続して出現するデータを、出現回数を用いて圧縮する手法です。

例えば「AAAABBBBBCCCCCC」というデータがあった場合「A4B5C6」のように表現します。元のデータは15文字ですが圧縮したデータは6文字となり、元のデータの半分以下になりました。

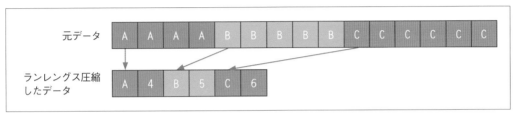

図4-5-1 ランレングス圧縮の例

白黒2色の画像や色数が少ないCG画像などを圧縮する場合、繰り返し同じデータが連続して登場します。このように同じ値のデータが連続するデータの圧縮時に、ランレングス圧縮は大きな威力を発揮します。なお、ファックスは白黒2色の画像をやり取りするものであったため、このランレングス圧縮が使われました。

連続しないデータに弱いランレングス圧縮

ただし、連続する値がほとんどないデータを圧縮する場合、逆にデータが増えてしまうという欠点があります。例えば「ABCDAB」というデータを圧縮する場合「A1B1C1D1A1B1」となり、元のデータは6文字なのに圧縮後のデータは12文字とデータ量が2倍になってしまいます。

ランレングス圧縮の弱点を克服 —— PickBitsについて

そのため、連続しないデータの冗長性を回避するため、PickBitsという方式が考案されています。これは、不連続データが続く場合に、不連続のデータが続く個数をマイナス値で指定する手法です。

PickBitsでは、基本的に「AAADDD」のデータを「3A3D」のように圧縮します。これは「(回数)(文字)」の順でデータを指定します。それで、不連続データが続く回数をマイナス値で指定します。例えば、「AAAbcDDDDD」というデータであれば「3A-2bc5D」というデータになります。

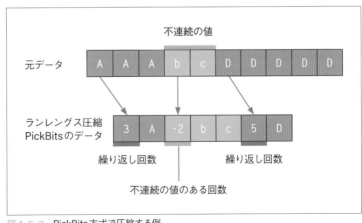

図4-5-2 PickBits方式で圧縮する例

それでは、上記のランレングス圧縮（PickBits方式）をプログラムで実装してみましょう。次のようなプログラムになります。

src/ch4/runlength_encode.py

```
01  # データをランレングス圧縮（PickBits）する ─────────────────────────── ①
02  def runlength_encode(data):
03      result = []
04      ch_last = None # 前回の文字
05      ch_count = 0 # 繰り返し回数
06      discont_chars = [] # 非連続の文字
07      # データを1つずつ確認する ─────────────────────────────────── ②
08      for ch in data + '\0':
09          # 前回と同じ文字が連続している場合 ─────────────────────── ③
10          if ch_last == ch:
11              ch_count += 1
12              out_discont(discont_chars, result) # 非連続文字を出力
13              continue
14          # 前回と異なる文字のとき ─────────────────────────────── ④
15          if ch_count > 0:
16              if ch_count == 1: # 1回だけなら非連続文字に追加
17                  discont_chars.append(ch_last)
18              else:
19                  result.append(str(ch_count)) # 回数を出力
20                  result.append(ch_last) # 文字を出力
21          ch_last = ch # 今回の文字 ───────────────────────────── ⑤
22          ch_count = 1 # 繰り返し回数を初期化
23      out_discont(discont_chars, result)
24      return ''.join(result)
25
26  # 非連続文字があれば出力 ─────────────────────────────────────── ⑥
27  def out_discont(discont_chars, result):
28      if len(discont_chars) > 0:
29          result.append(str(-1 * len(discont_chars)))
30          for ch in discont_chars:
31              result.append(ch)
32          discont_chars.clear()
33
34  # テスト ─────────────────────────────────────────────────── ⑦
35  def test_runlength_encode():
36      assert runlength_encode('AAAbcDDDDD') == '3A-2bc5D'
37      assert runlength_encode('AAABBBBCCCCC') == '3A4B5C'
38      assert runlength_encode('AAAAAAAAAAAAAAbc') == '15A-2bc'
39
40  if __name__ == '__main__':
41      print(runlength_encode('AAAbcDDDDD'))
```

ターミナルからプログラムを実行してテストが正しく動くか確認してみましょう。「1 passed」と表示されたらテストに合格しています。

ターミナルで実行

```
$ python3 -m pytest ./runlength_encode.py
```

プログラムを確認してみましょう。■ではデータをPickBits方式のランレングス圧縮する関数runlength_encodeを定義します。■ではfor文でデータを1文字ずつ確認していきます。なおダミーのデータ'\0'を加えることにより最後まで正しく値が出力されるように工夫しています。

for文で繰り返される部分を見ていきましょう。■では前回と同じ文字が連続している場合、変数ch_countを1加算して繰り返し回数をカウントします。■では前回と異なる文字だった場合の処理を記述します。この場合、前回の文字を結果に出力します。ただし、連続回数が1回だけのときは、文字が連続していないため、変数discont_charsに登録します。そして、■で次回のために変数ch_lastに文字とch_countに繰り返し回数を指定します。

■では非連続文字のリストが空でなければ、結果としてマイナス値で文字数と実際の非連続文字を追記します。

■ではpytest用のテストを記述します。

ランレングス圧縮したデータの展開プログラムを実装しよう

次に、上記で作成したランレングス圧縮のデータを展開して、元のデータを復元するプログラムを作ってみましょう。

src/ch4/runlength_decode.py

```python
# ランレングス圧縮した文字列を展開する                                    ■
def runlength_decode(data):
    result = ''
    nums = ''
    counter = 0 # 繰り返す回数
    # 1文字ずつ処理する                                                ■
    for ch in data:
        # 回数が0のときに回数を読む                                     ■
        if counter == 0:
            if ch in '-0123456789':
                nums += ch
                continue
            # 繰り返し回数を得る                                        ■
            counter = int(nums)
            nums = ''
        # 繰り返し回数だけ文字を結果に追加                               ■
        if counter > 0:
            result += ch * counter
            counter = 0
        # 非連続文字があるか?                                          ■
        if counter < 0:
            result += ch
            counter += 1
    return result

# テスト                                                              ■
def test_runlength_decode():
    assert runlength_decode('3A-2bc3D') == 'AAAbcDDD'
    assert runlength_decode('3A4B5C') == 'AAABBBBCCCCC'
    assert runlength_decode('15A-2bc') == 'AAAAAAAAAAAAAAAbc'
    assert runlength_decode('-4test5!') == 'test!!!!!'

if __name__ == '__main__':
    print(runlength_decode('3A-2bc3D'))
```

プログラムをテストしてみましょう。

241

ターミナルで以下のコマンドを実行して「1 passed」と表示されたらpytestでテストが問題なく実行できたことが分かります。

```
$ python3 -m pytest ./runlength_decode.py
```

プログラムを確認してみましょう。■でランレングス圧縮した文字列を展開する関数runlength_decodeを記述します。■ではfor文で1文字ずつ処理します。

■では繰り返し回数を表す変数counterが0のときの処理、つまり繰り返し回数の読み取り処理を記述します。ここでは読み取る数値が1桁ではなく2桁である可能性を考慮して、数値であれば、一度変数numsに数字を追加するという処理にしています。■ではnumsに入っている数字列をPythonの整数型に変換して繰り返し回数とします。

■では繰り返し回数が正の数だったとき、文字chをcounter分だけ結果に追加します。■では繰り返し回数が負の数だったとき、非連続文字と見なして、結果に文字chを追加して、counterを1加算します。counterが0になるまで結果に文字を加算して、0になったら■で改めて繰り返し回数を読み取ります。

■ではpytest用のテストを記述します。

ハフマン圧縮について

次に「ハフマン圧縮」について見ていきましょう。「ハフマン圧縮」または「ハフマン符号化」(英語：Huffman encoding)とは、1952年にハフマンによって考案されたデータ圧縮の手法です。これは、文字の出現頻度に応じて、その文字を表現するビット長を変えることでデータを圧縮する手法です。

ハフマン圧縮では、最初にデータの出現頻度を調べて、出現頻度の高い文字は短いビット長で表現し、出現頻度の低いものは長いビット長で表現します。ハフマン木と呼ばれる二分木を構築することで可変長に符号化します。

例えば、"BCAADDDCCACACAC"という文字列をハフマン圧縮するとします。このとき、ABCDの各文字の出現率は右のようになります。

文字	出現回数
A	5
B	1
C	6
D	3

これを出現頻度に応じて、ハフマン木を構築し、2進数で値を割り当てます。ここで2進数表現にどんな値を割り振るのかという点が鍵となります。というのも、可変長符号化では、どのように連続する値を区切るのかを判定しなければなりません。

この点で二分木の一種である「ハフマン木」が役立ちます。ノードの左側の子ノードを0、右側のノードを1と割り振り、その末端のノードに文字を割り振ります。

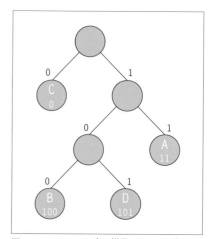

図4-5-3 ハフマン木の様子

それで、ハフマン木を利用して、右のような2進表現を割り当てることができます。すると、"BCAADDDCCACACAC"という15文字を表現するには15×(1文字=8ビット)で合計120ビット必要になります。しかし、これをハフマン圧縮することで、"1000111110110110100110110110"（28ビット）になり、約22%のデータで表現できるのです。

それで、圧縮されたデータを復号する場合、ハフマン木を確認します。11が来たら文字「A」に復号し、10が来たら文字「B」か「D」になり、その後の1ビットを確認して101であれば"D"に復号するようにします。

文字	出現回数	二進表現
C	6	0
A	5	11
D	3	101
B	1	100

ハフマン圧縮の手順

なお、ハフマン木を構築しデータを符号化するには、次のような手順を踏みます。

① 圧縮対象データを確認して各データの出現回数を数える
② データに対応するノードを作り出現回数を設定する
③ 出現回数の最も小さい2つのノードを取り出して、その2つを左右の子ノードとして、節となる親ノードを作る。このノードには左右の子ノードの出現回数を加算したものを設定する
④ 手順②で作成したノードがすべて節となるノードに統合されるまで手順③を繰り返す
⑤ 以上の手順でハフマン木が構築できるので、ハフマン木を基にデータを可変長符号に変換する

先ほどの例では、出現回数が最も小さいのは、文字「B」と「D」なので、この2つを子として親ノードを作成し、出現回数は合計の「4」と設定します。次に出現回数が小さいのは、「4」（「B」「D」の親ノード）と、「5」の「A」なので、この2つを子として親ノードを作成し、出現回数は合計の「9」と設定します。最後に出現回数「6」の「C」と「9」（「2回目に作った親ノード」）なので、この2つを子ノードとして親ノードを追加し、ハフマン木の完成です。

ハフマン圧縮のプログラム

それではプログラムを作ってみましょう。ハフマン木を構築し、2進数で符号化した結果を出力します。

src/ch4/huffman_encode.py

```
01  import json
02  # ハフマン圧縮する関数 ──────────────────────────────── 1
03  def huffman_encode(data):
04      # 文字の出現回数を数える ──────────────────────────── 2
05      count_dict = { c: data.count(c) for c in data }
06      print('出現回数:', count_dict)
07      # 末端のノードを生成する ──────────────────────────── 3
08      nodes = []
09      for key, cnt in count_dict.items():
10          node = {'key': key, 'count': cnt, 'left': None, 'right': None}
11          nodes.append(node)
12      # 出現回数を基にしてハフマン木を構築 ──────────────── 4
13      while len(nodes) >= 2:
14          # 最も小さな出現回数を持つノードを2つ取得 ──────── 5
15          left = min(nodes, key=lambda o: o['count'])
```

```
16          nodes.remove(left)
17          right = min(nodes, key=lambda o: o['count'])
18          nodes.remove(right)
19          # 節となるノードを作る                                              ⑥
20          parent = {'key': None, 'count': left['count'] + right['count'],
21              'left': left, 'right': right}
22          # ノードリストに追加
23          nodes.append(parent)
24      # 先頭の要素がハフマン木のルートとなる
25      tree = nodes[0]
26      print('ハフマン木', json.dumps(tree, indent=2))
27      # ハフマン木を基にして、2進数データを生成                              ⑦
28      code_dict = generate_code_dict({}, tree, '')
29      bindata = ''
30      for ch in data:
31          bindata += code_dict[ch]
32      return bindata, code_dict
33
34  # ハフマン木を元にした辞書を再帰的に生成                                      ⑧
35  def generate_code_dict(code_dict, node, binstr):
36      if node is None:
37          return
38      if node['key'] is not None:
39          code_dict[node['key']] = binstr
40          return
41      generate_code_dict(code_dict, node['left'], binstr + '0')
42      generate_code_dict(code_dict, node['right'], binstr + '1')
43      return code_dict
44
45  if __name__ == '__main__':
46      # ハフマン符号化のテスト                                              ⑨
47      binstr, code_dict = huffman_encode('BCAADDDCCACACAC')
48      print(f'ハフマン木の辞書: {code_dict}')
49      print(f'エンコード: {binstr} ({len(binstr)}ビット)')
```

最初にプログラムを実行してみましょう。ターミナルで以下のコマンドを実行します。

ターミナルで実行

```
$ python3 huffman_encode.py
```

コマンドを実行すると、文字の出現回数やハフマン木など、ハフマン圧縮の経過を表示して最終的に圧縮した2進数のデータを表示します。

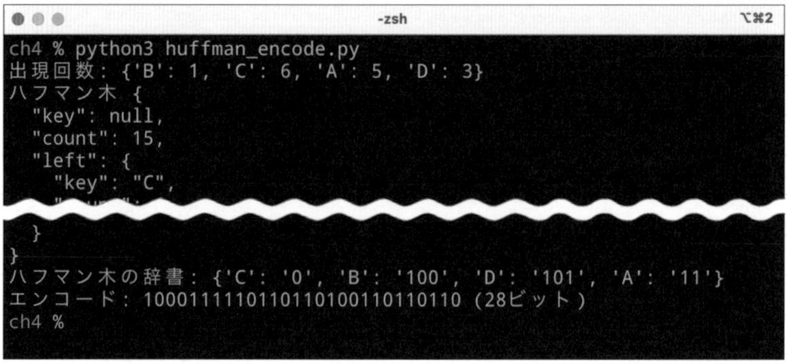

```
● ● ●                         -zsh                        ⌥⌘2
ch4 % python3 huffman_encode.py
出現回数: {'B': 1, 'C': 6, 'A': 5, 'D': 3}
ハフマン木 {
  "key": null,
  "count": 15,
  "left": {
    "key": "C",
```
```
  }
}
ハフマン木の辞書: {'C': '0', 'B': '100', 'D': '101', 'A': '11'}
エンコード: 1000111110110110100110110110 (28ビット)
ch4 %
```

図4-5-4　ハフマン圧縮のプログラムを実行したところ

プログラムを確認してみましょう。￭1ではハフマン圧縮する関数huffman_encodeを定義します。￭2では文字の出現回数を数えます。ここでは、辞書型の内包表記を用いて、キーが文字、値が出現回数の辞書を構築します。文字列のcountメソッドを使うと文字列における出現回数を数えることができます。

￭3ではハフマン木の末端となるノードを生成します。ここでは、文字（key）、出現回数（count）を指定します。

￭4以下の部分では出現回数を基にしてハフマン木を構築します。ハフマン木を構築するには、まず￭5のように最も出現回数の少ないノードを2つ取得します。そして￭6のように、それを節としてノードリストに追加します。すべての末端ノードが節につながると、ハフマン木が完成します。

￭7ではハフマン木を基にして2進数データの辞書を生成します。そして、その辞書を基にして2進数データを生成し結果して出力します。

ハフマン圧縮されたデータを復号する

ハフマン圧縮されたデータを復号するには、ハフマン木の辞書データを基にして符号化前のデータを表示します。

src/ch4/huffman_decode.py

```
01  from huffman_encode import huffman_encode
02
03  # ハフマン圧縮で復号する関数 ─────────────────────────────────1
04  def huffman_decode(code_dict, bindata):
05      # ハフマン木の辞書のキーと値を逆にする ────────────────────2
06      code2_dict = {v: k for k,v in code_dict.items()}
07      # 繰り返し2進数データを辞書のキーと照合して復号する ───────3
08      result = ''
09      key = ''
10      for bit in bindata:
11          key += bit
12          # キーが辞書に存在するかを確認 ───────────────────────4
13          if key in code2_dict:
14              result += code2_dict[key]
15              key = ''
16      return result
17
18  if __name__ == '__main__':
19      # ハフマン圧縮 ---- (*5)
20      bindata, code_dict = huffman_encode('CDE^CDE^GEDCDED^')
21      print('encode=', bindata)
22      # 圧縮されたデータを復号する ──────────────────────────6
23      decoded = huffman_decode(code_dict, bindata)
24      print('decode=', decoded)
```

ターミナルからプログラムを実行してみましょう。このプログラムでは、先ほど作成した「huffman_encode.py」をモジュールとして利用します。同じディレクトリに配置して実行します。このプログラムでは、データ"CDE^CDE^GEDCDED^"を圧縮し、圧縮後のデータを復号します。

ターミナルで実行

```
$ python3 huffman_decode.py
～省略～
encode= 10111010010111010010000111101110111100
decode= CDE^CDE^GEDCDED^
```

プログラムを確認してみましょう。■ ではハフマン圧縮された2進数表現の文字列データを復号する関数 huffman_decode を記述します。

復号化の作業では、符号化につかう辞書とはキーと値が逆になります。そこで、■ ではキーと値を逆にします。■ では2進表現の文字列データが辞書に現れるかを1文字ずつ確認して元のデータを復号していきます。■ ではキーが辞書に存在するかを確認します。

練習問題 オリジナルの圧縮プログラムを作ってみよう

【問題】

ここまで圧縮の仕組みをいくつか見てきました。これらを足がかりにして、さらに圧縮について調べてみてください。そして、オリジナルのデータ圧縮ツールを作ってみてください。例えば、Webで公開されている著作権フリーの小説を圧縮してみて、元のテキストより小さなサイズになるでしょうか。

【ヒント】 多くの圧縮解凍ツールや有名な圧縮アルゴリズムはそのソースコードが公開されています。LZ法、Deflate、LZW、bzip2、LZMA などがあります。

【答え】 圧縮解凍ツールの作成は腕試しにぴったりの題材です。いろいろな圧縮解凍ツールを参考にして作ってみてください。

なお、本書のサンプルプログラム「src/ch4/compress_text.py」にLZ77という圧縮アルゴリズムを利用して、著作権フリーの小説『宮沢賢治「銀河鉄道の夜」』を圧縮するプログラムを収録しています。参考にしてみてください。ちなみに、Pythonにはzlibやgzip、bz2、lzma、zipfile、tafileといろいろな圧縮形式のライブラリが用意されています。それらを使うことにより手軽にデータを圧縮・解凍できます。

まとめ

以上、本節では有名なデータ圧縮アルゴリズムである、ランレングス圧縮とハフマン圧縮について説明しました。いずれもちょっとした工夫で、データを圧縮できることが分かったことでしょう。

画像に関するアルゴリズム

画像データは身近なデータの1つです。画像データの仕組みやそれを変形するアルゴリズムを学ぶことで、画像の編集や検索、機械学習など、さまざまな分野に応用できることでしょう。

ここで学ぶこと

● **画像処理**

● **画像の二値化**

● **グレイスケール**

● **画像のぼかし処理（ガウシアンフィルタ）**

● **画像のリサイズ（最近隣点法 / 線形補間法）**

画像のデジタル表現について

最初に、コンピューターで画像をどのように表現できるのかを考えてみましょう。基本的にコンピューターのディスプレイは、極小の光の点を並べたものとなっています。1つの点は光の三原色であるRGB（赤緑青）の3個1組で点を表現します。Full HDの解像度を持つディスプレイでは、縦1080×横1920×色3=622万個の点で構成されます。

そして、このディスプレイに表示する画像ですが、その画像フォーマットには大きく分けて「ビットマップ画像」と「ベクター画像」の二種類があります。

「ビットマップ画像」（英語:bitmap image）または「ラスター画像」とはピクセルデータの集合からできています。ディスプレイの構造と同じくRGBの値を縦

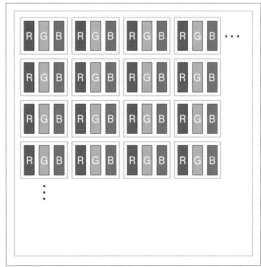

図4-6-1　ディスプレイは極小の光の点を並べたもの

横に並べて表現します。そのため、写真など複雑な画像表現に向いています。しかし、画像を拡大していくとギザギザになったり、ぼやけたりするデメリットもあります。解像度が高いほど精密な画像の表現が可能です。有名な画像形式であるJPEG/GIF/PNG/BMPなどが、ビットマップ画像形式を採用してます。

「ベクター画像」(英語:vector graphics)とは画像を図形の集合を用いて表現する形式です。ピクセルデータを使わず、円や線などを、図形を組み合わせて表現します。座標の集合であるため、拡大してもギザギザになったりぼやけたりすることはありません。ロゴやイラスト、ポスターなどの制作で使われます。Adobe IllustratorのAI形式、SVGなどの画像形式がベクター方式を採用しています。

Python画像処理モジュール「Pillow」のインストール

ここではPythonのPillowモジュールを用いて画像処理を行います。Pillowをインストールするにはターミナルから次のコマンドを実行します(なお、多くの環境では最初からインストールされています)。

ターミナルで実行

```
$ python3 -m pip install pillow
```

画像の二値化について

「二値化」(英語:binarization)とはカラー画像を白黒の2色に変換する処理です。画像の輝度を計算し、しきい値より上なら白色に下なら黒色にします。

RGB形式の画像を二値化するには、まず画像の各画素に対して輝度を計算します。なお、Rは赤、Gは緑、Bは青を表します。そして、R、G、Bの各値が0から255の場合の計算式です。

```
輝度 = R * 299/1000 + G * 587/1000 + B * 114/1000
```

なお上記の計算式の中で、R(赤)、G(緑)、B(青)のそれぞれに、299、587、114という定数値を1000で割った値を掛け合わています。なぜ各色ごとに異なる値を掛け合わせるのでしょうか。

なぜなら、人間の目は、色によって明るさの感じ方が異なる特性を持っています。光の三原色の中で、最も明るく感じるのは緑であり、暗く感じるのは青です。それで、輝度を計算するときは、緑の値が強く反映されるよう掛ける値を調整するのです。この数値は、RGBの値が何であってもこの数字で計算します。

そして、実際に画像の二値化(白または黒)を行う際には、この輝度を元にすると自然な変換ができます。次のような輝度としきい値を比較する条件式を利用して、白または黒を決定します。

```
白黒 = 白 if (輝度 > しきい値) else 黒
```

画像を二値化するプログラム

それでは、画像の二値化に挑戦してみましょう。ここでは、パブリックドメインの絵画、葛飾北斎「凱風快晴」を二値化してみましょう。**図4-6-2**のような画像「fuji.jpg」をプログラムと同じディレクトリに保存しましょう(なお、本書のサンプルにも収録しています)。

そして、画像を二値化するプログラムは次の通りです。

src/ch4/image_binarization.py

```
01  from PIL import Image
02  # 白と黒のカラーコードを設定 ─────────────────────── 1
03  WHITE = 255
04  BLACK = 0
05
06  # 画像を二値化する関数 ──────────────────────────── 2
07  def binarization(img, threshold):
08      # 空の画像をグレイスケールで生成 ───────────── 3
09      w, h = img.size
10      bin_img = Image.new('L', (w, h))
11      # 各画素に対して繰り返し二値化を行う ─────────── 4
12      for y in range(h):
13          for x in range(w):
14              # 座標からRGBの値を得る ───────────── 5
15              r, g, b = img.getpixel((x, y))
16              # 輝度を計算して二値化 ───────────── 6
17              p = r * 299/1000 + g * 587/1000 + b * 114/1000
18              color = WHITE if p > threshold else BLACK
19              # 空の画像に色を書き込む ───────────── 7
20              bin_img.putpixel((x, y), color)
21      return bin_img
22
23  if __name__ == '__main__':
24      # 画像を読み込んでRGBモードに揃える ─────────── 8
25      img = Image.open('fuji.jpg')
26      img = img.convert(mode='RGB')
27      # 二値化して保存 ─────────────────────────── 9
28      img = binarization(img, 120)
29      img.save('fuji_bin.png')
```

ターミナルからプログラムを実行してみましょう。次のコマンドを実行すると画像「fuji.jpg」を読み込み、二値化した画像「fuji_bin.png」を書き出します。

ターミナルで実行

```
$ python3 image_binarization.py
```

書き出した画像は次のようになります。白黒の二値化処理をしても名画はその魅力が失われません。

図 4-6-2　葛飾北斎「凱風快晴」の元画像

図 4-6-3　二値化したところ

プログラムを確認しましょう。■では白と黒のカラーコードを定数WHITEとBLACKに代入します。■以降では画像を二値化する関数binarizationを定義します。■では空の画像を生成します。ここでは、画像モードにグレイスケールである'L'を指定します。■では縦方向と横方向でfor文を二重に記述して、すべての画素の値を処理します。■では座標からピクセルの値を取得します。RGBモードの画像では、赤（r）緑（g）青（b）の3つの値が得られます。■ではRGBの各値を元に輝度を計算します。そして、しきい値と比較して白か黒かを決定します。そして、■では、■で生成した空の画像に白か黒を書き込みます。■では画像を読み込み、RGBモードに変更します。そして、■で関数binarizationを呼び出し二値化して画像を保存します。

画像のグレイスケール化

なお、画像処理では、白と黒の中間色で表現するグレイスケールもよく利用されます。8ビットグレイスケールでは白から黒までの中間色（256階調）で表現できます。画像をグレイスケールに変換するには、前述の輝度計算を利用し、その値をグレイスケールの範囲に変換します。

src/ch4/image_grayscale.py

```
01  from PIL import Image
02  # 画像を読み込んでRGBモードに揃える ━━━━━━━━ ■
03  img = Image.open('fuji.jpg')
04  img = img.convert(mode='RGB')
05  # 空のイメージを作成する ━━━━━━━━━━━━━━ ■
06  w, h = img.size
07  gray_img = Image.new('L', (w, h))
08  # グレイスケールに変換 ━━━━━━━━━━━━━━━ ■
09  for y in range(h):
10      for x in range(w):
11          # 輝度を求めて8ビットグレイスケールとする ━ ■
12          r, g, b = img.getpixel((x, y))
13          p = r * 299/1000 + g * 587/1000 + b * 114/1000
14          gray_img.putpixel((x, y), int(p))
15  # 画像を保存 ━━━━━━━━━━━━━━━━━━━ ■
16  gray_img.save('fuji_gray.png')
```

ターミナルからプログラムを実行してみましょう。

```
$ python3 image_grayscale.py
```

プログラムを実行すると画像をグレイスケールに変換して「fuji_gray.png」という名前で保存します。

図4-6-4　グレイスケールに変換した画像

プログラムを確認しましょう。■1では画像ファイルfuji.pngを読み込みます。■2ではグレイスケールのイメージを描画するために空のイメージオブジェクトを作成します。■3以降の部分でグレイスケールに変換します。■4ではRGBの各値を取り出して、輝度を計算しグレイスケールの値を空のイメージに描画します。そして■5で描画したイメージをファイルに保存します。

ちなみに、Pillowには最初からグレイスケール化のためのメソッドが用意されており、以下のように書いても全く同じ動作となります。

src/ch4/image_grayscale2.py

```
01  from PIL import Image
02  img = Image.open('fuji.jpg')
03  # グレイスケールに変換 ─────────────────────────── 1
04  gray_img = img.convert(mode='L')
05  gray_img.save('fuji_gray2.png')
06  # グレイスケールを二値化 ─────────────────────────── 2
07  bin_img = gray_img.point(lambda x: 255 if x > 120 else 0)
08  bin_img.save('fuji_bin2.png')
```

プログラムを確認しましょう。■1では画像をグレイスケールに変換します。convertメソッドを使うとRGB画像をグレイスケール画像に変換できます。そして、■2ではグレイスケール画像を二値化します。pointメソッドの引数に関数を指定することで、すべての画素に対して任意の計算を適用できます。

ガウシアンフィルタ（ぼかし処理）について

画像をぼかすことのできる「ぼかし」処理を実装してみましょう。ぼかし処理を使うと、顔写真にある「しみ」や「そばかす」を除去したりなど、画像からノイズを除去する目的で使われます。
ここでは、ぼかし処理を行う「ガウシアンフィルタ」（英語:gaussian filter）を実装してみます。ガウシアンフィルタは、ガウス分布に従ってカーネル内の重みを計算したフィルタです。これは、注目する画素に近いほど重みを大きくし、遠くなるほど重みを小さくする手法です。
次の計算式に基づいて、注目画素からの距離に応じて重みを変えることで画像の平滑化を行います。σは標準偏差で値を大きくするほど、よりぼけた感じになります。

$$f(x,y) = \frac{1}{2\pi\sigma^2} exp\left(-\frac{x^2+y^2}{2\sigma^2}\right)$$

画像の各ピクセルに対して次の処理を適用します。

❶ 画像の各ピクセルに対して次の処理を行う
❷ 画像の周囲にあるピクセルを取得し、カーネルKを掛け合わせて合計する
❸ 合計値を画像の新しいピクセル値とする

図4-6-5のような2次元の
カーネルを定義しておい
て、各ピクセルを掛け合わ
せて合計した値を新しいピ
クセル値とします。

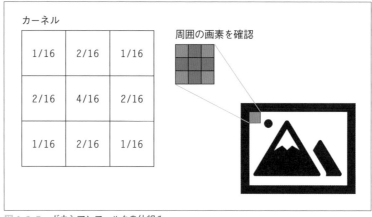

図4-6-5　ガウシアンフィルタの仕組み

これをプログラムにすると次のようになります。

src/ch4/image_gaussian_filter.py

```
01  from PIL import Image
02  # ガウシアンフィルタを定義した関数 ──────────────── 1
03  def gaussian_filter(img):
04      # カーネルを定義 ──────────────────── 2
05      k = [
06          [1/16, 2/16, 1/16],
07          [2/16, 4/16, 2/16],
08          [1/16, 2/16, 1/16]
09      ]
10      # 空の画像を生成 ──────────────────── 3
11      w, h = img.size
12      res_img = Image.new('L', (w, h))
13      # すべての画素についてフィルタを適用する ──────── 4
14      for y in range(h):
15          for x in range(w):
16              # カーネルの値を適用 ──────────── 5
17              total = 0
18              for i in range(3):
19                  for j in range(3):
20                      yy = max(0, min(y + i - 1, h-1))
21                      xx = max(0, min(x + j - 1, w-1))
22                      v = img.getpixel((xx, yy))
23                      total += v * k[i][j]
24              res_img.putpixel((x, y), int(total))
25      return res_img
26
27  if __name__ == '__main__':
28      # 画像を読む ──────────────────── 6
29      img = Image.open('fuji2.jpg')
30      # 効果が分かりやすい部分を切り取る ──────── 7
31      x, y, w, h = 380, 200, 400, 400
32      img = img.crop((x, y, x+w, y+h))
33      # グレイスケールに変換
34      gray_img = img.convert('L')
35      # ガウシアンフィルタを適用 ────────────── 8
```

```
36    gf_img = gaussian_filter(gray_img)
37    # 画像を保存
38    gf_img.save('fuji2_gf.png')
```

プログラムを確認してみましょう。■では画像をぼかすガウシアンフィルタを実装した関数 gaussian_filter を定義します。■ではガウシアンフィルタのカーネル定数を定義します。

■ではメモリ内に空の画像を生成します。元画像と同じサイズのグレイスケール画像にしています。

■がこのプログラムのポイントとなる処理で、すべてのピクセルに関してフィルタを適用します。■では、座標（x，y）の周囲にある3×3の9ピクセルに対して、二次元のカーネルの値を掛け合わせ、それらを足し合わせ変数 total に代入します。そして、total を新しい画像の(x，y)に設定します。

■では画像「fuji2.jpg」を読み込みます。本来はそのままガウシアンフィルタをかければよいのですが、ここでは、ガウシアンフィルタの効果が分かりやすいように、■で画像の一部分を切り取っています。なお、今回、プログラムを分かりやすくするため、グレイスケールにしているので、読み込んだ画像をグレイスケールに変換しています。

■でガウシアンフィルタを適用し「fuji2_gf.png」というファイル名で画像を保存します。

それではプログラムを実行しましょう。サンプル画像として、次のような「fuji2.jpg」という JPEG ファイルをプログラムと同じディレクトリに配置しましょう（こちらも本書のサンプルに収録しています）。

図 4-6-6　プログラム「image_gaussian_filter.py」で利用する画像「fuji2.jpg」

ターミナルから以下のコマンドを実行しましょう。画像内のすべてのピクセルについて3×3の行列計算を行うため、実行に時間がかかる場合があります。

ターミナルで実行

```
$ python3 image_gaussian_filter.py
```

プログラムを実行すると次のように表示されます。よりフィルタの効果が分かるように、筆者が撮影した富士山の写真の一部を切り取っています。手前の木々に注目すると、ぼかしが効いているのが分かることでしょう。

253

図4-6-7　富士山の画像をグレイスケールにしたもの
を元画像とした

図4-6-8　ガウシアンフィルタを適用したもの

ガウシアンフィルタでカーネルを5×5に拡張して使おう

なお、上記のプログラムでは、3×3のカーネルを利用しましたが、5×5のサイズで使うことも多くあります。その
場合、以下のようなカーネルを利用します。

```
[
    [ 1/256,  4/256,  6/245,  4/256,  1/256],
    [ 4/256, 16/256, 24/245, 16/256,  4/256],
    [ 6/256, 24/256, 36/245, 24/256,  6/256],
    [ 4/256, 16/256, 24/245, 16/256,  4/256],
    [ 1/256,  4/256,  6/245,  4/256,  1/256]
]
```

ほとんどプログラムが同じなので、5×5で画像をぼかすプログラムを掲載しません。サンプルプログラム「src/
ch4/image_gaussian_filter5x5.py」に収録しています。
プログラムを実行すると「fuji2_gf5x5.png」という画像を出力します。それは次の画像のようになります。3×3よ
りもぼかしが強めに掛かっているのが分かることでしょう。

図4-6-9　富士山の画像にグレイスケールにしたもの
を元画像とした

図4-6-10　5×5のガウシアンフィルタを適用したもの

画像のリサイズ処理

次に画像のリサイズ処理を考察してみましょう。単純に画像を拡大する場合、拡大後の画像の1ピクセルが元画像のどのピクセルに対応するかを確認し、対応するピクセルを採用することで画像を拡大できます。これを「最近隣点法」と呼びます。

拡大後の画像の座標（dx, dy）から元画像の座標（sx, sy）を求めるには次のような計算を行います。

```
scale_x = （拡大後の画像幅） / （元画像の幅）
scale_y = （拡大後の画像高さ） / （元画像の高さ）
sx = dx / scale_x
sy = dy / scale_y
```

この計算式に基づいて、**図4-6-11**のオレンジのピクセル位置を調べてみましょう。左上ピクセルを（0, 0）としたとき、拡大前のオレンジのピクセルは、（3, 3）の位置にあります。拡大前の画像幅は8で、拡大後の画像幅は16です。ここからscale_x = 16 / 8 = 2となります。ここから、拡大後のオレンジ色のピクセルの座標は、（6, 6）と計算で求めることができます。

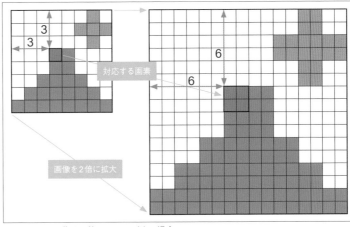

図4-6-11　画像を2倍にリサイズする場合

最近隣点法で画像をリサイズするプログラム

それでは、最近隣点法で画像をリサイズするプログラムを作ってみましょう。ここでは次のような蕎麦の写真「soba.jpg」を利用します。これをプログラムと同じディレクトリに保存しましょう（本書サンプルに収録しています）。

図4-6-12　プログラム「image_resize.py」で利用する画像「soba.jpg」

そして、リサイズの動作が分かりやすいように、一部を切り出して拡大してみましょう。

255

切り取って拡大

図4-6-13　蕎麦の写真の一部を切り出してリサイズする

以下が画像の一部を切り出して最近隣点法で拡大するプログラムです。

src/ch4/image_resize.py

```
01  from PIL import Image
02  # 画像をリサイズする関数 ─────────────────────────────── 1
03  def resize(img, size):
04      # サイズを計算 ──────────────────────────────────── 2
05      sw, sh = img.size
06      dw, dh = size
07      scale_x = dw / sw
08      scale_y = dh / sh
09      print('size=', sw, sh, '=>', dw, dh, 'scale=', scale_x, scale_y)
10      # 空の画像を生成 ──────────────────────────────────── 3
11      res_img = Image.new('RGB', size)
12      # すべての画素について繰り返し元画像をコピーする ────────── 4
13      for dy in range(dh):
14          for dx in range(dw):
15              # 元画像の座標を得る ──────────────────────── 5
16              sx, sy = int(dx / scale_x), int(dy / scale_y)
17              r, g, b = img.getpixel((sx, sy))
18              res_img.putpixel((dx, dy), (r, g, b))
19      return res_img
20
21  if __name__ == '__main__':
22      img = Image.open('soba.jpg') # 画像を読む ──────────── 6
23      img = img.convert('RGB') # RGBに変換
24      x, y, w, h = 130, 50, 740, 740
25      img = img.crop((x, y, x+150, y+150)) # 一部分を切り取る ──── 7
26      r_img = resize(img, (w, h)) # 拡大縮小処理
27      r_img.save('image_resize.png') # 画像を保存
```

そして、ターミナルから以下のコマンドを実行します。

```
$ python3 image_resize.py
```

すると、蕎麦の写真の一部を切り出して約3.5倍にして「image_resize.png」という画像に保存します。

ここで保存した画像をよく見てみましょう。最近隣点法でリサイズした画像は、単純にピクセルを大きくしているだけであるため、どこかギザギザした印象になってしまいます。

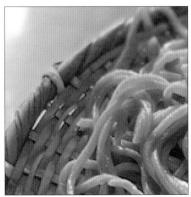

図4-6-14　画像をリサイズしたところ

プログラムを確認しましょう。

1 以降では画像を拡大縮小する関数resizeを定義します。2 では元画像のサイズと拡大後のサイズから比率（scale_xとscale_y）を計算します。3 では空の画像を生成します。そして、4 以降ではすべての画像をfor文を使って繰り返し処理します。

5 では元画像の座標を計算します。そして、元画像からRGB（赤緑青）の3色を取得して、3 で作成した画像オブジェクトに書き込みます。

6 では画像を読み込みます。7 ではcropメソッドを使って画像の一部を切り取ります。そして、その後リサイズして画像に保存します。

画像リサイズのバリエーション

しかし、上記の方法では画像リサイズしたときに、エッジがギザギザの画像になってしまう場合があります。

その場合には、画像を拡大する場合に、コピー元の画像の周囲にある画素を確認して、利用することで自然な画像に拡大できます。なお、「バイキュービック補間法」（英語：Bicubic interpolation）、「ランチョス補間法」（Lazcos interpolation）、「線形補間法/バイリニア補間法」（Bi-Linear interpolation）など、いろいろな方法で周囲の画素を確認するアルゴリズムがあります。

線形補間法を使った画像のリサイズ処理について

ここでは「線形補間法」を紹介します。これは、上下左右にある画素を読み取って色を混ぜるという処理を行います。その際、距離に応じて重み付けを行います。

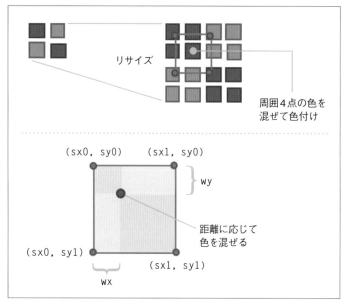

図4-6-15 線形補間法による画像の拡大縮小

つまり、リサイズ後の画素の色を決定するには次のような手順になります。

❶ 拡大後の座標(dx, dy)から元画像の座標(sx, sy)を求める
❷ 座標(sx, sy)の周囲にある4点(上記図の4点)を求める
❸ 座標(sx, sy)から上記4点の距離に応じて重み(wx, wy)を求める
❹ 重みに応じて画素の色を決定する

なお、画素P(dx, dy)の色を決定する計算式は次の通りです。

```
P(dx, dy) = (1-wx) * (1-wy) * P(sx0, sy0) + ───── 左上座標を計算
            wx * (1-wy) * P(sx1, sy0) + ───── 右上座標を計算
            (1-wx) * wy * P(sx0, sy1) + ───── 左下座標を計算
            wx * wy * P(sx1, sy1) ───────── 右下座標を計算
```

線形補間法で画像をリサイズするプログラム

上記の計算に応じて画像補完を行うプログラム作ってみましょう。

src/ch4/image_resize2.py

```
01  from PIL import Image
02  import math, json
03  # 画像をリサイズする関数 ─────────────────────────────────────── 1
04  def resize(img, size):
05      sw, sh = img.size
06      dw, dh = size
07      scale_x = dw / sw
08      scale_y = dh / sh
09      print('size=', sw, sh, '=>', dw, dh, 'scale=', scale_x, scale_y)
```

```
10        #  空の画像を生成
11        res_img = Image.new('RGB', size)
12        # すべての画素について繰り返し元画像をコピーする                              2
13        for dy in range(dh):
14            for dx in range(dw):
15                # 元画像の座標を得る                                               3
16                sy, sx = dy / scale_y, dx / scale_x
17                # 周囲4点の座標を得る                                              4
18                sy0, sx0 = int(sy), int(sx)
19                sy1, sx1 = min(sy0+1, sh - 1), min(sx0+1, sw - 1)
20                # 4点の色を得る
21                p00 = img.getpixel((sx0, sy0))
22                p01 = img.getpixel((sx0, sy1))
23                p10 = img.getpixel((sx1, sy0))
24                p11 = img.getpixel((sx1, sy1))
25                # 重みを計算                                                      5
26                wx = sx - sx0
27                wy = sy - sy0
28                # 重みに沿って色を混ぜる
29                rgb = [0,0,0]
30                for i in range(3): # RGB
31                    rgb[i] = int((1-wx) * (1-wy) * p00[i] + \
32                            wx * (1-wy) * p10[i] + \
33                            (1-wx) * wy * p01[i] + \
34                            wx * wy * p11[i])
35                res_img.putpixel((dx, dy), tuple(rgb))
36        return res_img
37
38 if __name__ == '__main__':
39     img = Image.open('soba.jpg') # 画像を読む                                   6
40     img = img.convert('RGB') # RGBに変換
41     x, y, w, h = 130, 50, 740, 740
42     img = img.crop((x, y, x+150, y+150)) # 一部分を切り取る
43     r_img = resize(img, (w, h)) # 拡大縮小処理
44     r_img.save('image_resize2.png') # 画像を保存
```

ターミナルから以下のプログラムを実行してみましょう。「image_resize2.png」という画像を出力します。

ターミナルで実行

```
$ python3 image_resize2.py
```

出力された画像を確認してみましょう。先ほどの最近隣点法を用いて出力した画像と比べると、エッジのギザギザが取れて滑らかな印象になっていることが分かることでしょう（**図4-6-17**）。

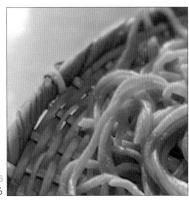

図4-6-16
線形補間法で画像をリサイズしたところ

259

プログラムを確認してみましょう。■以降の部分で画像をリサイズする関数 resize を定義します。そして、画像の拡大率を計算します。また、空の画像オブジェクトも作成します。

■ではすべての画素について繰り返し元画像をコピーします。■では元画像の正確な座標（sx, sy）を取得します。この値は拡大率を元にした実数型です。■では周囲4点のピクセル座標を取得します。この値は整数型です。そして、4点のRGB（赤緑青）の色を取得します。

■では重みを計算します。そして、重みに沿って色を混ぜたRGBの色を計算します。リサイズ後に画像の座標（dx, dy）にRGB値を設定します。

そして、■で蕎麦の画像の一部を切り出して、リサイズ処理を実行してファイルに画像を保存します。ここで、元画像や切り出すサイズなどを変更してみるとよいでしょう。

なお、ここまでの部分で最近隣点と線形補間法でリサイズするプログラムを作りました。いろいろな画像を用いて両者の違いを比較してみるとよいでしょう。

COLUMN

OpenCVやNumPyと組み合わせるとより実用的

本書では、Pythonの基本的な画像処理ライブラリのPillowを利用して画像処理を紹介しました。アルゴリズムの仕組みが分かりやすくなるよう、あえて非効率なプログラムにしている部分もあります。そこで、画像処理に興味が出たら、本格的な画像処理ライブラリのOpenCVや、高機能な数値計算ライブラリのNumPyなどを使った画像処理に進むとよいでしょう。画像処理はAIでも頻繁に研究されており、文字認識や物体認識など実用的な用途に利用できます。

まとめ

以上、ここでは画像の二値化やガウシアンフィルタ、リサイズ処理について紹介しました。画像処理にはさまざまな手法があります。本書では最も基本的な手法を紹介しました。画像処理について、さらに調べるなら幅広い分野に応用できます。

難解パズルで学ぶ
アルゴリズム

Chapter 5 では難解パズルを解きながら、いろいろなアルゴリズムを確認していきましょう。とは言え、これまで出てきたアルゴリズムを応用したものとなっています。いろいろなパズルを解きながら、問題解決能力を高めましょう。

迷路の自動生成

（棒倒し法、穴掘り法、クラスタリング法）

迷路の自動生成は古くからいろいろな手法が考えられてきました。今でも遊ぶたびに異なる迷路が生成される仕組みのものがあり、迷路を解くだけでなく迷路を自動で作るのも頭の体操として楽しいので挑戦してみましょう。

ここで学ぶこと

● **迷路の自動生成**

● **棒倒し法**

● **穴掘り法**

● **クラスタリング法**

迷路の自動生成について

本節では乱数を利用して迷路の自動生成を行います。そもそも、迷路やマップの自動生成の歴史は古いものです。コンピューターゲームの初期から存在していました。

この分野で有名なのは、1980年に開発された『ローグ』（英語：Rogue）です。ランダムに迷路が生成されプレイヤーは迷路の中を冒険するRPGです。現在でも『ローグライクゲーム』という名前で有志により類似ゲームが作成されています。

また1984年にアーケードゲームとして登場したナムコの『ドルアーガの塔』というゲームです。ゲームを遊ぶ分には同じ迷路が表示されたのですが、少ないストレージ領域を節約するために、特定の乱数シードを利用して迷路を自動生成していました。

なお、1988年に発売されたシステムソフトの『ティル・ナ・ノーグ』は、毎回ランダムにマップやシナリオを生成するゲームとして話題になりました。このように、自動生成を活用することで、毎回新鮮で面白いゲームを演出できます。

迷路の自動生成の手法について

迷路の自動生成にはさまざまな手法が考案されています。それこそ、どんな迷路を作るのかという目的に合わせて、いろいろな手法があります。それでも、ここでは、迷路自動生成の基本となる3種類の手法を紹介します。

ここで作成する迷路は、通路と壁があるだけの最もシンプルな迷路です。迷路の表現としては最も基本的なものでしょ

う。ゲームのマップは二次元の数値リストで表現すると容易に管理ができます。ここでは、人が通れる通路を0、通れない壁を1で表現します。なお、迷路は壁で通路を囲うようにし1マス以上隙間を作らないように配置するようします。そのため、迷路の縦横の個数を奇数個にするものとします。

例えば、次のような二次元の数値リストを生成します。

```
[
  [1,1,1,1,1,1,1,1,1,1,1,1,1,1,1,1,1,1,1,1,1,1,1,1,1,1,1,1,1,1,1],
  [1,0,0,0,1,0,0,0,0,0,1,0,0,0,0,0,0,0,0,0,0,1,0,0,0,0,0,0,0,0,1],
  [1,1,1,0,1,0,1,1,1,0,1,1,1,1,1,1,1,1,1,0,1,0,1,1,1,1,1,1,1,0,1],
  [1,0,1,0,1,0,0,0,1,0,0,0,0,0,1,0,0,0,0,0,1,0,1,0,0,0,0,0,1,0,1],
  [1,0,1,0,1,0,1,0,1,1,1,1,1,0,1,0,1,1,1,1,1,0,1,0,1,1,1,0,1,0,1],
  [1,0,1,0,1,0,1,0,0,0,0,0,1,0,1,0,0,0,1,0,0,0,1,0,1,0,1,0,1,0,1],
  [1,0,1,0,1,1,1,1,1,0,1,0,1,1,1,0,1,1,1,1,1,0,1,0,1,0,1,0,1,0,1],
  [1,0,1,0,1,0,0,0,1,0,1,0,0,0,1,0,1,0,0,0,0,0,1,0,1,0,1,0,0,0,1],
  [1,0,1,0,1,0,1,0,1,0,1,1,1,0,1,1,1,0,1,0,1,0,1,1,1,1,1,1,1,0,1],
  [1,0,0,0,0,0,1,0,0,0,1,0,0,0,0,0,0,0,1,0,1,0,0,0,0,0,0,0,0,0,1],
  [1,1,1,1,1,1,1,1,1,1,1,1,1,1,1,1,1,1,1,1,1,1,1,1,1,1,1,1,1,1,1]
]
```

この二次元リストをCSVファイルに変換した上で、表計算ソフトなどで開いて色を付けると次のように迷路の実体が分かるでしょう。

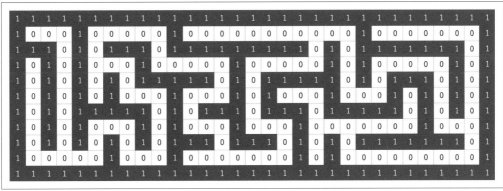

図5-1-1 　二次元の数値リストを表計算ソフトで表示したところ

迷路を画像に描画しよう

とは言え、迷路を生成するたびに表計算ソフトに入れ込むのは大変です。そこで前章で解説したPillowライブラリを使って、作成した迷路を描画して画像ファイルに保存できるような関数を作ってみましょう。

本節では、いろいろな迷路自動生成アルゴリズムを紹介します。そこで、以下で定義する、迷路描画のためのdraw関数をモジュールとして使えるように考えてみましょう。

src/ch5/maze_draw.py

```
01  from PIL import Image, ImageDraw
02
03  # 迷路データを画像ファイルに保存する関数 ─────────────────────────1
04  def draw(maze, filename, w=18):
```

```
05          # 空の画像を作成 ─────────────────────────────────────────────── 2
06          rows,cols = len(maze), len(maze[0]) # 画像サイズを計算
07          im = Image.new('RGB', (w*cols, w*rows))
08          # 迷路をImageに描画する ───────────────────────────────────────── 3
09          imd = ImageDraw.Draw(im)
10          colors = ['white', 'brown', 'aqua']
11          for y, lines in enumerate(maze):
12              for x, no in enumerate(lines):
13                  yy, xx = y*w, x*w
14                  imd.rectangle([(xx, yy), (xx+w, yy+w)], fill=colors[no])
15          # 画像を保存 ─────────────────────────────────────────────────── 4
16          im.save(filename)
17
18  if __name__ == '__main__': # 描画テスト ─────────────────────────────── 5
19      draw([[1,1,1,1,1,1,1],
20            [1,0,1,0,0,0,1],
21            [1,0,0,0,1,0,1],
22            [1,0,1,0,1,0,1],
23            [1,1,1,1,1,1,1]], 'maze_test.png')
```

プログラムを実行してみましょう。

ターミナルで実行

```
$ python3 maze_draw.py
```

図5-1-2　保存された画像

すると右のような画像が保存されます。

プログラムを確認してみましょう。**1**では迷路データを描画して画像ファイルに保存する関数drawを定義します。**2**では画像サイズを計算して空のImageオブジェクトを生成します。**3**ではImageに描画を行うオブジェクトを生成します。

そして、そのオブジェクトを利用して矩形（四角形）を連続で描画します。なお、迷路データの値に応じて色を塗り分けます。そして、**4**が画像ファイルに保存します。**5**では迷路のテストデータを用いて画像を描画します。

棒倒し法による迷路の自動作成

最初に紹介する迷路の自動生成アルゴリズムは「棒倒し法」です。このアルゴリズムは、迷路を生成するときに、棒倒しをして倒れた方を壁にするという簡単なものです。次のような手順で迷路を作成します。

❶ 最初に迷路を全部通路（数値0）で初期化し、外周に壁（1）を配置する
❷ 外周を除いた内側の領域で1マスおき（偶数列 / 偶数行）で次の処理を行う
❸ その場所に壁を配置する
❹ 上下左右のいずれかを壁にする（棒倒しする）

なお、手順❹で次の2つのルールを適用すると、より自然な迷路となります。
● **（外周を除いた）2段目以降は上には倒さない**
● **すでに壁がある方向へは倒さない**

次の**図5-1-3**でも手順を確認しておきましょう。

最初に外周を作り、内側に1マスおきに壁を配置していきます。その際に、上下左右のいずれかに棒を倒すように壁を配置します。これを左上から右下まで繰り返すことで迷路が完成します。

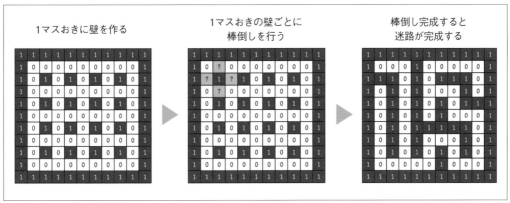

図 5-1-3 棒倒し法で迷路を生成する手順

棒倒し法で迷路自動生成するプログラム

それでは、上記の手順で迷路を作成するプログラムを見てみましょう。

src/ch5/maze_maker_down.py

```
01  import random, maze_draw
02
03  # 棒倒し法で迷路を作成する関数 ━━━━━━━━━━━━━ 1
04  def make_maze(columns, rows):
05      # すべてが通路(0)のrows×columnsの迷路を作る ━━━ 2
06      maze = [[0] * columns for _ in range(rows)]
07      # 外周を壁にする ━━━━━━━━━━━━━━━━━ 3
08      for y in range(rows):
09          maze[y][0] = 1
10          maze[y][columns-1] = 1
11      for x in range(columns):
12          maze[0][x] = 1
13          maze[rows-1][x] = 1
14      # 1マスおきに上下左右のいずれかに壁を作成する ━━━ 3
15      for y in range(2, rows-2):
16          for x in range(2, columns-2):
17              if (x % 2 == 1)or(y % 2 == 1): # 1マスおきになるように
18                  continue
19              maze[y][x] = 1 # 壁を配置
20              # 上下左右の方向を表す座標を[x,y]で定義 ━━ 4
21              udlr = [[0,-1],[0,1],[-1,0],[1,0]]
22              # 2段目以降なら上に倒さない
23              if y > 2: udlr.pop(0)
24              # 上下左右の座標をシャッフルして壁があるか調べる ━ 5
25              random.shuffle(udlr)
26              for d in udlr:
27                  dx, dy = d # 相対座標
28                  # 壁がなければ壁を作る ━━━━━━━━━ 6
```

```
29                          if maze[y+dy][x+dx] == 0:
30                              maze[y+dy][x+dx] = 1
31                              break
32      return maze
33
34  if __name__ == '__main__': # 迷路を作って画像で保存 ─────────────────────── 7
35      maze = make_maze(41, 31)
36      maze_draw.draw(maze, 'maze_maker_down.png')
```

プログラムを実行するには、同じディレクトリに「maze_draw.py」を配置した上で以下のコマンドを実行しましょう。

```
$ python3 maze_maker_down.py
```

すると迷路を自動生成して「maze_maker_down.png」という画像ファイルを出力します。自動生成なので皆さんの迷路とは同じになりませんが、**図 5-1-4** のような迷路画像が生成されます。

図 5-1-4　棒倒し法で迷路を自動生成したところ

プログラムを確認していきましょう。**1** 以降では棒倒し法で迷路を作成する関数 make_maze を定義します。**2** では変数の maze を初期化します。指定されたサイズで二次元リストを通路(値0)で初期化します。その後、迷路の外周を壁(値1)にします。

3 以降の部分で、1マスおきに壁を作り、その壁の周囲の上下左右のいずれかに壁を作成します。ポイントとなるのが、**4** で上下左右のいずれかに壁を作る処理です。ここでは、変数 udlr に上下左右を表す4要素のリストを用いて座標を指定しています。**5** では上下左右を表す相対座標をシャッフルして、**6** で1つずつ壁の有無を調べ、壁がなければ、その方向に壁を作ります。

最後の **7** で迷路を作って画像を保存します。

なお、**4** と **5** の部分が少し分かりづらいでしょうか。この部分では、上下左右を表す相対座標を取得するというものです。if文を使うことで、次のように相対座標を得ることができます。

src/ch5/select_xy.py

```
01  import random
02  # 壁を作る方向を乱数で決定
03  r = random.randint(0, 3)
04  # 乱数の値に応じてif文を順に上下左右の相対座標を得る
05  if r == 0:
06      dx, dy = [0, -1] # 上
07  elif r == 1:
08      dx, dy = [0, 1] # 下
```

```
09  elif r == 2:
10      dx, dy = [-1, 0] # 左
11  elif r == 3:
12      dx, dy = [1, 0] # 右
13  print(dx, dy)
```

しかし、以下のように上下左右を表すリストを用意することで、プログラムの行数も半分になり、よりスッキリとしたプログラムを作れます。

src/ch5/select_xy2.py

```
01  import random
02  # 上下左右を表すリストを用意
03  udlr = [[0,-1],[0,1],[-1,0],[1,0]]
04  # 方向をシャッフルして相対座標を得る
05  random.shuffle(udlr)
06  dx, dy = udlr[0]
07  print(dx, dy)
```

このように、棒倒し法を使うと、シンプルな手順でそれらしい迷路を生成できます。ただし、ランダムに壁を作る方向を決めるという手法のため、必ずしもすべての通路がつながるわけではありません。それで、通行できない部分（いわゆる「離島」）を作ってしまうことがあります。

穴掘り法による迷路生成

次に「穴掘り法」を紹介します。上記の「棒倒し法」では到達できない通路、いわゆる離島の部分を作ってしまう可能性があります。しかし、「穴掘り法」を使えばすべての道がつながります。これは最初にすべてを壁にしておいて、スタート位置から再帰的に穴を掘るように通路を上下左右に作っていく手法です。

穴掘り法では以下のような手順で迷路を生成します。
❶ 最初に迷路のすべてを壁（1）にする
❷ 起点から穴掘りを開始する
❸ 上下左右から1つの方向を選ぶ
❹ 2マス先が通路なら❸に戻って別の方向を掘る
❺ 1マス先と2マス先を通路にする
❻ 2マス先を起点にして❸の処理を再帰的に行う
❼ 上下左右の残りの方向も処理する

この手順を次の**図5-1-5**でも確認してみましょう。迷路全体を壁で埋めた後、起点から穴掘りを開始します。2マス先を調べて通路でなければ、通路を作成します。この手順を再帰的に繰り返して作成できる通路がなくなるまで繰り返すことで迷路が完成します。

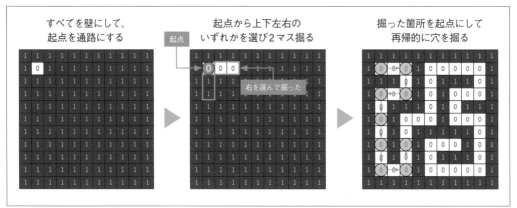

すべてを壁にして、 起点から上下左右の 掘った箇所を起点にして
起点を通路にする いずれかを選び2マス掘る 再帰的に穴を掘る

起点

右を選んで掘った

図5-1-5 穴掘り法の手順

穴掘り法で迷路を自動生成するプログラム

穴掘り法で迷路を自動生成するプログラムは次のようになります。再帰を利用することで、穴を掘り進んでいきます。
関数dig_mazeが再帰的に呼ばれる部分をよく確認しましょう。

src/ch5/maze_maker_dig.py

```
01  import random, maze_draw
02  # 穴掘り法で迷路を作成する関数                              ①
03  def make_maze(columns, rows):
04      # すべてが壁(1)のrows×columnsの迷路を作る              ②
05      maze = [[1] * columns for _ in range(rows)]
06      # 起点に通路を指定                                    ③
07      maze[1][1] = 0
08      # 迷路を掘り進む                                      ④
09      dig_maze(maze, 1, 1, columns, rows)
10      return maze
11
12  # 再帰的に迷路を掘り進む関数                                ⑤
13  def dig_maze(maze, x, y, columns, rows):
14      # 上下左右を表すリスト                                 ⑥
15      udlr = [[0,-1],[0,1],[-1,0],[1,0]]
16      # 上下左右をシャッフル
17      random.shuffle(udlr)
18      # 順に掘り進められるかを調べて2マス掘り進む              ⑦
19      for d in udlr:
20          dx, dy = d
21          x1, y1 = x+dx*1, y+dy*1 # 1マス先
22          x2, y2 = x+dx*2, y+dy*2 # 2マス先
23          # 範囲外か確認                                   ⑧
24          if x2 < 0 or x2 >= columns-1: continue
25          if y2 < 0 or y2 >= rows-1: continue
26          # 2マス先が道か確認                               ⑨
27          if maze[y2][x2] == 0: continue
28          # 穴を掘り進める                                 ⑩
29          maze[y1][x1] = 0
30          maze[y2][x2] = 0
31          # 再帰的に掘る                                   ⑪
```

```
32              dig_maze(maze, x2, y2, columns, rows)
33
34  if __name__ == '__main__': # ————————————————————————⓬
35      maze = make_maze(41, 31)
36      maze_draw.draw(maze, 'maze_maker_dig.png')
```

プログラムを実行するには、同じディレクトリ「maze_draw.py」を配置した上で次のコマンドを実行します。

```
$ python3 maze_maker_dig.py
```

すると**図5-1-6**のような迷路を自動生成して画像を書き出します。

図5-1-6 穴掘り法で迷路を自動生成したところ

プログラムを確認してみましょう。⓵では穴掘り法で迷路を生成する関数make_mazeを定義します。⓶では壁(値1)で二次元リストを初期化します。そして⓷では座標(1, 1)を起点に設定し⓸で関数dig_mazeを呼び出します。

⓹では再帰的に迷路を掘り進む関数dig_mazeを定義します。⓺では上下左右の相対座標を表すリストudlrを定義して順番をシャッフルします。⓻ではfor文で上下左右を順に掘り進められるか確認します。確認方法は、1マス先と2マス先の座標を求めてから、⓼では迷路の範囲外でないかを調べ、⓽では2マス先が道かどうかを確認します。道であればその方向は掘りません。⓾で実際に2マス先まで通路を作成し、⓫で再帰的に関数dig_mazeを呼び出して次の2マスを掘ります。⓬では実際に迷路を自動生成する関数make_mazeを呼び出し、作成した迷路を画像に描画して保存します。

クラスタリング法による迷路生成

次に「クラスタリング法」を紹介します。これは、クラスタリングの手法を迷路生成に応用したものです。クラスタリング法では、最初に1マスおきに壁を作った上で、壁に囲まれた通路部分を部屋と見なし、部屋の上下左右のいずれかの壁を壊すことで迷路を作成します。

詳しい手順は次の通りです。
① 迷路全体を壁にする
② 1マスおきに通路を配置する
③ 壁と壁の間の通路のマスを部屋と見なして、部屋リストを作り部屋番号を振る
④ ランダムに壊す壁を選んで、隣接する2部屋の部屋番号を比較する
⑤ 部屋番号が同じだったら何もしない
⑥ 部屋番号が違っていたら、壁を壊して部屋番号を小さな部屋の番号に揃える
⑦ すべての部屋に対して③以降の処理を行う

1マスおきに作った通路を「1つの部屋」と見なす部分がポイントになります。図にすると分かりやすいので確認してみましょう。図の上側が実際の壁と通路の配置です。そして、図の下側が部屋と部屋の関係性を数値で示したものです。部屋同士を通路でつなげ、つなげた部屋同士を同じ番号にしていきます。すべての部屋が同じ番号になれば迷路完成です。

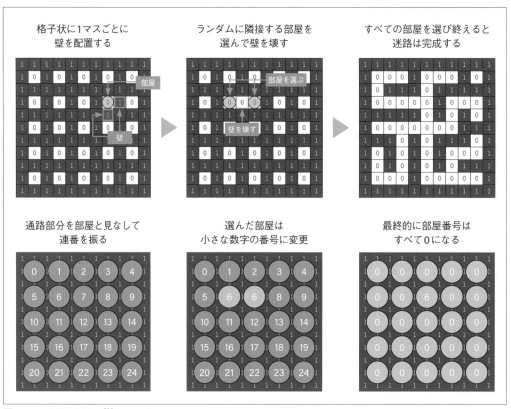

図5-1-7　クラスタリング法について

つまり、部屋1と部屋2の間の壁を壊し、通路を開通させたら部屋1と部屋2を同じ部屋番号を割り振ります。これを繰り返すことで迷路を完成させます。

クラスタリング法による迷路自動生成のプログラム

上記手順に沿って「クラスタリング法」を用いて迷路を自動生成するプログラムは次のようになります。このプログラムで重要な役割を果たすデータは、迷路の実体を表す変数mazeと、部屋番号を表すrooms、2つの部屋の間の壁を表す壁データのwallsです。これらの変数に注目して見ていきましょう。

src/ch5/maze_maker_clustering.py

```
01  import random
02  import maze_draw
03  # クラスタリング法で迷路を作成する関数 ━━━━━━━━━━━━━━ 1
```

```
04  def make_maze(columns, rows):
05      # すべてが壁(値1)のrows×columnsの迷路を作る ─────────────── 2
06      maze = [[1] * columns for _ in range(rows)]
07      # 格子状に通路を配置
08      room_y, room_x = rows // 2, columns // 2
09      # 部屋と壁データを初期化 ───────────────────────── 3
10      walls = []
11      for y in range(room_y):
12          for x in range(room_x):
13              maze[y*2+1][x*2+1] = 0  # 迷路データに部屋を作成 ──── 3 a
14              # 壁データ([部屋1座標, 部屋2座標])を追加 ──────── 3 b
15              if y != room_y-1:
16                  walls.append([(x, y), (x, y+1)])  # 部屋とその下の部屋の座標
17              if x != room_x-1:
18                  walls.append([(x, y), (x+1, y)])  # 部屋とその右の部屋の座標
19      # 迷路の通路部分を部屋に見立てて通し番号をつける ────────── 4
20      rooms = [no for no in range(room_y*room_x)]
21      # ランダムに壁を壊す ───────────────────────── 5
22      random.shuffle(walls)
23      for wall in walls:
24          x1, y1 = wall[0]  # 部屋1の座標
25          x2, y2 = wall[1]  # 部屋2の座標
26          room1 = rooms[y1+x1*room_y]  # 部屋1の通し番号
27          room2 = rooms[y2+x2*room_y]  # 部屋2の通し番号
28          # 同じ部屋番号であれば壁は壊さない ──────────────── 6
29          if room1 == room2:
30              continue
31          # 壁を壊す処理
32          if x1 == x2:
33              maze[y1*2+2][x1*2+1] = 0  # 下の壁を壊す
34          else:
35              maze[y1*2+1][x1*2+2] = 0  # 右の壁を壊す
36          # 部屋をつなげて通し番号を合わせる ──────────────── 7
37          if room1 > room2:
38              room1, room2 = room2, room1
39          # 部屋番号がroom1のものをroom2に書き換え
40          for no in range(len(rooms)):
41              if rooms[no] == room1:
42                  rooms[no] = room2
43      return maze
44
45  if __name__ == '__main__':  # ──────────────────────── 8
46      maze = make_maze(41, 31)
47      maze_draw.draw(maze, 'maze_maker_clustering.png')
```

ターミナルからプログラムを実行してみましょう。以下のコマンドを実行します。

```
$ python3 maze_maker_clustering.py
```

すると画像ファイル「maze_maker_clustering.png」が生成されます(**図5-1-8**)。

図5-1-8
クラスタリング法で迷路を生成したところ

プログラムを確認してみましょう。**1** で、クラスタリング法で迷路を作成する関数make_mazeを定義します。**2** では二次元リストの迷路データを値1で初期化します。

3 では部屋と壁のデータを初期化します。変数mazeは実際の迷路データを表し、変数wallsは部屋と部屋を隔てる壁データを表します。なお壁データの表現方法ですが、隣接する部屋1と部屋2を隔てる壁を、[（部屋1の座標），（部屋2の座標）]の形式で表すことにしました。

少し分かりづらいので具体的なデータで考えましょう。例えば、5×5のサイズの迷路を作る場合、部屋数は4部屋です。その際、変数wallsは次のようなデータとなります。

```
walls = [
    [(0, 0), (0, 1)], # 部屋(0, 0)とその下の部屋(0, 1)を隔てる壁
    [(0, 0), (1, 0)], # 部屋(0, 0)とその右の部屋(1, 0)を隔てる壁
    [(1, 0), (1, 1)], # 部屋(1, 0)とその下の部屋(1, 1)を隔てる壁
    [(0, 1), (1, 1)]  # 部屋(0, 1)とその右の部屋(1, 1)を隔てる壁
]
```

それで、**3**a では、実際の迷路データに部屋を作成します。そして、**3**b では壁データを追加します。

4 では、変数roomsに迷路の部屋に通し番号を割り振ります。処理を簡単にするために一次元のリストで二次元の迷路を表現します。

以下は5列×3行で15個の部屋を表す例です。

	0列目	1列目	2列目	3列目	4列目
0行目	0	1	2	3	4
1行目	5	6	7	8	9
2行目	10	11	12	13	14

このとき、(x, y)の部屋を求めるには、次のような計算式でリストのインデックスを求めることができます。

このとき、左上の部屋番号の座標は(0, 0)です。それで、例えば、座標(3, 2)のインデックス(部屋番号)を求めるには、2行目×列数5＋3列目＝13となります。また、座標(4, 1)の場合は、1行目×列数5＋4列目＝9となります。

```
index = y * 列数 + x
```

引き続き、プログラムを確認しましょう。**5**の部分では壁のデータをシャッフルしたあとで、for文で順番に壊していきます。なお、壁が面する部屋room1とroom2の座標を取り出した後、上記の式を利用して、一次元リスト型の変数roomsから部屋番号を取り出します。

6では、部屋番号が同じか確認します。これは、壊す予定の部屋同士がすでに同じ部屋番号になっていればすでに別の壁を通して部屋がつながっているので壁を壊しません。異なる部屋番号であれば壁を壊す処理を行います。その際、**7**以降の部分で部屋番号を同じ番号にします。

8では関数make_mazeを呼び出して迷路を生成し、drawメソッドで迷路を描画して画像ファイルに保存します。

練習問題 迷路を自動生成するプログラムを作ってみよう

【問題】

ここでは基本的な迷路の自動生成のアルゴリズムを紹介しました。自動生成の仕組みが理解できたら、実際にオリジナルの迷路を自動生成してみてください。左上と右下の通路がつながっていることを確認してください。

【ヒント】 次節では迷路を自動的に探索するプログラムを作ります。次節で自動探索できるように、すべての通路がつながるようにしましょう。

【答え】 本節で紹介した「穴掘り法」「クラスタリング法」を使えば左上と右下の通路が必ずつながった迷路を生成できます。

まとめ

以上、本節では迷路の自動生成を行いました。一言で迷路の自動生成と言っても、いろいろな手法があることが分かったことでしょう。他にも、いろいろなアルゴリズムが存在しますので、迷路の自動生成についてさらに調べてみるのも楽しいことでしょう。

迷路の自動探索

前節では迷路の自動生成に挑戦しましたが、今回は迷路の自動探索に挑戦してみようと思います。
迷路の中から自動的にゴールを見つけ出すプログラムを作りましょう。

ここで学ぶこと

● **幅優先探索**

● **深さ優先探索**

● **迷路の探索**

● **電車の乗り換え問題**

迷路の探索について

迷路の探索を行うのが本節のお題です。そこで、最初に前節で作った迷路生成アルゴリズムを利用して迷路を生成して、探索対象の迷路を作成してみましょう。

次のプログラムを実行すると、クラスタリング法で迷路を生成して、JSON形式でデータをファイルに保存します。

src/ch5/maze_maker_save_to_json.py

```python
01  import maze_maker_clustering, maze_draw
02  import json
03
04  # 迷路を生成
05  maze = maze_maker_clustering.make_maze(41, 31)
06  # 迷路をJSONファイルに保存
07  json.dump(maze, open('maze_test.json', 'w'))
08  # 画像も保存
09  maze_draw.draw(maze, 'maze_maker_save_to_json.png')
```

以下のコマンドを実行しましょう。すると迷路データがファイル「maze_test.json」に、迷路画像が「maze_maker_save_to_json.png」に保存されます。

ターミナルで実行

```
$ python3 maze_maker_save_to_json.py
```

ここでは**図5-2-1**のような迷路が作成されました。当然ランダムに迷路が生成されるので、読者の皆さんが実行した場合、異なる迷路が生成されます。

この迷路の左上(1，1)をスタート地点、右下(39，29)がゴール地点としましょう。それでは、左上のスタートからから右下のゴールまで迷路を探索するプログラムを作ってみましょう。

図 5-2-1 保存した迷路の例

迷路の深さ優先探索

「深さ優先探索」(英語：depth-first search, DFS)とは、1つのルートをひたすら進んで行って、行き止まりになったら戻って次のルートを探索するという探索手法です。バックトラック法とも言います。
再帰を使うことで、とても手軽に迷路の探索が可能です。次の手順で記述します。
❶ スタート地点を指定して探索をはじめる
❷ 迷路の現在位置を訪問済みにする
❸ 現在座標から上下左右の隣接する座標で未訪問の方向を探す
❹ 未訪問の座標があれば、その座標に移動して再帰的に手順❷の探索を行う
❺ そこがゴールなら探索済みにして探索を終わる

このように、スタート地点よりはじめて、現在位置の周囲(上下左右)にある通路に対して、次々と再帰的に探索を行います。再帰的に関数呼び出しを行うことで、とても単純にロジックを記述できます。つまり、一歩進むごとに探索関数を再帰的に呼び出します。

迷路の深さ優先探索のプログラム

上記の手順をプログラムにすると次のようになります。

src/ch5/maze_search_dfs.py

```
01  import copy, json, maze_draw
02  # 迷路の値の意味を定義 ──────────────────────────────── 1
03  ROAD, WALL, CHECKED = (0, 1, 2)
04
05  # 深さ優先探索で再帰的に迷路を探索 ─────────────────── 2
06  def maze_search(maze, cur_pos, goal_pos, level, route):
07      # 現在座標を訪問済みにする ──────────────────── 3
08      cx, cy = cur_pos
09      maze[cy][cx] = CHECKED
10      route.append((cx, cy))
11      # 現在位置がゴールか確認 ──────────────────────── 4
12      gx, gy = goal_pos
13      if (cx == gx) and (cy == gy):
14          print(f'{level}歩でゴール')
```

275

```
15          return route
16      # 周囲を順に探索 ────────────────────────────── 5
17      UDLR = [[0,-1],[0,1],[-1,0],[1,0]] # 上下左右の座標
18      for c in UDLR:
19          nx, ny = cx+c[0], cy+c[1] # 探索先の座標
20          # 壁か探索済みならば続ける ─────────────── 6
21          if (maze[ny][nx] == WALL) or (maze[ny][nx]) == CHECKED:
22              continue
23          # 再帰的に迷路を探索 ─────────────────── 7
24          r = maze_search(maze, (nx, ny), goal_pos, level+1, route.copy())
25          if r is not None: return r # ゴールなら探索を終了
26      return None
27
28  if __name__== '__main__':
29      # テスト用の迷路を読み出す ───────────────────── 8
30      maze = json.load(open('maze_test.json', 'r'))
31      # 迷路を探索 ──────────────────────────── 9
32      route = maze_search(copy.deepcopy(maze), (1, 1), (39, 29), 0, [])
33      if route is None:
34          print('探索失敗'); quit()
35      # 探索の様子を画像に保存 ─────────────────── 10
36      for (x, y) in route:
37          maze[y][x] = CHECKED
38      maze_draw.draw(maze, 'maze_search_dfs_goal.png')
```

ターミナルからプログラムを実行してみましょう。以下のコマンドを入力します。すると何歩でゴールに到達したかが表示されます。どんな迷路で試すかによって歩数は異なります。

```
$ python3 maze_search_dfs.py
126歩でゴール
```

それから、プログラムを実行すると迷路の探索結果を画像「maze_search_dfs_goal.png」に保存します。画像を開くと**図5-2-2**のように探索が行われたことを確認できます。

なお、当然ですが、迷路の形状によってルートが変化しますので、本節冒頭で紹介したプログラム「maze_maker_save_to_json.py」と、このプログラムを交互に実行してどのように探索が行われたかを確認してみるとよいでしょう。

図5-2-2　深さ優先探索で迷路を探索したところ

それではプログラムを確認しましょう。

■ では迷路データがどのような値を表すのか定数を定義します。ここまでの部分で、通路（ROAD）が0、壁（WALL）が1でしたが、ここでは探索済み（CHECKED）を表す値として2を設定することにしました。

■ では深さ優先探索で再帰的に迷路を探索する関数maze_searchを定義します。■ では現在位置の座標を訪問済みにマークします。そして、どのルートを通って来たのかを表す変数routeに現在座標を追加します。

■ では現在値がゴールかどうかを確認します。ゴールであれば、どのルートを取ってきたかを戻り値として関数を抜

けます。

5 では現在位置（変数cur_pos）の周囲（上下左右）を順に探索します。そして現在の座標を元に探索先の座標（変数 nx，ny）を計算します。

6 では探索先の座標を確認して、壁か、探索済みであれば、次の方向を実行するようにします。

7 では探索先の座標を再帰的に探索します。そして、戻り値を確認して、Noneであれば行き止まりですが、Noneでなければゴールに到達したことになるので、探索を終了します。

8 ではテスト用の迷路を読み出します。そして、**9** で関数maze_searchを呼び出して迷路の探索を行います。maze_searchの戻り値として探索ルートが得られるので、**10** でルートを迷路状に描画して画像に保存します。

迷路データを読み込んだ後、関数maze_searchを呼び出す前に迷路データを複製しています。というのも、関数maze_searchでは探索した部分をCHECKED（値2）で塗り潰してしまいます。そのため、迷路の大半が塗りつぶされてしまいます。これでは、どのルートがゴールに到達するものなのか分からなくなってしまいます。それで迷路データを複製しています。

なお、迷路データの複製には、深いコピーを行う関数copy.deepcopyを使っているのですが、探索ルートの複製には、浅いコピーを行うcopy.copyを使います。この二者の使い分けに関しては、この後のコラム「深いコピーと浅いコピー」を参考にしてください。

幅優先探索について

「幅優先探索」（英語：breadth first search, BFS）とは、探索地点の周囲にある探索可能なすべての地点を網羅的に探索していくアルゴリズムです。網羅的に探索を行うため、ゴールが近くにある場合は深さ優先探索よりも早くゴールに到達できる場合もあります。

次のような手順で探索を行います。
1. 迷路の探索候補にスタート地点を追加
2. 探索候補が空になるまで以下の操作を繰り返す
3. 探索候補から探索地点を取り出して、現在の探索地点とする
4. 現在地点を探索済みにマークする
5. もし、探索地点がゴールなら探索を終了する
6. 探索地点の上下左右の周囲を確認して未探索の通路なら探索候補に追加する
7. 手順2に戻る

なお、幅優先探索を理解する点でカギとなるのが、迷路の探索候補がデータ構造のキュー（p.133）を利用するという点です。キューを利用して、探索手順を決定します。

先ほど見た「深さ優先探索（DFS）」では、進行可能な方向を次々と進んでいって、行き止まりになったら1つ前の分岐に戻って進んでいくという手順で探索が進みます。例えて言うなら一人の人が迷路を進んでいくのに似ています。

一方、「幅優先探索」では、進行可能な方向を調べたら探索候補を一度キューに追加します。そして、キューの先頭から順に探索を行います。そのため、あちらに一歩進んでは、こちらに一歩進むという感じでじわじわと探索範囲を広げていきます。例えるなら、複数人のチームで迷路に入って分岐があるところで二手に分かれて進む（または複数人が並行して探索する）のに似ています。

迷路を幅優先探索するプログラム

それでは、上記の手順の通り、幅優先探索で迷路を探索するプログラムを作ってみましょう。

src/ch5/maze_search_bfs.py

```python
01  import copy, json, maze_draw
02  # 迷路の値の意味を定義 ──────────────────────────1
03  ROAD, WALL, CHECKED = (0, 1, 2)
04
05  # 幅優先探索で再帰的に迷路を探索 ──────────────────2
06  def maze_search(maze, start_pos, goal_pos):
07      pos_list = []
08      # スタート地点を探索候補に追加
09      pos_list.append([start_pos[0], start_pos[1], []])
10      # 探索候補pos_listを一つずつ調べる ────────────3
11      while len(pos_list) > 0:
12          # 今回調べる地点を取り出す ──────────────4
13          cx, cy, route = pos_list.pop(0)
14          # 探索済みにセット ─────────────────5
15          maze[cy][cx] = CHECKED
16          route.append((cx, cy))
17          # ゴール判定 ─────────────────────6
18          gx, gy = goal_pos
19          if (cx == gx) and (cy == gy):
20              print(f'{len(route)-1}歩でゴールに到達')
21              return route
22          # 周囲を順に探索 ───────────────────7
23          UDLR = [[0,-1],[0,1],[-1,0],[1,0]] # 上下左右の座標
24          for c in UDLR:
25              nx, ny = cx+c[0], cy+c[1] # 探索先の座標 ──8
26              if maze[ny][nx] == ROAD:
27                  pos_list.append((nx, ny, route.copy()))
28      return None
29
30  if __name__ == '__main__':
31      # テスト用の迷路を読み出して探索開始 ──────────9
32      maze = json.load(open('maze_test.json', 'r'))
33      route = maze_search(copy.deepcopy(maze), (1, 1), (39, 29))
34      if route is None:
35          print('探索失敗'); quit()
36      # 探索の様子を画像に保存 ───────────────10
37      for (x, y) in route:
38          maze[y][x] = CHECKED
39      maze_draw.draw(maze, 'maze_search_bfs_goal.png')
```

ターミナルで次のコマンドを入力してプログラムを実行してみましょう。何歩でゴールに到達したかが表示されます。

```
$ python3 maze_search_bfs.py
126歩でゴールに到達
```

そして、どの範囲を探索したかを画像「maze_search_bfs_goal.png」に保存します。

プログラムを確認してみましょう。■1では迷路の値の意味を定義します。■2では幅優先探索で再帰的に迷路を探索する関数maze_searchを定義します。■3では繰り返し探索候補の変数pos_listを調べてます。

■4では今回調べる地点を探索候補pos_listから1つ取り出します。そして■5で迷路データに探索済みにセットします。■6ではゴール判定を行います。ゴールを見つけたらその時点で処理を終了します。

■7では上下左右の周囲を探索します。■8では探索先の座標を計算して、それが通路であれば、探索候補pos_listに追加します。

■9ではテスト用の迷路データを読み出して、迷路を探索します。そして探索の様子を画像に保存します。

図5-2-3 幅優先探索で迷路を探索したところ。深さ優先探索と同じ最短経路を見つけることができた

深さ優先探索と幅優先探索の比較

ここまで見たように、迷路の探索においても、深さ優先探索と幅優先探索のどちらの手法を使っても解くことができます。両者の主な違いは探索の進め方です。深さ優先探索では再帰関数（あるいはスタック）を使用して、突き当たるまでまっすぐ探索していくのが特徴です。これに対して、幅優先探索ではキューを使用して、少しずつ探索範囲を広げていくのが特徴です。

また、深さ優先探索では、幅優先探索に比べてメモリの消費が少なく早く解ける可能性があります。ただし、探索対象の構造や複雑さによっては解くコストが高くなる場合もあるため、常に最短経路を求められるわけではありません。これに対して、幅優先探索では、少しずつ探索範囲を広げるため、安定したコストで迷路を解くことができます。ただし、メモリの消費が大きくなる可能性があるのがデメリットです。そのため、探索アルゴリズムを選択する際には、対象とする問題の特徴をよく観察することが重要になります。

練習問題 電車の乗り換え問題

【問題】

都市Aから都市Fへ電車を利用して移動しようと思います。このとき、次のように路線を乗り継ぐ方法があります。AからFへ移動する際、最も安く行ける方法を求めてください。

路線1：A - B（運賃：200円）
路線2：A - C（運賃：170円）
路線3：A - D（運賃：170円）
路線4：B - F（運賃：300円）
路線5：C - E（運賃：120円）
路線6：D - E（運賃：150円）
路線7：E - F（運賃：150円）

```python
# 都市間の電車の運賃を定義したもの
fare_graph = {
    'A': {'B': 200, 'C': 170, 'D': 170},
    'B': {'F': 300},
    'C': {'E': 120},
    'D': {'E': 150},
    'E': {'F': 150},
}
```

答え1/2 電車の乗り換え問題 ── 深さ優先探索

以下は深さ優先探索で都市AからFへの移動にかかる最小運賃コストを求めるプログラムです。

src/ch5/fare_dfs.py

```python
01  # 都市間の電車の運賃を定義したもの                                    1
02  fare_graph = {
03      'A': {'B': 200, 'C': 170, 'D': 170},
04      'B': {'F': 300},
05      'C': {'E': 120},
06      'D': {'E': 150},
07      'E': {'F': 150},
08  }
09
10  # 深さ優先探索で最小運賃コストを調べる関数                            2
11  def dfs(city, visited, cost):
12      if city in visited:  # 訪問済みか？
13          return -1, None
14      # 訪問済みにする                                              3
15      visited.append(city)
16      if city == 'F':  # 目的地に到着したら終了                     4
17          print(f'到着: {visited} → {cost}円')
18          return cost, visited
19      # 探索可能な路線をすべて計算して最小コストを調べる              5
20      min_cost = -1
21      min_visited = None
22      for next_city, fare in fare_graph[city].items():
23          # 再帰的にコストを計算する                                6
24          a_cost, a_visited = dfs(next_city, visited.copy(), cost + fare)
25          if a_cost == -1:
26              continue
27          # 最小コストを更新する                                    7
28          if min_cost == -1 or min_cost > a_cost:
29              min_cost = a_cost
30              min_visited = a_visited
31      return min_cost, min_visited
32
33  if __name__ == '__main__':
34      # 最小運賃コストを調べる                                       8
35      min_fare, min_path = dfs('A', [], 0)
36      print(f'最小運賃コスト: {min_fare}円')
37      print(f'最小運賃コストの経路: {min_path}')
```

プログラムを実行するにはターミナルで次のコマンドを実行します。

```
$ python3 fare_dfs.py
到着: ['A', 'B', 'F'] → 500円
到着: ['A', 'C', 'E', 'F'] → 440円
到着: ['A', 'D', 'E', 'F'] → 470円
最小運賃コスト: 440円
最小運賃コストの経路: ['A', 'C', 'E', 'F']
```

プログラムを確認してみましょう。■ では都市間の電車の運賃を辞書型で定義します。
■ では深さ優先探索で最小運賃コストを調べる関数dfsを定義します。最初に都市が訪問済みか調べます。■ では
現在の都市を訪問済みにします。■ では目的地に到着していれば、到着した旨を出力し、その際のコストと経路を返
します。
■ では探索可能な路線をすべて計算してコストを比較します。■ では再帰的に関数dfsを呼び出して運賃を計算し
ます。■ では最小コストだったかどうかを調べて最小であれば変数min_costを更新します。
■ では関数dfsを呼び出して最小運賃コストと経路を調べます。

答え2/2 電車の乗り換え問題 —— 幅優先探索

次に「幅優先探索」を利用して最小運賃コストを調べましょう。以下が最小運賃コストを調べるプログラムです。

src/ch5/fare_bfs.py

```
01  # 都市間の電車の運賃を定義したもの                                      1
02  fare_graph = {
03      'A': {'B': 200, 'C': 170, 'D': 170},
04      'B': {'F': 300},
05      'C': {'E': 120},
06      'D': {'E': 150},
07      'E': {'F': 150},
08  }
09
10  # 深さ優先探索で最小運賃コストを求める関数                                 2
11  def bfs():
12      # 探索用のキューを準備
13      queue = []
14      # 初期値をキューに入れる
15      queue.append({'city': 'A', 'visited': [], 'cost': 0})
16      # キューが空になるまで繰り返す                                      3
17      min_cost = -1
18      min_visited = None
19      while len(queue) > 0:
20          # キューから取り出す                                         4
21          it = queue.pop(0)
22          city, visited, cost = it['city'], it['visited'], it['cost']
23          # 訪問済みか?
24          if city in visited:
25              continue
26          # 訪問済みにする                                            5
27          visited.append(city)
```

```
28          # 目的地に到着したか ──────────────────────────────── 6
29          if city == 'F':
30              print(f'到着: {visited} → {cost}円')
31              # それが最小コストなら値を更新 ──────────────────────── 7
32              if min_cost == -1 or min_cost > cost:
33                  min_cost = cost
34                  min_visited = visited
35              continue
36          # 探索可能な路線をすべてキューに追加する ──────────────────── 8
37          for next_city, fare in fare_graph[city].items():
38              queue.append({
39                  'city': next_city,
40                  'visited': visited.copy(),
41                  'cost': cost + fare
42              })
43      return min_cost, min_visited
44
45  if __name__ == '__main__':
46      # 最小運賃コストを調べる ──────────────────────────────── 9
47      min_fare, min_path = bfs()
48      print(f'最小運賃コスト: {min_fare}円')
49      print(f'最小運賃コストの経路: {min_path}')
```

プログラムを実行してみましょう。先ほどの深さ優先探索と同じ結果が表示されます。

ターミナルで実行

```
$ python3 fare_bfs.py
到着: ['A', 'B', 'F'] → 500円
到着: ['A', 'C', 'E', 'F'] → 440円
到着: ['A', 'D', 'E', 'F'] → 470円
最小運賃コスト: 440円
最小運賃コストの経路: ['A', 'C', 'E', 'F']
```

プログラムを確認してみましょう。1 では都市間の電車運賃コストを定義します。
2 では幅優先探索で最小運賃コストを調べる関数 bfs を定義します。探索用のキューを用意して、初期値を指定します。
3 ではキューが空になるまで繰り返し実行します。4 ではキューから値を取り出します。5 では現在の都市を訪問
済みにします。6 では目的地に到着していればその旨を画面に表示します。また、それが現在の最小運賃コストであ
れば、変数 min_cost を更新します。8 では探索可能な路線をすべてキューに追加します。
9 では最小運賃コストを調べる bfs 関数を呼び出します。

まとめ

ここまで、深さ優先探索と幅優先探索を利用して、迷路探索を行うアルゴリズムを紹介しました。これらのアルゴリ
ズムを応用することによって、さまざまなデータ探索が可能です。迷路だけでなく練習問題で見たように、より複雑
な構造のデータも探索問題も解くことができます。

深いコピーと浅いコピー

Pythonで値を複製するのには、copyモジュールを利用します。そして、copyモジュールには、「深いコピー」（英語: deep copy）を行う関数deepcopyと、「浅いコピー」（英語: shallow copy）を行う関数copyの2つが用意されています。

前節で迷路を探索するプログラムでは、この深いコピーと浅いコピーの両方を使い分けていました。この「深いコピー」と「浅いコピー」は何がどのように違うのでしょうか。その使い分けは、「何を」「どのように」コピーしたいかによって異なります。

まず、次のような単純な整数リストを複製する場合には、浅いコピーを行うだけで問題なくデータを複製できます。対話型実行環境で検証してみましょう。変数srcの内容をdstにコピーして使います。

対話モードで実行

```
>>> import copy
>>> src - [1, 2, 3]
>>> dst = copy.copy(src) # 浅いコピー
>>> dst[0] = 99 # dstの内容を変更した ───────────────1
>>> dst
[99, 2, 3]
>>> src # 変数srcと変数dstは別物なので影響は受けない
[1, 2, 3]
```

当然ですが、上記の1で変数dstの内容を変更しても、変数srcは影響を受けません。関数copy.copyを使って内容を複製しているので当然です。

しかし、リスト型がさらに別のリスト型や辞書型を含む場合は、浅いコピーでは問題が生じる場合があります。

以下のプログラムは、関数copyを使って変数srcの内容をdstにコピーした後で、dstの内容を変更してみたところです。コピー元のsrcの内容が変わってしまいます。

対話モードで実行

```
>>> import copy
>>> src = [{'name': 'Yama', 'age': 18}, {'name': 'Suzu', 'age': 16}]
>>> dst = copy.copy(src) # 浅いコピー
>>> dst[0]['name'] = '***' # 要素0のnameを変更 ──────────1
>>> dst
[{'name': '***', 'age': 18}, {'name': 'Suzu', 'age': 16}]
>>> src # ここでコピー元の内容をチェックすると ... あれれ？
[{'name': '***', 'age': 18}, {'name': 'Suzu', 'age': 16}]
```

上記の1では複製後の変数dstを変更したはずが、なぜか変数srcの内容も変更されてしまっています。これは、浅いコピーが表面的なコピーしか行わないことに起因しています。浅いコピーでは、リスト型や辞書型の内容を深く掘ってコピーしないのです。そのため、浅いコピーを実行しただけでは、変数srcとdstのリストや辞書は同じ値を指しています。

それでは、同じプログラムで、浅いコピー（関数copy）を深いコピー（関数deepcopy）に書き換えて実行してみましょう。

```
>>> import copy
>>> src = [{'name': 'Yama', 'age': 18}, {'name': 'Suzu', 'age': 16}]
>>> dst = copy.deepcopy(src) # 深いコピー
>>> dst[0]['name'] = '***' # 要素0のnameを変更 ─────────────────1
>>> dst
[{'name': '***', 'age': 18}, {'name': 'Suzu', 'age': 16}]
>>> src # 変数dstの影響を受けない ──────────────────────2
[{'name': 'Yama', 'age': 18}, {'name': 'Suzu', 'age': 16}]
```

どうでしょうか。1で変数dstの内容を書き換えたとしても、2で変数srcは影響を受けていません。つまり、深いコピーを行うならリスト型や辞書型の内部まで丸ごとコピーしてくれます。

ここから、迷路データのような二次元のリスト型や、リスト内に辞書型などの要素を持つリスト型を完全に複製したいときは、深いコピー(関数deepcopy)を使う必要があることが分かります。

それでも、浅いコピーと深いコピーの両方が用意されているのには意味があります。例えば、上記の例で変数srcもdstも読み込み専用で使うため、書き換えの必要が全くないという場合には、srcとdstで同じオブジェクトを指していても全く問題がないので、浅いコピーで十分なのです。浅いコピーと深いコピーについて正しく理解すれば、用途に応じた使い分けができます。

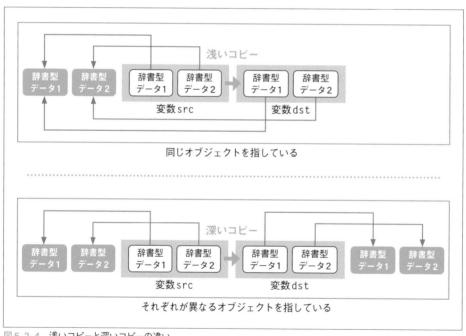

図5-2-4 浅いコピーと深いコピーの違い

「ナンプレ」（パズル）を解く

「ナンプレ」（ナンバープレース）とは、9×9の枠内に1から9までの数字を重複なく入れるパズルです。プログラミングでパズルを解くことができます。また、ナンプレ問題を自動生成するプログラムも作ってみましょう。

ここで学ぶこと

● **ナンプレ問題を解く**

● **ナンプレ問題を作る**

● **Excelシートへの書き込み**

ナンプレとは

「ナンプレ」または「ナンバープレース」（英語：number place）とは、3×3のグループ（ブロック）に区切られた9×9の正方形の枠内に1から9までの数字を入れるパズルです。1980年代にはすでに知られていたパズルですが、2005年にイギリスでブームとなったことから日本でも人気となった数字パズルです。

このパズルのルールは次の通りです。

● 空いているマスに、1から9のいずれかの数字を入れる
● ただし、縦・横の各列に、同じ数字を重複して入れることはできない
● また、太線で囲まれた3×3のグループ内にも同じ数字を重複して入れることはできない

例えば、**図5-3-1**のような問題が与えられます。基本的に空いているマスに、重複しないよう1から9の数字を入れていくだけです。

問題

		4			1			
	1			7		6		
		6		8				
2			4	5		3	9	
6	9		2	3	8	1	7	
4			1	6	9	2		
		8		5		6		
						8		2
	6			2	3		4	

答え

3	7	4	6	9	1	5	2	8
8	1	2	5	7	4	6	3	9
9	5	6	3	8	2	4	1	7
2	8	1	4	5	7	3	9	6
6	9	5	2	3	8	1	7	4
4	3	7	1	6	9	2	8	5
1	2	8	7	4	5	9	6	3
7	4	3	9	1	6	8	5	2
5	6	9	8	2	3	7	4	1

図5-3-1
ナンプレの問題と答え

ナンプレのデータをどのように表現するか

なお、こうしたパズルを解くときにカギとなるのが、パズルデータをどのように表現したらよいかという点です。ここでは、データの見た目通り、マスに対応する二次元のリストとして扱いましょう。このとき、空白のマスを0として表現することにします。それで、0の要素を任意の値に置き換えることでパズルを解いていきます。

次のサンプルデータは、上記のナンプレの問題と答えの図を二次元のリストで表したものです。

src/ch5/numplace_data.py

```
01  data = [
02      [0, 0, 4, 0, 0, 1, 0, 0, 0],
03      [0, 1, 0, 0, 7, 0, 6, 0, 0],
04      [0, 0, 6, 0, 8, 0, 0, 0, 0],
05      [2, 0, 0, 4, 5, 0, 3, 9, 0],
06      [6, 9, 0, 2, 3, 8, 1, 7, 0],
07      [4, 0, 0, 1, 6, 9, 2, 0, 0],
08      [0, 0, 8, 0, 0, 5, 0, 6, 0],
09      [0, 0, 0, 0, 0, 8, 0, 2],
10      [0, 6, 0, 0, 2, 3, 0, 4, 0]
11  ]
```

ナンプレの解き方を考えよう

ナンプレをプログラミングで解く場合、再帰を使うとスッキリと記述できます。空白があるマスごとに配置可能な数字を調べて、仮に数字を入れてみて再帰で配置がうまくいくかどうかを確認します。次のような手順で解いてみます。

❶ 左上から右下へ順に空白のマスを調べて埋めていく
❷ 空白マスなら配置可能な数字を調べる
❸ 配置可能な数字を仮に配置して再帰的に次のマスを調べる
❹ うまく配置できなければ手順❸に戻る
❺ 最後のマスに達するまで再帰的に手順❷に戻る

なお、左上から右下へと順にマスを埋めていくため、右下に進むにつれて選択肢が少なくなっていきます。そのため再帰を使うのですが、それほど膨大な回数を再帰する必要はありません。上記のサンプルデータでも、再帰関数を1692回実行するだけで答えを求めることができます。

ナンプレを解くプログラム

それでは、上記の手順に沿ってナンプレを解くプログラムを確認してみましょう。

src/ch5/numplace_solve.py

```
01  import copy, pprint
02  import numplace_data
```

```
03   # 再帰的にパズルを解く ─────────────────────────── 1
04   def solve(data, index):
05       # 終了判定
06       if index >= 81:
07           return True, data
08       # 空白か調べる ─────────────────────────── 2
09       row, col = index // 9, index % 9
10       if data[row][col] != 0:
11           return solve(data, index + 1) # 次のマスを調べる
12       # 利用可能な値を調べる ─────────────────── 3
13       num_list = get_num_list(data, row, col)
14       # 順に値を入れて再帰的に利用可能か調べる ────── 4
15       for n in range(1, 10):
16           if num_list[n]: continue
17           # 仮の値を入れて再帰的に探す ──────────── 5
18           tmp_data = copy.deepcopy(data)
19           tmp_data[row][col] = n
20           result, comp_data = solve(tmp_data, index + 1)
21           if result:
22               return True, comp_data
23       return False, []
24
25   # 利用可能な数値を調べる ─────────────────────── 6
26   def get_num_list(data, row, col):
27       # 0から9の数値リストをFalseで初期化
28       num_list = [False for num in range(10)]
29       # 3x3のマス内の値チェック
30       my, mx = (row // 3 * 3, col // 3 * 3) # 左上座標
31       for yy in range(3):
32           for xx in range(3):
33               num_list[data[my+yy][mx+xx]] = True
34       # 行列のマスの値チェック
35       for i in range(9):
36           num_list[data[i][col]] = True # 横方向
37           num_list[data[row][i]] = True # 縦方向
38       return num_list
39
40   if __name__ == '__main__': # ───────────────────── 7
41       result, data = solve(numplace_data.data, 0)
42       if not result:
43           print('答えが見つかりませんでした')
44       else:
45           pprint.pprint(data)
```

プログラムを実行してみましょう。上記のサンプルデータ「numplace_data.py」と同じディレクトリにプログラムを配置して以下のコマンドを実行しましょう。すると下記のように答えを表示します。

ターミナルで実行

```
$ python3 numplace_solve.py
[[3, 7, 4, 6, 9, 1, 5, 2, 8],
 [8, 1, 2, 5, 7, 4, 6, 3, 9],
 [9, 5, 6, 3, 8, 2, 4, 1, 7],
 [2, 8, 1, 4, 5, 7, 3, 9, 6],
 [6, 9, 5, 2, 3, 8, 1, 7, 4],
```

```
 [4, 3, 7, 1, 6, 9, 2, 8, 5],
 [1, 2, 8, 7, 4, 5, 9, 6, 3],
 [7, 4, 3, 9, 1, 6, 8, 5, 2],
 [5, 6, 9, 8, 2, 3, 7, 4, 1]]
```

プログラムを確認してみましょう。■では再帰的にナンプレを解く関数solveを定義します。第1引数にはその時点でのパズルデータ、第2引数にはどのマスについて処理するのかを表すインデックス番号を指定します。ナンプレでは9×9=81マスあり、左上のマスを0番、右下を80として考えます。そこで、indexが81になったらすべてのマスが埋まったことになります。

■ではindexからどのマスを処理するのか、行番号（row）と列番号（col）を計算します。そして、指定のマスがすでに数字で埋まっていれば次のマスを確認します。そのために、indexに1を足して関数solveを再帰的に呼び出します。

■ではそのマスについて、どの数字が指定可能かを調べて、■では順に1から9の値を入れてから再帰的にsolve関数を呼び出します。このとき、■で変数dataの値を完全に複製してから呼び出します。これにより、再帰的に関数solveを呼び出しても、もともとの変数dataの値が混ざることがありません。

■では関数get_num_listを定義します。この関数は座標（col, row）にあるマスにおいて、どの数値を指定できるかを調べます。結果は0から9の値を表す真偽型のリストを返します。ナンプレのルールに沿って、3×3のマスの中、縦方向、横方向のマスを調べて使われている数値の要素をTrueにします。つまり、num_list[3]がFalseであればnum_list[3]の数値は配置できることを意味します。

■では関数solveを呼び出して、ナンプレの解析結果と答えを表示します。

ナンプレの問題を作ってみよう

以上、簡単にナンプレを解くプログラムを作ってみました。次に、ナンプレの問題を自動生成するプログラムを作ってみましょう。これにより、ナンプレのクイズ集を買わなくても、無限に何度でも楽しむことができます。

なお、9×9のマスの上にランダムに数字を配置するだけで問題を作成できそうに思えますが、その方法では「解けない問題」を作ってしまう可能性があります。そこで、すでにある完成したナンプレデータをシャッフルするという方法で問題を作成します。

すでに完成している問題を次のような手順でシャッフルすることにより新しい問題を作成できます。
❶ 最初にすべてのマスが埋まった（完成した）ナンプレを用意する
❷ ランダムな確率で、上3行と下3行を入れ替える
❸ ランダムな確率で、3×3の枠内の行を入れ替える
❹ ランダムな確率で、行と列を入れ替えて
❺ 上記手順❷から❹を適当な回数繰り返す
❻ すべてのマスに関して、ランダムな確率でマスを0にする

図でも確認してみましょう。次のようにすると、ナンプレのルールに沿ったシャッフルが可能です。

上3行と下3行は交換可能								
3	7	4	6	9	1	5	2	8
8	1	2	5	7	4	6	3	9
9	5	6	3	8	2	4	1	7
2	8	1	4	5	7	3	9	6
6	9	5	2	3	8	1	7	4
4	3	7	1	6	9	2	8	5
1	2	8	7	4	5	9	6	3
7	4	3	9	1	6	8	5	2
5	6	9	8	2	3	7	4	1

同じ3×3のマス内にある 行であれば交換可能								
3	7	4	6	9	1	5	2	8
8	1	2	5	7	4	6	3	9
9	5	6	3	8	2	4	1	7
2	8	1	4	5	7	3	9	6
6	9	5	2	3	8	1	7	4
4	3	7	1	6	9	2	8	5
1	2	8	7	4	5	9	6	3
7	4	3	9	1	6	8	5	2
5	6	9	8	2	3	7	4	1

行列は交換可能								
3	8	9	2	6	4	1	7	5
7	1	5	8	9	3	2	4	6
4	2	6	1	5	7	8	3	9
6	5	3	4	2	1	7	9	8
9	7	8	5	3	6	4	1	2
1	4	2	7	8	9	5	6	3
5	6	4	3	1	2	9	8	7
2	3	1	9	7	8	6	5	4
8	9	7	6	4	5	3	2	1

図5-3-2　ナンプレ問題の作り方

ナンプレの問題を作成するプログラム

ナンプレの問題を作成するプログラムは次の通りです。

src/ch5/numplace_maker.py

```
01  import pprint, random
02  import numplace_solve
03  # 問題を作成する関数                                              ■1
04  def shuffle_table(data, blank_rate):
05      if len(data) == 0:
06          # マスを全部0で初期化                                    ■2
07          data = [[0] * 9 for _ in range(9)]
08          # 答えを見つける                                         ■3
09          _, data = numplace_solve.solve(data, 0)
10      # 繰り返し入れ替えたり回転したりする                          ■4
11      for _ in range(300):
12          if random.randint(0, 2) == 0:
13              # 上3行と下3列の入れ替えが可能                       ■5
14              for i in range(3):
15                  data[0+i], data[6+i] = data[6+i], data[0+i]
16          for i in range(3):
17              if random.randint(0, 2) == 0:
18                  # 同じ3×3のマスの行ならば入れ替えが可能          ■6
19                  l1 = i * 3 + random.randint(0, 2)
20                  l2 = i * 3 + random.randint(0, 2)
21                  data[l1], data[l2] = data[l2], data[l1]
22          if random.randint(0, 2) == 0:
23              # 縦横を入れ替え                                     ■7
24              data = [list(x) for x in zip(*data)]
25      # ランダムに穴を作る                                         ■8
26      for row in range(9):
27          for col in range(9):
28              if random.random() < blank_rate:
29                  data[row][col] = 0
30      return data
31
```

289

```
32  if __name__ == '__main__':
33      # ランダムに問題を作成 ─────────────────────────────── 9
34      blank_rate = 0.5
35      data = shuffle_table([], blank_rate)
36      print('--- 問題 ---')
37      pprint.pprint(data)
38      # 念のため解けるか確認 ─────────────────────────────── 10
39      print('--- 答え ---')
40      result, data = numplace_solve.solve(data, 0)
41      if not result:
42          print('[エラー] 壊れています。')
43      else:
44          pprint.pprint(data)
```

プログラムを実行してみましょう。すると次のように問題データと答えのデータを生成します。なお、問題作成にあたって問題を解くプログラム「numplace_solve.py」をモジュールとして利用するので同じディレクトリに配置してください。

ターミナルで実行

```
$ python3 numplace_maker.py
--- 問題 ---
[[0, 4, 0, 2, 0, 0, 5, 9, 0],
 [2, 0, 0, 0, 9, 0, 3, 0, 0],
 [3, 6, 9, 0, 7, 0, 1, 8, 2],
 [7, 0, 0, 8, 0, 2, 9, 6, 0],
 [9, 3, 6, 0, 0, 4, 8, 0, 0],
 [8, 0, 5, 0, 6, 1, 0, 4, 3],
 [5, 8, 2, 6, 1, 9, 4, 3, 0],
 [6, 0, 3, 0, 0, 7, 0, 0, 8],
 [0, 7, 1, 3, 0, 8, 6, 0, 9]]
--- 答え ---
[[1, 4, 7, 2, 8, 3, 5, 9, 6],
 [2, 5, 8, 1, 9, 6, 3, 7, 4],
 [3, 6, 9, 4, 7, 5, 1, 8, 2],
 [7, 1, 4, 8, 3, 2, 9, 6, 5],
 [9, 3, 6, 7, 5, 4, 8, 2, 1],
 [8, 2, 5, 9, 6, 1, 7, 4, 3],
 [5, 8, 2, 6, 1, 9, 4, 3, 7],
 [6, 9, 3, 5, 4, 7, 2, 1, 8],
 [4, 7, 1, 3, 2, 8, 6, 5, 9]]
```

当然、実行するたびに異なるナンプレ問題が生成されます。

それではプログラムを確認しましょう。1 では問題を作成する関数 shuffle_table を定義します。この関数は規則に従ってナンプレデータをシャッフルします。そのため、引数 data にはすでに完成しているナンプレデータを指定するか、空のリストを指定します。

2 では引数に空のリストを指定したときに実行する処理を記述します。その場合、すべてのマスを0で初期化します。そして、3 でナンプレを解きます。これにより、完成したナンプレデータを指定したのと同じことになります。

ところで、3 には次のような「_」という表現があります。そもそも関数 solve は2つの値を返します。しかし、ここで1つ目の値は利用しません。そこで、不要な値であることを示すために使う変数「_」に代入します。

```
    _, data = numplace_solve.solve(data, 0)
```

ちなみに、Pythonで「__main__」や「__file__」のようにアンダースコア2つで始まる変数は特別な意味を持つ変数であることを意味しています。安易に書き換えたりしないように注意しましょう。

4 では繰り返し行を入れ替えたり縦横を入れ替えたりとシャッフル処理を行います。5 では1/2の確率で上3行と下3行を入れ替えます。6 では同じく1/2の確率で3x3マスの内の行を入れ替えます。7 では二次元のリストの縦横を入れ替えます。

8 ではすべてのマスに対して指定の確率でランダムに穴（値0）を作ります。

9 ではランダムに問題を作成します。そして 10 では問題が解けるかどうかを実際に解いて確認します。なお、変数blank_rateには穴をどれくらい作るかの確率を指定します。好みに応じて変更して使えます。

Excelシートにナンプレの問題を出力しよう

それほどアルゴリズムが必要なわけではありませんが、せっかくなので、Excelシートにナンプレの問題を一気に書き込んでみましょう。印刷して使ったり、PDFで出力してタブレットのお絵かきアプリで楽しむことができます。

Excelデータを作るのにあたり「openpyxl」というモジュールを利用します。ターミナルから次のコマンドを実行してインストールしましょう。

ターミナルで実行
```
# openpyxlのインストール
$ python3 -m pip install -U openpyxl==3.0.10
```

そして、**図5-3-3**のようなExcelのテンプレートファイルを作成して「numplace_template.xlsx」という名前で保存します。上記のプログラムで問題を作ったら数字を書き込みます（このExcelファイルは本書のサンプルに同梱してます）。

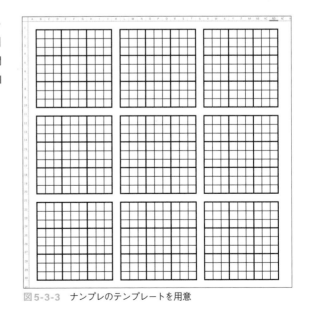

図5-3-3　ナンプレのテンプレートを用意

そして、以下がナンプレの問題を作成して、Excelシートに書き込むプログラムです。一度に9個の問題を作成します。

```
01  import numplace_maker
02  import openpyxl as excel
03
04  # Excelファイルを開く ─────────────────────────────── 1
05  book = excel.load_workbook('numplace_template.xlsx')
06  sheet = book.worksheets[0]
07  for y in range(3):
08      for x in range(3):
09          # 問題を作成 ─────────────────────────────── 2
10          data = numplace_maker.shuffle_table([], 0.5)
11          for row in range(9):
12              for col in range(9):
13                  # 書き込むセルを計算 ──────────────── 3
14                  ix, iy = x*10+col+2, y*10+row+2
15                  val = data[row][col] if 0 != data[row][col] else ''
16                  # Excelシートに書き込む ────────────── 4
17                  sheet.cell(iy, ix, val)
18                  # 空白セルに色を付ける
19                  if val == '':
20                      fill = excel.styles.PatternFill(
21                          patternType='solid', fgColor='C0E0C0')
22                      sheet.cell(iy, ix).fill = fill
23  # Excelファイルを保存 ───────────────────────────── 5
24  book.save('numplace_data.xlsx')
```

プログラムを実行するには、ターミナルで次のコマンドを入力しましょう。このとき、上記で紹介した Python ファイルをすべて同じディレクトリにコピーしておいてください。

ターミナルで実行

```
$ python3 numplace_maker_excel.py
```

すると「numplace_data.xlsx」という Excel ファイルが生成されます。プログラムを実行するたびに異なるナンプレ問題が作成されます（**図5-3-4**）。

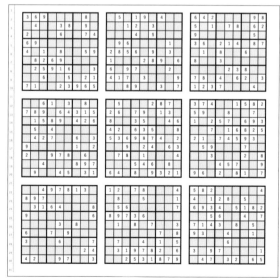

図 5-3-4　Excel ファイルを生成したところ

プログラムを確認してみましょう。■ では既存のExcelファイルを読み込みます。2 ではナンプレの問題を作成します。そして、3 でExcelシートのどの位置に書き込むかを計算し、4 でExcelに書き込みます。なおExcelシートの行と列はPythonのリストと違って、1起点となります。加えてテンプレートのシートでは先頭の1行と1列を余白にしているので、書き込み先に2を加えています。そして、最後に 5 でExcelファイルに保存します。

このように、openpyxlモジュールを使うと、とても簡単にExcelファイルの読み書きが可能です。

まとめ

以上、本節ではナンプレをプログラミングの力で解く方法を紹介しました。再帰を使うことで、配置可能な数字を次々と置き換えて試すことができました。また、ナンプレ問題を作成するプログラムも作ってみました。ランダムに配置するのではなく既存のデータをシャッフルすることで新たな問題を作成できました。

15 パズルを解く

「15パズル」とは4×4のマスにある1から15までの数字をスライドさせて並び替えるパズルゲームです。15パズルの問題を作成し、そのパズルを解く手順をプログラミングして求めてみましょう。

ここで学ぶこと

● 15パズルの作成と解答

● 深さ優先探索

● 幅優先探索

● 深さ制限探索 / 反復深化

15パズルのルール

「15パズル」はスライディングブロックと呼ばれるパズルゲームの一種です。1874年に考案され現在では世界中で楽しまれています。4×4のマスの中に1から15の数字と穴が配置されます。

穴は上下左右に動かせるようになっており、数字をスライドさせて左上から右下へと1から15までの数字を整列させるのが目的のゲームです。

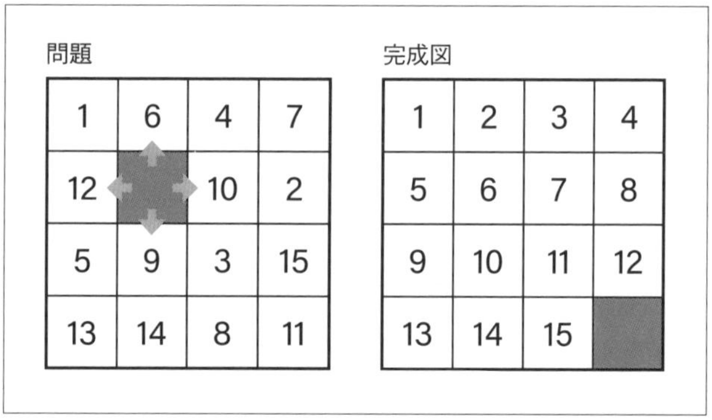

図5-4-1 15パズルは穴の位置を上下左右に動かして数字を並べるパズル

15パズルを作ろう

最初にコマンドラインで遊べる15パズルを作ってみましょう。コマンドラインで穴を上下左右のどの方向に動かすかを指定して遊べるものを作ります。まずは、どのように15パズルの盤面を表現したらよいか考えましょう。

前節では、ナンプレのプログラムを作るのに二次元のリストを利用しました。今回、15パズルの表現では、プログラムが簡易になるように盤面を一次元で表現することにしましょう。右のように一次元で二次元の盤面を表現します。そして、盤面における穴を0で表現します。

```
data = [
    1, 2, 3, 4,
    5, 6, 7, 8,
    9, 10, 11, 12,
    13, 14, 15, 0
]
```

パズル問題の作成

次に、パズル問題の作成方法について考察しましょう。15パズルでは、完全にランダムに数字を配置すると絶対に解けないパズルになってしまいます。そのため、パズル問題を作成する際、盤面の完成図に対してランダムに穴の位置を動かすことで、パズルをシャッフルします。これで、解けない問題になってしまう問題を回避できます。

盤面をシャッフルする処理は、次のようになるでしょう。上下左右の相対座標を定義した変数UDLRと穴の位置を移動する関数moveを用意しておいて、繰り返しランダムな方向に穴の位置を移動させます。

```
# 上下左右の相対座標を定義
UDLR = [[0,-1],[0,1],[-1,0],[1,0]]
# ランダムに100回穴の位置を動かす
for _ in range(100):
    move(data, UDLR[random.randint(0, 3)])
```

15パズルを遊ぶプログラム

上記の点を考慮して、コマンドラインで遊べる15パズルを作ると、次のようになるでしょう。

src/ch5/puzzle15.py

```
01  import random
02  # 初期値の指定 ─────────────────────────────── 1
03  UDLR = [[0,-1],[0,1],[-1,0],[1,0]]
04  INIT_LIST = [(n+1) % 16 for n in range(16)]
05  # 画面にデータを表示する ──────────────────── 2
06  def show_data(data):
07      data_s = map(lambda v: f'[{v:02d}]', data) # データを文字列に変換
08      s = ''
09      for i, v in enumerate(data_s):
10          v = v if v != '[00]' else '[__]'
11          s += (v + '\n') if i % 4 == 3 else v # 4つごとに改行をいれる
12      print('---\n' + s + '---')
13  # dirの方向に穴を移動する ─────────────────── 3
14  def move(data, dir):
15      i1, i2 = calc_index(data, dir)
16      data[i1], data[i2] = data[i2], data[i1]
17  # 移動先のインデックスを計算 ──────────────── 4
18  def calc_index(data, dir):
19      i2 = i1 = data.index(0) # 穴の位置を得る
20      y1, x1 = i1 // 4, i1 % 4 # 座標を確認
21      y2, x2 = y1+dir[1], x1+dir[0] # 移動先を計算
22      if 0 <= y2 <= 3 and 0 <= x2 <= 3: # 範囲なら穴を移動
23          i2 = y2 * 4 + x2
```

```
24        return i1, i2
25  # データをシャッフル ─────────────────────────────── 5
26  def shuffle_data(data, shuffle_time):
27      for _ in range(shuffle_time):
28          move(data, UDLR[random.randint(0, 3)])
29  # ゲームの初期化処理 ─────────────────────────────── 6
30  def init_game(shuffle_time):
31      data = [INIT_LIST[i] for i in range(16)]
32      shuffle_data(data, shuffle_time)
33      show_data(data)
34      return data
35  # ゲームの開始 ─────────────────────────────────── 7
36  def start_game(data):
37      while True:
38          user_input(data)
39          if data == INIT_LIST:
40              print('clear!')
41              quit()
42  # ユーザーからの入力に応じて穴を移動する ────────────────── 8
43  def user_input(data):
44      i = int(input('穴の移動先: [0]上[1]下[2]左[3]右 > '))
45      if 0 <= i <= 3:
46          move(data, UDLR[i])
47          show_data(data)
48  if __name__ == '__main__': # ──────────────────────── 9
49      start_game(init_game(8))
```

プログラムを実行するにはターミナルで次のコマンドを実行します。

ターミナルで実行

```
$ python3 puzzle15.py
```

そして、0から3の数字を入力して穴の位置を移動し
ます。左上から右下へ順に1、2、3、4、…15と並べる
ことができればゲームクリアです。

```
ch5 % python3 puzzle15.py
---
[01][02][03][04]
[05][06][07][08]
[09][10][__][11]
[13][14][15][12]
---
穴の移動先: [0]上[1]下[2]左[3]右 > 3
---
[01][02][03][04]
[05][06][07][08]
[09][10][11][__]
[13][14][15][12]
```

図 5-4-2　15パズルを遊んでいるところ

プログラムを確認してみましょう。

1 では定数を初期化します。UDLRは上下左右の相対座標で、INIT_LISTは15パズルの正解配置を定義します。

2 は画面にデータを表示する関数を定義します。3 は引数dirの方向に穴を移動する関数を定義します。なお、引
数dirの値は上=0、下=1、左=2、右=3です。

4 は移動先のインデックスを計算する関数を定義します。5 はランダムに穴の位置を移動することでパズルデータ
シャッフルします。6 ではゲームの初期化処理を行います。

7 では繰り返しユーザーの操作に対応し、パズルが揃ったかを判定する処理を繰り返します。8 ではのユーザーか
らの入力値を得て、穴の位置を移動します。9 ではゲームを開始するため、関数start_gameを呼び出します。

15パズルをどのように解くのか？

次に15パズルを自動で解くプログラムを作ってみましょう。ここまで見てきたプログラムのように、再帰を利用することで15パズルも簡単に解けそうに感じるでしょうか。ところが、あまり考えずに作ってみると、再帰的にすべてのパターンを網羅できないことに気付くでしょう。

再帰でプログラムを作る場合、何かしらの終了条件がないと、関数呼び出しの最大値に達して「RecursionError」というエラーが表示されます。15パズルの場合、穴を上に移動した後で下に移動して再び上に移動するなど、無駄な手順が発生する可能性があり、手順が膨大になってしまうのです。

15パズルを「深さ優先探索」で解く場合

とは言え、あらゆる15パズルの最長手数は80手であることが立証されています。そこで、最大再帰レベルを決めておいて、そのレベルに達したら操作を中止することでパズルを解くことができます。

最長手数こそ指定しますが、迷路探索で紹介した「深さ優先探索」(p.297)を利用してパズルを解くことが可能です。次の手順でプログラムを作ります。

❶ 再帰レベルが指定の値に達するまで以下の処理を行う
❷ 盤面を確認し数字が揃っていれば終了する
❸ 現在の盤面を複製し穴の位置を上下左右に動かしてみる
❹ 移動後の盤面が探索済みかどうか調べて、探索済みでなければ、再帰的に手順❶に戻る

なお、手順❶にて最大再帰レベルを確認します。このように、再帰的に探索する深さを制限する手法を「深さ制限探索」(英語：depth-limited search)と呼びます。制限を越えて探索を進めることがないため、制限された深さの範囲内で最適解を求めることができます。

なお、ここでは、最初から最大再帰レベルを最長手数80手にして試すのではなく、まずは低めの値を指定して解けるか確認します。それで解けなければ、最大再帰レベルを増やして再試行します。このように、深さ制限探索を実践しつつ、必要に応じて最大レベルを増やしていく方法を「反復深化」(英語：iterative deepening)と呼びます。この方法であれば、組合せが膨大な場合でも再帰を使って問題を解くことができます。

15パズルを「深さ優先探索」で解くプログラム

上記の手順をプログラムにすると次のようになります。確認してみましょう。

src/ch5/puzzle15solve_dfs.py

```
01  import puzzle15
02  import copy
03
04  # 訪問した盤面を覚えておく ──────────────────── 1
05  visited = {}
06  # 再帰的に問題を解く ──────────────────────── 2
```

```
07  def solve_r(data, operation, level, max_level):
08      if level >= max_level: return [] # 最大レベルになったら戻る
09      if data == puzzle15.INIT_LIST: # 盤面が揃ったら終わる
10          return operation
11      # 現在の盤面を覚えておく ─────────────────────── ③
12      visited[tuple(data)] = True
13      # 上下左右に動かして再帰で確認する ──────────── ④
14      for no in range(4):
15          dir = puzzle15.UDLR[no]
16          i1, i2 = puzzle15.calc_index(data, dir)
17          if i1 == i2: continue
18          # 盤面をコピーして移動する ─────────────── ⑤
19          tmp = copy.copy(data)
20          puzzle15.move(tmp, dir)
21          if tuple(tmp) in visited: continue
22          # 再帰的に答えを探す ─────────────────── ⑥
23          r = solve_r(tmp, operation+[no], level+1, max_level)
24          if len(r) > 0: return r
25      return []
26
27  def solve(data):
28      # 再帰の最大レベルを30から少しずつ増やして検索 ──── ⑦
29      for max_level in range(30, 80, 5):
30          print(f'最大再帰{max_level}回で検索')
31          visited.clear()
32          result = solve_r(data, [], 0, max_level)
33          if len(result) > 0: return result
34      print('解けませんでした')
35      return []
36
37  if __name__ == '__main__':
38      # 問題をランダムに生成し答えを表示する ────────── ⑧
39      data = puzzle15.init_game(30)
40      result = solve(data)
41      print('答え=', result)
42      print('手数=', len(result))
```

ターミナルで次のようなコマンドを実行してプログラムを実行できます。すると、シャッフルして作成した問題と、そのパズルの答えとなる操作手順と手数が表示されます。

ターミナルで実行

```
$ python3 puzzle15solve_dfs.py
---
[01][02][03][04]
[05][06][15][07]
[09][10][08][11]
[13][14][12][__]
---
答え= [0, 2, 0, 0, 3, 1, 1, 1, 2, 0, 3, 0, 2, 0, 3, 1, 2, 0, 3, 1, 1, 1]
手数= 22
```

操作手順は、数値で表示されますが、0が上、1が下、2が左、3が右を表します。これは先ほど作ったコマンドラインで遊べる15パズルに与える値と同じです。

それでは、プログラムを確認してみましょう。■ではすでに確認した盤面を再び確認しなくてもよいように、visitedという辞書型変数を利用することにします。■では再帰的に問題を解く関数solve_rを定義します。この関数では引数に指定した最大レベルまで再帰したらそれ以上深いレベルを検索しないようにします。

■では現在の盤面を辞書型の変数visitedに記録します。これにより同じ盤面を繰り返し処理しないように工夫しています。なお、一般的に辞書型のキーには文字列を指定しますが、このようにタプルを与えることもできます。

■以降の部分では穴の位置を上下左右に動かして再帰で確認します。■では盤面をコピーしてから数字の位置を変更し、■で関数solve_rを呼び出します。

■では再帰の最大レベルを30から順に80まで5ずつ増やして検索します。つまり、30手以内の手順で問題が解ける場合にはすぐに答えが見つかります。しかし、30手以上が必要な場合があるので、反復深化の手法で少しずつ最大レベルを増やして検索を行います。

■では問題をランダムに生成して答えを表示します。

「深さ優先探索」の欠点

上記プログラムの■では、シャッフル回数を30回としているため、比較的簡単な問題が生成されるようになっています。このシャッフル回数を大きな値に変更すると、より多くの手順が必要な問題になります。

多くの手順が必要な場合、問題によっては、いつまで経っても答えが表示されないことがあります。その場合には、[Ctrl]＋[C]でプログラムを停止しましょう。ところで、なぜ答えが求められないのでしょうか。それは、15パズルの状態数は20,922,789,888,000通り存在するからです。このように、状態数が膨大な場合には探索に時間がかかります。

15パズルをランダムに動かして解く場合

さて、上記の「深さ優先探索」では、場合によって膨大な時間がかかるケースがあることが分かりました。そこで、別のアプローチを考えてみましょう。

そもそも今回出題される問題はランダムにシャッフルして作成したものです。そこで、再びランダムに穴の位置を動かすことで、その答えを求めることが可能なのではないでしょうか。

とは言え、完全にランダムに動かすのでは、なかなか答えが見つからないので、上二段に関しては、あるべき位置になったらその場所を動かさないようにするというルールを加えてみましょう。

15パズルをランダムに穴の位置を動かして解くプログラム

乱数を使って穴の位置を動かして問題を解くプログラムは次の通りです。

src/ch5/puzzle15solve_random.py

```
01  import puzzle15
02  import random
03
04  def solve(data):
05      index = 0
06      result = []
07      while True:
```

```
08              # 完成したか結果を確認 ─────────────────────────────────1
09              if data == puzzle15.INIT_LIST:
10                  return result
11              # ランダムに穴の位置を動かす ─────────────────────────2
12              dir_no = random.randint(0, 3)
13              dir = puzzle15.UDLR[dir_no]
14              i1, i2 = puzzle15.calc_index(data, dir)
15              if i1 == i2: continue
16              # あるべき位置に数字があるなら動かさない ─────────────3
17              if data[i2] == puzzle15.INIT_LIST[i2]:
18                  if i2 < index: continue
19              # 移動 ─────────────────────────────────────────4
20              data[i1], data[i2] = data[i2], data[i1]
21              result += [dir_no]
22              # 移動によって数字が揃えば、indexを更新(上二段まで)─────5
23              for i in range(index, 8):
24                  if data[i] != puzzle15.INIT_LIST[i]: break
25                  index = i # 現在index番目まで数字が揃っている
26
27  if __name__ == '__main__': # ─────────────────────────────6
28      data = puzzle15.init_game(30)
29      result = solve(data)
30      print('答え=', result)
31      print('手数=', len(result))
```

次のようなコマンドを実行すると、問題およびどの手順で動かせばよいのかの答えとその手数が表示されます。

ターミナルで実行

```
$ python3 puzzle15solve_random.py
~省略~
答え= [2, 0, 2, …, 0, 1, 1, 0, 2, 2, 2, 1, 3, 3, 3]
手数= 31530
```

プログラムを確認しましょう。このプログラムでは答えが見つかるまでランダムに穴を動かし続けます。1では完成したかどうか結果を確認します。2ではランダムに穴の位置を動かします。3ではあるべき位置に数字があるなら動かさないようにします。4では実際に数字を移動します。5では上2段の数字が揃ったかどうかを確認します。
なお、3と5で15パズル(4×4)の上二段に数字が移動したときに、それ以上数字が移動しないように配慮しています。このとき、左上の数字から順に揃えていきます。そのために、どの位置まで揃っているのかを調べるために変数indexを利用しています。3では数字が揃っているときに、それ以上場所を動かさないように配慮し、5では移動によって変数indexに変化が生じた場合に、indexの値を更新する処理を行います。
6では問題を作成して、それを解いて答えと手数を表示します。
このプログラムはうまく動きます。そして、先ほどの深さ優先探索よりも高速に答えを見つけることができます。ただし、無駄な操作が多く数千から数万手順が必要になることが多いでしょう。とは言え、単純に自動で数字を並べ替えて、パズルを解きたいだけであれば有効な手法と言えます。

15 パズルを「幅優先探索」で解く場合

次に「幅優先探索」のアルゴリズムを利用する方法を確認しましょう。この「幅優先探索」も迷路の自動探索で解説しました(p.277)。次のような手順でパズルを解きます。

❶ キューが空になるまで次の手順を繰り返す
❷ キューから先頭の値(盤面データ, 答えの手順)を取り出す
❸ 上下左右の4方向に対して次の処理を行う
❹ 盤面を複製して穴をその方向に移動する
❺ 移動後の盤面が完成であれば処理を終わる
❻ すでに確認済みの盤面であれば、手順❹に戻って次の方向を確認する
❼ キューに盤面と答えの手順とレベルを追加して、手順❷に戻る

15 パズルを「幅優先探索」で解くプログラム

上記の手順でパズルを解くプログラムは次のようになります。

src/ch5/puzzle15solve_bfs.py

```
01  import puzzle15
02  import copy
03  # 幅優先探索を使って問題を解く                              ■1
04  def solve(data):
05      if data == puzzle15.INIT_LIST: return []
06      visited = {} # 訪問した盤面を覚えておく                  ■2
07      queue = [[data, []]] # キューを初期化
08      # 答えが見つかるまで繰り返す                            ■3
09      while len(queue) > 0:
10          # キューから値を下ろす                             ■4
11          data, result = queue.pop(0)
12          # 上下左右を順に探すようにする                       ■5
13          for no, dir in enumerate(puzzle15.UDLR):
14              # 移動先のインデックスを得る
15              i1, i2 = puzzle15.calc_index(data, dir)
16              if i1 == i2: continue
17              # 盤面データを複製して数字を移動し完成か確認         ■6
18              data2 = copy.copy(data)
19              data2[i1], data2[i2] = data2[i2], data2[i1]
20              if data2 == puzzle15.INIT_LIST:
21                  return result+[no]
22              # 新規盤面でなければ別の方向を確認                 ■7
23              if tuple(data2) in visited: continue
24              visited[tuple(data2)] = True
25              # キューに盤面と手順を追加                        ■8
26              queue.append([data2, result+[no]])
27      return []
28
29  if __name__ == '__main__':
30      # 問題をランダムに生成し答えを表示する                    ■9
31      data = puzzle15.init_game(30)
```

```
32     result = solve(data)
33     print('答え=', result)
34     print('手数=', len(result))
```

プログラムを実行してみましょう。プログラムを実行すると問題と解法と手数が表示されます。安定して少ない手数で15パズルを解くことができます。

```
$ python3 puzzle15solve_bfs.py
---
[01][03][__][04]
[06][02][07][08]
[05][10][15][11]
[09][13][14][12]
---
答え= [2, 1, 2, 1, 1, 3, 3, 0, 3, 1]
手数= 10
```

プログラムを確認してみましょう。■1以降では幅優先検索を使って問題を解く関数solveを定義します。■2では訪問した盤面を覚えておくために辞書型の変数visitedを初期化します。またキューに盤面を追加します。

■3ではキューの値（変数queue）が空になるまで繰り返しそれ以降の処理を繰り返します。■4ではキューの先頭から盤面データと手順を取り出します。■5では、キューから取り出したデータに対して、穴の上下左右の4方向を確認します。

■6では盤面を複製して数字を移動します。そして盤面が完成したかを確認します。■7ではすでに訪問済みの盤面かどうかを確認します。■8ではキューに盤面と手順を追加します。

■9では問題をランダムに生成して、■2で定義した関数solveを呼び出して、答えを表示します。

15パズルを「A*」（エースター）で解く方法

「幅優先探索」を改良したアルゴリズムに「A*」（エースター）と呼ばれるものがあります。これは、幅優先探索に優先度を追加したものです。問題解決の目標値やコストを推測する関数を利用して、できるだけ効率的に探索を行うアルゴリズムです。この「A*」は経路探索問題やパズルゲームの解法に使用されます。

それで、ここで15パズルにおけるコスト推測関数に、現在盤面から完成盤面までの「距離」を利用します。次のような手順でコストを推測します。

❶ 15パズルの盤面における15個の数字1つずつについて手順❷の計算を行う
❷ 現在の位置から完成盤面のあるべき位置までの距離を求める
❸ 各盤面の移動距離を足し合わせて推定コストとする

それで、上記手順❷の完成盤面のあるべき位置までの距離の計算方法ですが、次のような計算式で求めます。完成盤面における数値Nの座標を$(x1, y1)$とし、実際に数値Nがある座標$(x2, y2)$としたとき、次のような式で距離が求められます。ここのabsは絶対値を求める関数です。

```
距離 = abs(y2 - y1) + abs(x2 - x1)
```

それで、幅優先探索を行う際に、この距離を合計したものが短いものを調べてキューに追加するようにします。

15パズルを「A*」で解くプログラム

上記の「A*」アルゴリズムで完成版面までの移動距離をコスト推定関数として使ったプログラムは次のようになります。

src/ch5/puzzle15solve_astar.py

```python
01  import puzzle15
02  import copy
03
04  # 盤面におけるコストを計算する ──────────────────── 1
05  def calc_cost(data):
06      cost = 0
07      for i in range(15):
08          # i番目のマスについて、完成版面の座標と現在の座標を調べる
09          no = puzzle15.INIT_LIST[i]
10          i2 = data.index(no)
11          y1, x1 = i // 4, i % 4 # 完成版面の座標
12          y2, x2 = i2 // 4, i2 % 4 # 現在の座標
13          # (x1,y1)から(x2,y2)の距離を求める ──────────── 2
14          distance = abs(y2 - y1) + abs(x2 - x1)
15          cost += distance # 各マスの距離を足す
16      return cost
17
18  # 幅優先探索の改良版「A*」を使って問題を解く ──────────── 3
19  def solve(data):
20      if data == puzzle15.INIT_LIST: return []
21      visited = {} # 訪問済み盤面を管理
22      queue = [(calc_cost(data), data, [])] # キューを初期化
23      # 答えが見つかるまで繰り返す ───────────────── 4
24      while len(queue) > 0:
25          # キューから値を下ろす ─────────────────── 5
26          cost, data, result = queue.pop(0)
27          # 上下左右を順に探す ────────────────── 6
28          for no, dir in enumerate(puzzle15.UDLR):
29              # 移動先のインデックスを得る
30              i1, i2 = puzzle15.calc_index(data, dir)
31              if i1 == i2: continue
32              # 盤面データを複製して数字を移動し完成か確認 ──────── 7
33              data2 = copy.copy(data)
34              data2[i1], data2[i2] = data2[i2], data2[i1]
35              if data2 == puzzle15.INIT_LIST:
36                  return result+[no]
37              cost2 = calc_cost(data2)
38              # 訪問済みで今回の方がコストが大きいならばキューには追加しない ─ 8
39              if tuple(data2) in visited and cost < cost2:
40                  continue
41              visited[tuple(data2)] = True
```

```
42              # キューに盤面と手順を追加
43              queue.append((cost2, data2, result+[no]))
44      return []
45
46  if __name__ == '__main__':
47      # 問題をランダムに生成し答えを表示する ──────────────── 9
48      data = puzzle15.init_game(30)
49      result = solve(data)
50      print('答え=', result)
51      print('手数=', len(result))
```

プログラムを実行してみましょう。

ターミナルで実行

```
$ python3 puzzle15solve_astar.py
---
[01][02][07][03]
[05][06][__][04]
[09][10][12][08]
[13][14][11][15]
---
答え= [0, 3, 1, 1, 2, 1, 3]
手数= 7
```

プログラムを確認してみましょう。1 では盤面におけるコストを計算する関数 calc_cost を定義します。盤面を1つずつ調べて、完成盤面と現在の盤面の距離を調べて合計をコストとします。2 では2つの座標の距離を計算して、それをコストに加算します。

3 以降では「A*」を使って問題を解く関数 solve を定義します。4 ではキューが空になるまで繰り返し処理を行います。5 ではキューから値を1つ下ろします。6 では、穴を上下左右の4方向に動かした場合の処理を記述します。7 では盤面を複製し、実際に数字を移動させてみて、盤面におけるコストを計算します。8 では前回のコストと今回のコストを比較してみて、今回のコストが大きいならばキューに追加しないようにします。ただし、盤面が未訪問であるならば、そのままキューに盤面を追加します。9 では問題をランダムに生成して答えを表示します。

まとめ

以上、本節では15パズルを解くプログラムを作ってみました。同じ数字を使うパズルでも、ナンプレよりも15パズルの方がプログラミングで解くのが難しい問題でした。組み合せが膨大になる分、再帰レベルを制限したり、距離などのコスト計算をしたりと工夫が必要になりました。15パズルには他にも解法が考えられますので、これまで学んだ手法を用いてプログラムを作ってみるとよいでしょう。

ナップサック問題

難解パズルの1つに「ナップサック問題」があります。これは非常に膨大な計算が要求されるため、アルゴリズム学習の良い題材です。力業で問題を解く全探索法に加えて動的計画法を使って問題を解いてみましょう。

ここで学ぶこと

● **ナップサック問題**

● **全探索法**

● **動的計画法**

ナップサック問題について

「ナップサック問題」(英語：Knapsack problem)とは、ナップサックに与えられた物品を詰め込むとき、何を入れたら最も価値の高い物品でいっぱいにできるかを求めるものです。組合せが膨大になるために解くのが難しいとされています。

【問題】

小さな小舟で隣の島に渡ろうとしています。そして、手元に9kgの物品を積み込めるナップサックがあります。このナップサックに次のいずれかの物品を詰めて海を渡り、隣の島で換金しようと思います。最も高額になる組み合わせを調べるプログラムを作ってください。なお、物品は1つずつしか持って行けないものとします。

商品	重さ	値段
A	1kg	730 円
B	2kg	1470 円
C	3kg	2200 円
D	4kg	2870 円
E	5kg	3500 円

【ヒント】この問題をプログラムに落とし込むには、それぞれの物品を持っていく場合と持っていかない場合で考慮するとよいでしょう。

全探索法でナップサック問題を解く

「全探索法」とは力任せにしらみつぶしにすべての候補の組合せを調べるアルゴリズムです。再帰を用いてすべての
ケースについて「持っていく」「持っていかない」を確認します。今回の場合はそれほど組合せが多くないので問題な
く解くことができます。

全探索法でナップサック問題を解くプログラム

それでは、全探索法でナップサック問題を解くプログラムを作ってみましょう。再帰を使うことですべての組合せを
調べます。

src/ch5/knapsack_force.py

```
01  # ナップサックの最大容量を指定 ─────────────────────────■
02  MAX_WEIGHT = 9
03  # 物品の一覧を定義 ───────────────────────────────■
04  ITEMS = [
05      {'name': 'A', 'weight': 1, 'price': 730},
06      {'name': 'B', 'weight': 2, 'price': 1470},
07      {'name': 'C', 'weight': 3, 'price': 2200},
08      {'name': 'D', 'weight': 4, 'price': 2870},
09      {'name': 'E', 'weight': 5, 'price': 3500},
10  ]
11  # 再帰的にナップサックに詰める物品を調べる ─────────────────■
12  def pack(result, i, weight, price, knapsack):
13      # 最後まで調べたら終わる
14      if len(ITEMS) <= i:
15          result[knapsack] = price
16          return
17      # 今回入れる物品
18      it = ITEMS[i]
19      # 商品iを持たない場合 ──────────────────────────■
20      pack(result, i+1, weight, price, knapsack)
21      # 商品iを持つ場合 ────────────────────────────■
22      knapsack2 = knapsack + it['name']
23      weight2 = weight + it['weight']
24      price2 = price + it['price']
25      # 重量オーバーした？
26      if weight2 > MAX_WEIGHT:
27          result[knapsack] = price
28          return
29      # 再帰的に次の物品を詰める
30      pack(result, i+1, weight2, price2, knapsack2)
31
32  if __name__ == '__main__':
33      # 全物品の組合せを確認する ──────────────────────■
34      result = {}
35      pack(result, 0, 0, 0, '')
36      # 価格が高くなる順に並び替えて価値のある組合せを表示 ──────■
37      result2 = sorted(result.items(), key=lambda x:x[1], reverse=True)
38      print('最も価値のある組合せ=', result2[0])
```

ターミナルからプログラムを実行してみましょう。すると、最も価値のある組合せは、BCDをナップサックに詰めることで、価格は6540円であることが分かります。

```
$ python3 knapsack_force.py
最も価値のある組合せ＝ ('BCD', 6540)
```

プログラムを確認してみましょう。■1ではナップサックの最大容量を9kgに定義します。そして、■2では持っていく候補となる物品の一覧を定義します。

■3では、再帰的にナップサックに詰める物品を調べる関数packを定義します。この関数では、引数に指定したi番目の物品を持っていく場合と、持っていかない場合で条件を確認しつつ再帰的に計算して、引数resultに追加するというものです。なお、引数priceはその時点でナップサックに入っている物品の合計価格と、knapsackは物品名を指定します。

■4ではi番目の物品を持っていかない場合について、再帰的に関数packを呼び出します。そして、■5ではi番目の物品を持っていく場合について、再帰的に関数packを呼び出します。

■6では関数packを呼び出して、すべてのナップサックの組合せを確認します。そして、■7で物品の合計価格順に並び替えて、最も価値のある組合せを取り出して表示します。

動的計画法でナップサック問題を解く

続いて「動的計画法」（英語：Dynamic Programming / DP）を用いてナップサック問題を解いてみましょう。これは、対象となる問題を複数の部分問題に分割し、部分問題の計算結果を記録しながら解いていく手法のことです。最初に、大きな問題を小さな問題に分割し、大きな問題は小さな問題の解を利用して解いていきます。言い換えるなら、小さな問題を解いた答えをメモしておいて、少し大きくした問題を解くときに、メモしておいた解を再利用するのです。

これをナップサック問題に適用してみましょう。これを最も小さな問題にするには、「物品Aだけについて考える」というものになるでしょう。確かに、Aを持つか持たないかだけを考慮するのは簡単です。次に、候補に物品Bを加えます。Aの判定に加えて、Bを持つか持たないかを考慮します。そして、さらにC、D、Eと1つずつ考慮していくのです。このように、ナップサックに詰める物品を1つずつ増やしていくという方法で考えます。

このとき、ナップサックの重さと物品の重さが整数であることを利用して、ナップサックの最大容量が1kgだった場合、2kgだった場合、3kgだった場合…と場合分けをして考えます。それで、以下のような表に値を記入していきます。この表は、列が最大重量のキロ数を表し、行がどの物品を考慮するかを表します。そして、左上から順番に最大物品価値と最後に考慮した物品を持つかどうか（o：持つ、x：持たない）を表します。

	0kg	1kg	2kg	3kg	4kg	5kg	6kg	7kg	8kg	9kg
物品なし	0:x	0:x	0:x	0:x	0:x	0:x	0:x	0:x	0:x	0:x
A	0:x	730:o								
A, B	0:x									
A,B,C	0:x									
A,B,C,D	0:x									
A,B,C,D,E	0:x									

図 5-5-1　ナップサック問題を動的計画法で解くための表

	0kg	1kg	2kg	3kg	4kg	5kg	6kg	7kg	8kg	9kg
物品なし	0:x	0:x	0:x	0:x	0:x	0:x	0:x	0:x	0:x	0:x
A	0:x	730:o ❶	730:o	730:o	730:o	730:o	730:o	730:o	730:o	730:o
A, B	0:x	730:x	1470:o ❷	2200:o	2200:o	2200:o	2200:o	2200:o	2200:o	2200:o
A,B,C	0:x	730:x	1470:x ❸	2200:x	2930:o	3670:o	4400:o	4400:o	4400:o	4400:o
A,B,C,D	0:x	730:x	1470:x	2200:x	2930:x	3670:x	4400:x	5070:o	5800:o	6540:o
A,B,C,D,E	0:x	730:x	1470:x	2200:x	2930:x	3670:x	4400:x	5070:x	5800:x	6540:x ❹

図5-5-2　動的計画法で解くための表を埋めたところ

例えば、上記の表でナップサックの最大容量が1kgのとき、物品Aを持つか持たないかを考慮してみましょう。Aを持たない場合価格は0です。Aを持つ場合には価格は730円となります。当然、Aを持つ方が価値があります。それで、表には「730:o」と入力しました（❶）。

続いて、最大容量が2kgのとき、物品A、Bがある場合を考慮しましょう。Aは1kg、Bは2kgなので、AとBのどちらかしかナップサックに入りません。それでAとBの価値を比べるとBの方が高いので、Bをナップサックに入れます。そこで、表にはBの価格とBを入れた旨「1470:o」を記入します（❷）。

次に、同様に2kgのときで、物品A、B、Cの場合を考慮します。物品Cは3kgあり、そもそも2kgのナップサックに入れることができません。そこで前回の価格を参照して、「1470:x」と記入します（❸）。

この表を利用すると、どの物品を持っていくのかが分かります。表の右下（❹）の値が今回のナップサック問題の答えとなります。9kgのEの値は「x」となっているのでEはナップサックに入れません。次に9kgのDを確認します。Dは「o」なので入れます（❺）。Dは4kgなので、9kgから4kgを引いた表の5kgを確認します。Dの次に、Cはナップサックに入れるべきでしょうか。それを確認するために、5kgのCを確認します。「o」なのでCをナップサックに入れます（❻）。それから、Cは3kgなので、5kgから3を引いて、2kgの列を確認します。Bはナップサックに入れるべきか確認するため、2kgのBを確認します。「o」なのでBをナップサックに入れます（❼）。Bは2kgなので2kgから2を引いて0kgの列を確認します。これ以上はないので、結果、D、C、Bの物品をナップサックに入れるという答えが得られます。

	0kg	1kg	2kg	3kg	4kg	5kg	6kg	7kg	8kg	9kg
物品なし	0:x	0:x	0:x	0:x	0:x	0:x	0:x	0:x	0:x	0:x
A (1kg)	0:x	730:o	730:o	730:o	730:o	730:o	730:o	730:o	730:o	730:o
A, B (2kg)	0:x	730:x	1470:o ❼	2200:o	2200:o	2200:o	2200:o	2200:o	2200:o	2200:o
A,B,C (3kg)	0:x	730:x	1470:x	2200:x	2930:o	3670:o ❻	4400:o	4400:o	4400:o	4400:o
A,B,C,D (4kg)	0:x	730:x	1470:x	2200:x	2930:x	3670:x	4400:x	5070:x	5800:o	6540:o ❺
A,B,C,D,E (5kg)	0:x	730:x	1470:x	2200:x	2930:x	3670:x	4400:x	5070:x	5800:x	6540:x

図5-5-3　ナップサックに入れる物品を確認

動的計画法でナップサック問題を解くプログラム

それでは、動的計画法でナップサック問題を解くプログラムを作ってみましょう。

src/ch5/knapsack_dynamic.py

```python
01  MAX_WEIGHT = 9 # ナップサックの最大容量を指定
02  ITEMS = [ # 物品の一覧を定義
03      {'name': '*', 'weight': 0, 'price': 0},
04      {'name': 'A', 'weight': 1, 'price': 730},
05      {'name': 'B', 'weight': 2, 'price': 1470},
06      {'name': 'C', 'weight': 3, 'price': 2200},
07      {'name': 'D', 'weight': 4, 'price': 2870},
08      {'name': 'E', 'weight': 5, 'price': 3500}
09  ]
10  # 表を作成する関数 ─────────────────────────────────1
11  def knapsack_table():
12      c = [] # 価値合計の最大値を表す二次元リスト
13      g = [] # 物品を持っていくことを選択したかを表す二次元リスト
14      for _ in range(len(ITEMS)):
15          c.append([0 for _ in range(MAX_WEIGHT+1)])
16          g.append([False for _ in range(MAX_WEIGHT+1)])
17      # 繰り返し価値の合計の最大値を計算する ────────────────2
18      for i, it in enumerate(ITEMS):
19          for w in range(1, MAX_WEIGHT+1): # 重さごとに計算
20              if it['weight'] <= w:
21                  # 持っていく場合と持っていかない場合の合計価格 ──────3
22                  v1 = it['price'] + c[i-1][w-it['weight']]
23                  v2 = c[i-1][w]
24                  if v1 > v2: # 持っていく方が価値が高い場合
25                      c[i][w] = v1
26                      g[i][w] = True
27                  else:
28                      c[i][w] = v2
29              else:
30                  c[i][w] = c[i-1][w] # 容量オーバーの場合
31      return c, g
32  # 結果を取得する ─────────────────────────────────4
33  def get_result(c, g):
34      i, w = (len(ITEMS)-1, MAX_WEIGHT)
35      knapsack, price = ('', c[i][w])
36      while i > 0 or w > 0:
37          if g[i][w]:
38              knapsack = ITEMS[i]['name'] + knapsack
39              w -= ITEMS[i]['weight']
40          i -= 1
41      return knapsack, price
42  # 作成した表を分かりやすく表示する関数 ──────────────────5
43  def show_cg(c, g):
44      labels = {True: 'o', False: 'x'}
45      for i, it in enumerate(ITEMS):
46          if i == 0: # ヘッダ行
47              print('| ' + ''.join([f'|{w:6d}' for w in range(MAX_WEIGHT+1)]))
48          s = ''
49          for w in range(MAX_WEIGHT+1):
50              s += f'|{c[i][w]:4d}:{labels[g[i][w]]}'
51          print('|' + it['name'] + s)
```

chapter
5-5

309

```
52  if __name__ == '__main__':
53      # 表を作成し内容を表示 ─────────────────────────────────────────── 6
54      c, g = knapsack_table()
55      knapsack, price = get_result(c, g)
56      show_cg(c, g)
57      print('最も価値のある組合せ=', knapsack, price)
```

プログラムを実行してみましょう。するとターミナルに作成した表を表示して、最終的に最も価値のある組合せを表示します。

ターミナルで実行

```
$ python3 knapsack_dynamic.py
～省略～
最も価値のある組合せ= BCD 6540
```

実行すると、次のようにターミナル上に表が表示されます。

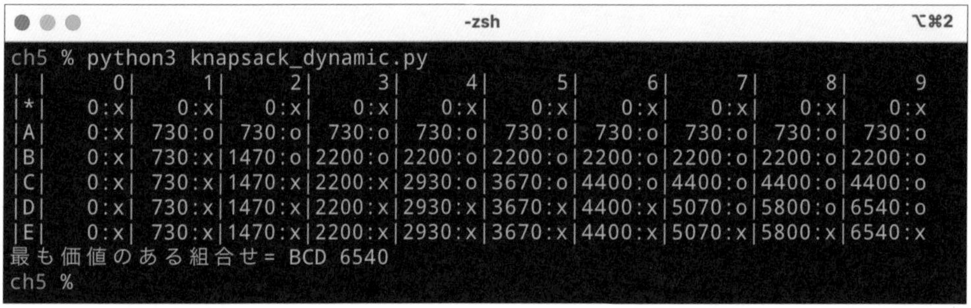

```
●  ●  ●                            -zsh                            ⌥⌘2
ch5 % python3 knapsack_dynamic.py
| |    0|    1|    2|    3|    4|    5|    6|    7|    8|    9
|*|  0:x|  0:x|  0:x|  0:x|  0:x|  0:x|  0:x|  0:x|  0:x|  0:x
|A|  0:x| 730:o| 730:o| 730:o| 730:o| 730:o| 730:o| 730:o| 730:o| 730:o
|B|  0:x| 730:x|1470:o|2200:o|2200:o|2200:o|2200:o|2200:o|2200:o|2200:o
|C|  0:x| 730:x|1470:x|2200:x|2930:o|3670:o|4400:o|4400:o|4400:o|4400:o
|D|  0:x| 730:x|1470:x|2200:x|2930:x|3670:x|4400:x|5070:o|5800:o|6540:o
|E|  0:x| 730:x|1470:x|2200:x|2930:x|3670:x|4400:x|5070:x|5800:x|6540:x
最も価値のある組合せ= BCD 6540
ch5 %
```

図5-5-4　動的計画法でナップサック問題を解いたところ

プログラムを確認してみましょう。1では関数 knapsack_table を定義します。これは物品の価格合計の最大値と物品を持っていくかどうかの表を作成します。2では繰り返し表を埋めていきます。3では「持っていく場合」と「持っていかない場合」の合計価格を比較します。

4では作成した表を元に結果を取得する関数 get_result を定義します。表の右下にある最大価値を元にナップサックに入れる物品を指定します。そして5では作成した表を表示する関数 show_cg を定義します。

6では関数 knapsack_table を呼び出して表を作成し、関数 get_result で結果を取得します。そして最後に参考のために表を画面に表示します。

動的計画法でコイン問題を解いてみよう

Chapter 2ではコインの組合せを、for文を使って解きました。動的計画法を学んだので、これを使ってコイン問題を解いてみましょう。

【問題】

ある地域では、1ドル、2ドル、7ドル、8ドル、12ドルと50ドルの6種類のコインを使っています。このコインを使って15ドルを支払う最も枚数が少なくなる組合せを求めるプログラムを作ってください。また、99ドルを支払う方法も求めてください。

【ヒント1】 日本円の場合は大きなコインから選んで最初に出していけば、最も少ない組合せを求めることができます。しかし、この地域のコインではうまくいきません。例えば、15ドルで試すと3枚のコイン（12、2、1ドル）が必要になります。しかし最小の枚数は2枚のコイン（7、8ドル）です。そこで、動的計画法を利用して答えを求めてみましょう。

【ヒント2】 動的計画法を使うには、行がコインの種類、列が支払いたい金額、表の値が最小コイン枚数である表を作り、その表を元にすることで最小枚数を調べることができます。

答え 動的計画法でコイン問題を解くプログラム

以下がコイン問題を動的計画法で解くプログラムです。

src/ch5/coin_dp.py

```
01  # コイン一覧を定義                                          ①
02  COIN_LIST = [
03      {'name': '*', 'value': 0},
04      {'name': '$1', 'value': 1},
05      {'name': '$2', 'value': 2},
06      {'name': '$7', 'value': 7},
07      {'name': '$8', 'value': 8},
08      {'name': '$12', 'value': 12},
09      {'name': '$50', 'value': 50},
10  ]
11  # 表を作成する関数                                          ②
12  def coin_search(value):
13      c = [] # コイン枚数を表す二次元リスト
14      g = [] # コインの組合せを保持する二次元リスト
15      for _ in range(len(COIN_LIST)):
16          c.append([0 for _ in range(value+1)])
17          g.append(['' for _ in range(value+1)])
18      # 繰り返し最小枚数を計算する                              ③
19      for i, it in enumerate(COIN_LIST):
20          for v in range(1, value+1):
21              if i == 0 or v == 0:
22                  c[i][v] = 0
23                  continue
24              # 前回の値と比較する                              ④
25              prev_nums = c[i-1][v]
26              curr_nums, names = get_coin_min_nums(i, v)
27              # 今回の組合せが最短か
```

```
28                 if prev_nums == 0 or curr_nums < prev_nums:
29                     c[i][v] = curr_nums
30                     g[i][v] = names
31                 else:
32                     c[i][v] = prev_nums
33         # 結果を求める ─────────────────────────────── 5
34         i = len(COIN_LIST)-1
35         names, nums = '', 0
36         while names == '' and i > 0:
37             names, nums = g[i][value], c[i][value]
38             i -= 1
39         return nums, names
40 # 与えられたコインを使った場合の最小枚数を調べる ──────────── 6
41 def get_coin_min_nums(i, value):
42     names = ''
43     amount = value
44     cnt = 0
45     while amount > 0 and i > 0:
46         if COIN_LIST[i]['value'] > amount:
47             i -= 1
48             continue
49         amount -= COIN_LIST[i]['value']
50         names += COIN_LIST[i]['name']
51         cnt += 1
52     return cnt, names
53 if __name__ == '__main__':
54     # $15と$99の値を調査
55     nums, names = coin_search(15)
56     print(f'$15の場合：最小枚数={nums}枚，組合せ={names}')
57     nums, names = coin_search(99)
58     print(f'$99の場合：最小枚数={nums}枚，組合せ={names}')
```

プログラムを実行すると、最小枚数とその組合せ例を表示します。

```
$ python3 coin_dp.py
$15の場合：最小枚数=2枚，組合せ=$8$7
$99の場合：最小枚数=6枚，組合せ=$50$12$12$12$12$1
```

プログラムを確認してみましょう。

1 では指定されたコイン一覧を辞書型を要素に持つリストとして定義します。2 では 1 のコイン一覧を元にして表を作成する関数を定義します。

3 では動的計画法を用いて繰り返し最小枚数を計算していきます。なお、変数 i が行に相当し、コインの種類を表します。そして、変数 v が列に相当し、支払い金額を表します。そして、動的計画法の表を保持する変数 c（二次元リスト）の値には、コインの最小枚数を代入していきます。

4 は前回の値と今回の値を比較して、今回の組合せの方がコイン枚数が少なければ、コイン枚数を変数 c に代入します。なおその際、コインの組合せも変数 g に代入します。

そして、最後に 5 では作成した表を確認してコイン枚数と組合せを求めて関数の戻り値とします。

6 では与えられたコインを使った場合の最小枚数を計算する関数を定義します。引数の i にはどのコインをつかうの

かインデックス番号を指定します。引数valueには支払金額を指定します。なお、iの値は1ずつ小さくしていくことで、そのコインと組み合わせた最小の枚数と組合せを求めます。

参考までに、全探索法を使って最小枚数と組合せを求めるプログラムも確認してみましょう。こちらは、再帰を使うことで網羅的に組合せを調べます。

src/ch5/coin_force.py

```
01  # コイン一覧を定義
02  COIN_LIST = [
03      {'name': '$1', 'value': 1},
04      {'name': '$2', 'value': 2},
05      {'name': '$7', 'value': 7},
06      {'name': '$8', 'value': 8},
07      {'name': '$12', 'value': 12},
08      {'name': '$50', 'value': 50},
09  ]
10  # 全探索法で再帰的に組合せを調べる関数 ─────────────────── 1
11  def coin_search(result, amount, i, value, nums, names):
12      if i >= len(COIN_LIST) or amount < value:
13          return
14      if amount == value:  # 額ぴったりになれば結果に追加
15          result.append([nums, names])
16          return
17      # このコインを使わない場合 ──────────────────── 2
18      coin_search(result, amount, i+1, value, nums, names)
19      # このコインを使う場合 ─────────────────────── 3
20      nums += 1
21      value += COIN_LIST[i]['value']
22      names += COIN_LIST[i]['name']
23      coin_search(result, amount, i+1, value, nums, names)
24      # さらにもう一枚同じコインを使う場合 ─────────────── 4
25      coin_search(result, amount, i, value, nums, names)
26  # 支払額を指定して最小の組合せを求める関数 ──────────────── 5
27  def coin_search_result(amount):
28      result = []
29      coin_search(result, amount, 0, 0, 0, '')
30      result = sorted(result, key=lambda v: v[0])
31      return result[0]
32
33  if __name__ == '__main__':
34      # $15と$99の値を調査 ────────────────────── 6
35      nums, names = coin_search_result(15)
36      print(f'$15の場合：最小枚数={nums}枚，組合せ={names}')
37      nums, names = coin_search_result(99)
38      print(f'$99の場合：最小枚数={nums}枚，組合せ={names}')
```

ターミナルでプログラムを実行してみましょう。次のように先ほどと同じ結果が表示されます。

ターミナルで実行

```
$ python3 coin_force.py
$15の場合：最小枚数=2枚，組合せ=$7$8
$99の場合：最小枚数=6枚，組合せ=$1$12$12$12$12$50
```

プログラムを確認してみましょう。

■では全探索法で再帰的に組合せを調べる関数coin_searchを定義します。この関数が再帰的に呼ばれたとき、額ぴったりの場合に結果をリスト型のresultに追加します。もし額を超えるか、すべてのコイン種類を確認したらreturnで戻ります。

■ではそのコインを使わなかった場合に再帰的に関数coin_search自身を呼びます。そして、■以降ではコインを使う場合に再帰的にcoin_searchを呼びます。■ではさらにもう1枚同じコインを使う場合に再帰的にcoin_searchを呼びます。

■では支払額を指定して最小の組合せを求める関数coin_search_resultを定義します。この関数はcoin_searchに初期値を与えて呼び出して、すべての組合せを調べた後、ソートして結果を取得します。■では15ドルと99ドルの結果を調べて表示します。

まとめ

以上、本節ではナップサック問題を解く方法を考慮しました。これまでのように再帰を使って力業で問題を解く全探索法に加えて、大きな問題を小さな問題に分割する動的計画を用いて問題を解く方法も紹介しました。

疑似乱数生成

ゲームを開発したりする時に欠かせないのが乱数です。ここでは疑似乱数生成アルゴリズムについて考察します。正確無比なコンピューターで如何にデタラメな数を安定して生成するのかを考えると楽しいものです。乱数の用途や、代表的な乱数生成アルゴリズムを調べてみましょう。

ここで学ぶこと

● 疑似乱数の生成

● 線形合同法

● Xorshift

疑似乱数と自然乱数について

「乱数」(英語：random number/random digits)とは、サイコロを振って出る目のように、規則性がなく予測不可能な数値のことです。

乱数は、あらゆるゲームを作るのに欠かせない機能です。もしも、乱数を使わず、毎回同じカードが配られるトランプゲームや、毎回同じ動きをする敵キャラクターが出るアクションゲームは全く面白くないでしょう。

また、ゲーム開発だけでなく、セキュリティの分野でも乱数は利用されてます。ランダムなパスワードを生成したり、暗号化のために使い捨てのキーを生成したりと、乱数は多用途に利用されます。

自然乱数を生成する装置

なお、コンピューター上で計算して生成する乱数は完全な乱数とは言えず正確には「疑似乱数」となります。これに対して、疑似乱数ではないハードウェアに由来する乱数を「自然乱数」と言います。ちなみに、自然乱数を生成する代表的なハードウェアは「サイコロ」です。他にも、ダイオードの生成するノイズや熱雑音など、ランダムに生じる物理現象を用いて、乱数を生成するハードウェア乱数生成器が存在しています。

疑似乱数を生成する試み

良質な疑似乱数を生成する試みは古くから行われてきました。暗号化などの用途でも重要な役割を果たすため、効率的で安定した疑似乱数を生成する手法は、盛んに研究されています。

最も古い手法では、1946年頃に提案された「平方採中法」から始まり、1958年に発表され長らく使われていた「線形合同法」、1996年に発表された「メルセンヌ・ツイスタ」、2003年に発表された「Xorshift」など、さまざまな手法が考案されてきました。

本節では、代表的な疑似乱数生成アルゴリズムを実際のプログラムで確認します。どのような手順で疑似乱数が生成されているのか確認していきましょう。特に、正確無比なコンピューターにおいてどのように偏りのないランダムな値を安定して生成できるのか、先人たちが苦心して考案したアイデアを眺めてみましょう。

なお、疑似乱数の生成は多分に数学的な要素を含んでいるため、漸化式も一緒に紹介します。ちなみに「漸化式」とは数列を再帰的に定める等式であり、各項がそれ以前の項の関数に登場するような式です。

と言うのも、疑似乱数の生成では、前回生成した乱数を次回の乱数の種（乱数シード）とする方法を採用しています。このようにすれば、1度適当な値で乱数を初期化した後は、連続で疑似乱数を生成できるからです。

平方採中法（middle-square method）

平方採中法は、コンピューター科学の発展に大きく寄与したノイマンによって提案されました。そのアルゴリズムから「二乗中抜き法」と呼ばれることもあります。

これは非常に簡単な疑似乱数の生成アルゴリズムで、次のような手順で乱数を得ます。

❶ 適当な整数を乱数シード（種）として指定する
❷ 乱数シードの2乗を計算して、0で埋めてN桁の文字列を作る
❸ 上記文字列の中央にあるM桁を抽出する
❹ 抽出した値が今回生成した疑似乱数であり、次回の乱数シードとなる

N=12、M=6の場合で、例えば右のような値が生成されます。「シードを2乗した値」の0から数えて3文字目から6文字を抽出したものが生成した乱数となります。

疑似乱数のシード	シードを2乗した値	生成した乱数
209091	043719046281	719046
719046	517027150116	27150
27150	000737122500	737122
737122	543348842884	348842
348842	121690740964	690740

これを実装したのが次のプログラムです。

src/ch5/rand_middle_square.py

```
01  # 平方採中法で乱数を生成する
02  # 現在時刻（ミリ秒）から乱数シードを得る ─────────────── ■
03  from datetime import datetime
04  rand_seed = int(datetime.now().strftime('%f'))
05
06  def rand():
07      global rand_seed  # 前回の乱数シードを利用 ──────────── 2
08      seed = rand_seed
09      # 乱数のシードを二乗して、数値を12桁に揃える ───────── 3
10      s12 = '{:012}'.format(seed ** 2)
11      # 12桁の文字列から5桁抽出する ──────────────── 4
```

```
12        rand_seed = int(s12[3:9])
13        return rand_seed
14
15   if __name__ == '__main__':
16       for _ in range(5): # 5つ乱数を生成 ─────────────────────── 5
17           print(rand())
```

プログラムをターミナルから実行してみましょう。現在時刻を乱数シードとするため、実行するたびに異なる値が表示されます。

ターミナルで実行

```
$ python3 rand_middle_square.py
789089
661449
514779
997418
842666
```

プログラムを確認してみましょう。**1** では現在時刻のミリ秒を取り出して、乱数シード（乱数の種）に利用します。なお「datetime.now().strftime('%f')」で得られる値は6桁のマイクロ秒（100万分の1秒）を表す文字列です。
2 では乱数シードを2乗して、数値を0で埋めて12桁の文字列に揃えます。そのためにformatメソッドを使います。
4 では12桁の文字列から0から数えて3桁目から9桁目の直前まで5文字を抽出して整数に変換します。これを次回の乱数のシードにし、また今回の乱数の値とします。
最後の **5** では平方採中法で乱数を5つ生成して表示します。
乱数シードを二乗して部分文字列を抽出するだけです。非常に簡単でありながら、それらしい結果が出力されるユニークな手法です。

線形合同法（linear congruential method）

次に、線形合同法のアルゴリズムを確認してみましょう。簡単な計算で高速に疑似乱数を生成できることから、長らく多くの環境で乱数生成手法として使われていました。
線形合同法では次の漸化式から疑似乱数を生成するアルゴリズムです。ただし、A、B、Mは定数であり、M>A、M>B、A>0、B≧0とします。なお「mod」は割り算の余りを計算する演算でありPythonの「%」演算子と同じです。

$$X_{n+1} = (A \times X_n + B) \bmod M$$

定数A、B、Mを設定しておけば、計算1回、つまり、計算量 $O(1)$ で疑似乱数を生成できるのが特徴です。手軽にそれらしい結果を得られるため、長らく疑似乱数の生成アルゴリズムとして利用されていました。
ただし、線形合同法の実装は簡単ですが、下位ビットのランダム性が弱いという欠点があります。Mの値によっては最下位ビットが規則的になってしまいます。
Pythonで実装したプログラムは次のようになります。

src/ch5/rand_lcg.py

```
01  # 線形合同法で乱数を生成する
02  # 現在時刻（ミリ秒）から乱数シードを得る ───────────────── ■1
03  from datetime import datetime
04  rand_seed = int(datetime.now().strftime('%f'))
05
06  # 乱数を生成する定数 ──────────────────────────── ■2
07  A = 1103515245
08  B = 12345
09  M = 2 ** 31 - 1 # 31ビットの範囲の整数を利用
10
11  # 疑似乱数を生成
12  def rand():
13      global rand_seed # 前回の乱数シードを利用 ──────────── ■3
14      # 疑似乱数を計算する式 ───────────────────── ■4
15      rand_seed = (A * rand_seed + B) % M
16      return rand_seed
17
18  if __name__ == '__main__':
19      for _ in range(5): # 5つ乱数を生成 ────────────── ■5
20          print(rand())
```

プログラムをターミナルから実行してみましょう。現在時刻を乱数シードとするため、実行するたびに異なる値が表示されます。

ターミナルで実行

```
$ python3 rand_lcg.py
1779278995
957337229
1998707199
813266313
585546571
```

プログラムを確認してみましょう。■1では現在時刻から乱数シードを得ます。そして、■2では乱数を生成するための定数を指定します。

■3では前回の乱数シードを利用します。1回目は現在時刻から生成された乱数シードが設定されており、これを使いますが2回目以降は前回の乱数シードの値を利用します。

■4では線形合同法の漸化式を利用して疑似乱数を計算します。最後の■5では5つ乱数を生成して表示します。

Xorshift

次に、Xorshiftについて紹介します。これは2003年に提案された疑似乱数生成アルゴリズムです。名前に冠されている通り、XOR演算とビットシフトのみで計算できるため、高速に乱数生成ができるのが特徴です。この後で紹介するメルセンヌ・ツイスタには及びませんが、$2^{128} - 1$の周期を持っており、偏りも少なく品質が高い疑似乱数を生成できます。

Xorshiftのアルゴリズム

Xorshiftのアルゴリズムは単純です。ビットシフトと排他的論理和（XOR演算）を繰り返すことで、手軽に疑似乱数を生成します。次の漸化式のように乱数シードのXnに対してaだけビットシフトしたものにXOR演算を行うことで乱数を生成します。

$$X_{n+1} = X_n \oplus (X_n \ll a)$$

なお、この漸化式を利用して、安定した疑似乱数が得られる、32ビットのXorshiftでは次の操作を行います。

❶ 乱数シードをyとする

❷ yと、yを左に13ビットシフトした値で、XOR演算を行いy2とする

❸ y2と、y2を右に17ビットシフトした値で、XOR演算を行いy3とする

❹ y3と、y3を左に15ビットシフトした値で、XOR演算を行いy4とする

❺ y4を次回の乱数シードとし、y4を今回の乱数として返す

このとき、❷から❹の手順でビットシフトに固定値（13，17，15）を指定していますが、この値は良い乱数系列を生成するための値です。ほかにも(3，13，7)や(5，13，6)や(9，11，19)の組合せも良いとされています。

以下はXorshiftの32ビットをPythonプログラムで記述したものです。

src/ch5/rand_xorshift.py

```
01  # Xorshiftで疑似乱数を生成
02
03  # 現在時刻で乱数シードを初期化 ─────────────────────────── 1
04  from datetime import datetime
05  rand_seed = int(datetime.now().strftime('%f'))
06
07  # Xorshiftで乱数を生成 ───────────────────────────────── 2
08  def rand():
09      global rand_seed
10      mask = 0xffffffff
11      y = rand_seed
12      y = y ^ (y << 13 & mask) # ───────────────────────── 3
13      y = y ^ (y >> 17)
14      y = y ^ (y << 15 & mask)
15      rand_seed = y
16      return y
17
18  if __name__ == '__main__':
19      for _ in range(5): # 5個の乱数を表示 ─────────────── 4
20          print(rand())
```

ターミナルでコマンドを実行して、プログラムを実行してみましょう。現在時刻で乱数シードを初期化しているため、実行するたびに結果は異なります。

ターミナルで実行

```
$ python3 rand_xorshift.py
783609147
1498076338
```

```
1232246108
2541820080
367706875
```

プログラムを確認してみましょう。**1**では現在時刻を利用して乱数シードを初期化します。

2ではXorshiftにより疑似乱数を生成します。グローバル変数の乱数シードをyに代入します。そして、**3**の部分で、XORとビットシフトにより乱数を計算します。なお、「& mask」の部分は、32ビットの整数であることを確実にするために値をマスクします。このように「&」演算子(ビット演算のAND)を使うことで数値を特定のビット数に揃えることができます。

そして最後の**4**で5個の乱数を画面に表示します。

Pythonのジェネレータを活かした
乱数生成器を作ってみよう

なお、乱数生成アルゴリズムと直接関係するわけではありませんが、Pythonのジェネレータ関数(yield文)を使うと手軽にローカル変数だけを利用して乱数生成器が作成できます。Pythonを使う上での汎用的なテクニックなのでここで紹介します。

Pythonで関数を定義したとき、関数の中でyield文を使うと、関数の途中で任意の値を関数の戻り値として返すことができます。しかし、それだけだとreturn文と似ているのですが、yield文を使った場合、再度同じ関数を呼び出したとき、yield文の続きから関数を実行できるのです。まずは簡単なプログラムでyield文の働きを確認してみましょう。

src/ch5/yield_sample.py

```
01  # yieldを使った関数の定義 ─────────────────────────── 1
02  def get_proverb():
03      yield '1.穏やかな舌は命の木である。'
04      yield '2.悪意ある言葉は人を落胆させる。'
05
06  # forを使って関数get_proverbを呼び出す ─────────────── 2
07  for msg in get_proverb():
08      print('[for]', msg)
09
10  # forを使わずに、関数get_proverbを呼び出す ─────────── 3
11  g = get_proverb()
12  print('[next]', next(g))
13  print('[next]', next(g))
```

動作を確認するために、上記のプログラムを実行してみましょう。

ターミナルで実行

```
% python3 yield_sample.py
[for] 1.穏やかな舌は命の木である。
[for] 2.悪意ある言葉は人を落胆させる。
[next] 1.穏やかな舌は命の木である。
[next] 2.悪意ある言葉は人を落胆させる。
```

yield文に注目してプログラムを確認してみましょう。 ■ では関数 get_proverb の中に yield 文を2回記述して、それぞれ異なるメッセージを関数の戻り値として出力するように指定します。そして、 ■ では、for 文を使って繰り返し、関数 get_proverb を呼び出します。すると、関数を呼び出す度に次々と異なるメッセージを取得できます。 ■ では for 文と組み合わせない方法を紹介するものです。関数 get_proverb を呼び出すと、実際にはジェネレータのオブジェクトが生成されるだけです。それで関数 next を使うことで yield 文に指定した戻り値を得ることができます。

それでは、上記 Python のジェネレータを乱数生成に活用して、先の「rand_xorshift.py」を改造してみましょう。ジェネレータを使うようにするのに大きな変更は不要です。繰り返し乱数を生成するようにし、乱数を生成したら、その値を yield 文で戻り値とします。実際のプログラムで確認してみましょう。

src/ch5/rand_xorshift_yield.py

```
01  # Xorshiftで疑似乱数を生成 (yield版)
02  from datetime import datetime
03
04  # Xorshiftで乱数を生成 ─────────────────────────── 1
05  def rand_gen():
06      # 現在時刻でシードを初期化 ─────────────────── 2
07      rand_seed = int(datetime.now().strftime('%f'))
08      mask = 0xffffffff
09      # 乱数を生成し続ける ───────────────────────── 3
10      while True:
11          y = rand_seed
12          y = y ^ (y << 13 & mask)
13          y = y ^ (y >> 17)
14          y = y ^ (y << 15 & mask)
15          rand_seed = y
16          yield y # ───────────────────────────── 4
17
18  if __name__ == '__main__':
19      # 乱数生成器から次々と乱数を取り出す ─────────── 5
20      g = rand_gen()
21      for i in range(5):
22          print(next(g))
```

プログラムを実行してみましょう。プログラムを実行すると5個の乱数を生成して返します。

ターミナルで実行

```
$ python3 rand_xorshift_yield.py
1468797137
4170930714
3122877430
766639064
1804890813
```

それでは、プログラムを確認してみましょう。まず、このプログラムでは、グローバル変数を1つも利用していないという点に注目できます。ジェネレータを使うことで、乱数シードを関数の中に閉じ込めることが可能です。

プログラムの ■ では、yield 文を利用して乱数を生成する関数 rand_gen を定義します。 ■ では現在時刻を用いて乱数を初期化します。 ■ では「while True」を指定することで、乱数を生成し続けるように指定します。しかし、 ■ で yield 文を指定しているため、2度目以降この関数 rand_gen を呼び出したときは、この続きからプログラムは

321

実行されます。それで、この関数を呼ぶ度に、 3 以降のブロックを用いて異なる乱数を返すことができます。
5 では for 文を指定して5個の乱数を生成しています。なお、for 文に rand_gen を指定することもできますが、こ
れだと永遠に乱数を生成し続けてしまいます。そのため、関数 rand_gen を一度だけ呼び出し、next を使って次々
と値を呼び出します。

COLUMN

より良い乱数生成器の開発について

ここまでで、乱数生成器の歴史をたどりつつ、主要なアルゴリズムを解説しました。しかし、より良い乱数
生成器を開発する試みは今も続けられています。

1996年には日本人の数学者である松本眞氏と西村拓士氏によって『メルセンヌ・ツイスタ』が考案されました。
これは、$2^{19937} - 1$ と長い周期と、高品質な疑似乱数を高速に生成できるので画期的でした。修正BSDラ
イセンスで公開されているので広く普及しています。なお、興味がある方は、本書のサンプルプログラム「src/
ch5/rand_mt19937.py」に Python で実装したものを収録していますので参考にしてください。

また、2014年に発表された『Permuted Congruential Generator（PCG）』は、線形合同法の出力に対して、
Xorshiftのような XOR 演算とビットシフトを加えることで、下位ビットの低いランダム性を改善しました。

そして、2018年に発表された『Xoroshiro128+』は Xorshift を改良した乱数生成アルゴリズムです。その
名前は「xor」「rotate」「shift」「rotate」の略となっています。Xoroshiroには「xoroshiro128**」や
「xoshiro256++」などの改良版があります。「xoshiro256++」は $2^{256} - 1$ の周期を持ちながら高速に乱数
生成が可能なアルゴリズムです。

これらの乱数生成アルゴリズムは、いずれも実装がオープンソースで公開されていますので、調べて見ると
よいでしょう。

練習問題 PCGを実装してみよう

【問題】
上記コラムで紹介した「Permuted Congruential Generator（PCG）」アルゴリズムは、線形合同法と
Xorshiftを組み合わせシンプルな乱数生成アルゴリズムです。

以下は32ビット版PCGの手順です。この手順を参考にして実装してみてください。
① 乱数シード（64ビットの整数）を奇数で初期化する
② 乱数シードの上位3ビットを取り出して count とする
③ 乱数シードに6364136223846793005を掛けて次回の乱数シードとする
④ 乱数シードと22ビット右シフトしたものを XOR 演算する
⑤ さらに、count ビットを境界に上位ビットと下位ビットを回転したものが今回の乱数値

【ヒント】 PCGの定数を変えることで乱数の精度が変わります。まずは、上記手順で乱数生成アルゴリズムを実装し
たら、定数を変更してみて、生成した乱数が偏ってないかテストしてみるとよいでしょう。

以下がPCGアルゴリズムで乱数を生成するプログラムです。

src/ch5/rand_pcg.py

```
01  # PCG(Permuted Congruential Generator) で疑似乱数を生成
02  from datetime import datetime
03  multiplier = 6364136223846793005
04  mask32 = 0xFFFFFFFF
05  mask64 = 0xFFFFFFFFFFFFFFFF
06
07  # 現在時刻で乱数シードを初期化 ─────────────────────────────1
08  # ただし必ず奇数にする
09  t = int(datetime.now().strftime('%f'))
10  rand_seed = ((1442695040888963407 + t) * multiplier + 1) & mask64
11
12  # PCGで乱数を生成 ────────────────────────────────────2
13  def rand_pcg():
14      global rand_seed
15      x = rand_seed
16      count = (x >> 61) & 0b111 # 3ビット取り出す
17      rand_seed = (x * multiplier) & mask64
18      return bit_rotate_r(x ^ (x >> 22), count) & mask32
19
20  # xをkビット右回転する関数 ──────────────────────────────3
21  def bit_rotate_r(x, k):
22      return (x >> k) | (x << (32 - k)) & mask32
23
24  # 乱数が偏ってないか調べる ──────────────────────────────4
25  def test_rand_pcg():
26      for _ in range(100):
27          balance = [0, 0, 0, 0, 0, 0]
28          for _ in range(600):
29              balance[rand_pcg() % 6] += 1
30          for i in range(6):
31              assert 60 <= balance[i] & balance[i] <= 140
32
33  if __name__ == '__main__':
34      for _ in range(5): # 5個の乱数を表示 ──────────────────5
35          print([rand_pcg() % 6 + 1 for _ in range(10)])
```

上記のプログラムを実行して動作を確認してみましょう。ここでは、10個の乱数リストを5回表示してみました。

ターミナルで実行

```
$ python3 rand_pcg.py
[1, 1, 6, 6, 1, 5, 5, 1, 4, 3]
[3, 2, 2, 3, 6, 5, 6, 3, 5, 3]
[2, 2, 6, 2, 6, 1, 4, 5, 3, 2]
[6, 4, 2, 4, 5, 5, 3, 4, 3, 2]
[2, 6, 3, 2, 4, 3, 5, 3, 2, 6]
```

また大きな偏りがないかpytestでテストしてみましょう。

ターミナルで実行

```
$ python3 -m pytest rand_pcg.py
```

プログラムを確認してみましょう。■ では現在時刻で乱数シードを初期化します。奇数にする必要があるので、掛け算をした後で+1することで奇数にします。なお「& mask64」と書くことで数値が64ビットの範囲に収まるようにマスクします。

② ではPCGで乱数を生成します。問題の手順通りで、変数countにシードの上位3ビットを取り出し、次回の乱数シードのためにmultiplierを掛けます。そして、22ビット右シフトしたものにXOR演算を適用してcountビットだけ右回転を行います。

③ では引数xをkビット右回転させる関数bit_rotate_rを定義します。ここで言う「右回転」とは、右にビットシフトを行うのと同時に、右シフトして失われるビット数を上位ビットに移動することを意味します。

例えば、「11110000111100001111000011110000」という2進数の値であれば、4ビット右回転させると「00001111000011110000111100001111」になります。末尾の4ビットが先頭の4ビットに移動しているのが分かるでしょう。

④ ではpytest用のテストで、乱数が偏ってないかを調べます。そして、⑤ では1から6を生成する10個の乱数リストを5回表示します。

COLUMN

現在時刻以外で乱数を初期化する方法

本節では乱数を初期化するのに、現在時刻を利用していますが、実はあまりオススメできる方法ではありません。というのも、レアケースながら全く同時刻に同じプログラムを実行すると同じ乱数列が生成されてしまうからです。そこで、マシンごとに異なる値を持つMACアドレスを利用したり、あるいは、OSが提供するエントロピープールを利用する方法があります。なお、エントロピープールとは、キーボードやマウスの入力、ハードウェアのイベントなどの環境ノイズを元にして生成された値で、乱数生成に利用されます。

まとめ

以上、本節では疑似乱数を生成するいろいろなアルゴリズムを紹介しました。初期の簡単なものから本格的な生成まで、さまざまな工夫により安定した乱数の生成を実現していることが分かったのではないでしょうか。

人工知能（AI）・自然言語 処理のアルゴリズム

Chapter 6 では、人工知能（AI）や自然言語処理に関するアルゴリズムを学びましょう。近年、AI は目覚ましく発展しています。AI の基礎となるアルゴリズムを、既存のライブラリを使うことなく、ゼロから実際に Python で実装して理解を深めましょう。

文章の類似度
（レーベンシュタイン距離、n-gram）

文章の類似度を調べる方法を考えましょう。ここでは、自然言語処理には欠かせない「レーベンシュタイン距離」と「n-gram」といった手法を紹介します。

ここで学ぶこと

● レーベンシュタイン距離

● n-gram

● スペルチェッカー

文章の類似度を求める方法について

インターネット上には多くの資料がありますが、その中から関連する文章や類似する文章を探したい場面は多くあります。そうした文章ごとの類似度を求める方法を考えてみましょう。ここでは比較的簡単な手順で類似度が求められる「レーベンシュタイン距離」と「n-gram」の手法を考えましょう。

レーベンシュタイン距離について

「レーベンシュタイン距離」（英語：Levenshtein distance）とは、2つの文字列がどの程度異なっているかを示すものです。「編集距離」（英語：edit distance）とも呼ばれます。単語の書き間違いを指摘したり、スペルチェッカー、DNA配列同士の類似性判断など多岐に利用されています。

そもそも、2つの文字列が類似していることをどのように表現したらよいでしょうか。レーベンシュタイン距離では、「挿入」「削除」「置換」の3つの編集操作を定義しています。文字列Aに対して何回編集操作したら文字列Bになるのかを距離として表現するものです。

例えば、「メロンパン」と「アンパン」のレーベンシュタイン距離を考えてみましょう。メロンパンからアンパンに書き換えるために、どのような操作が必要になるでしょうか。下記のような2操作が必要であり、レーベンシュタイン距離は2となります。

❶「メ」を削除
❷「ロ」を「ア」に置換

図 6-1-1 でも確認してみましょう。

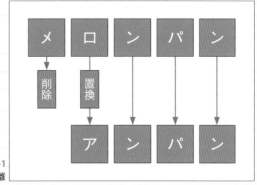

図 6-1-1
「メロンパン」と「アンパン」の距離

つまり、レーベンシュタイン距離では、文字列同士が異なっているほど数値が大きくなり、似通っているほど数値が小さくなるのです。

レーベンシュタイン距離のアルゴリズム

レーベンシュタイン距離を計算するには、一般的に動的計画法が用いられます。文字列 a と b の距離を計算するには、(a の文字数 +1) × (b の文字列 +1) のサイズを持つ二次列リストを表として用意します。

そして、表の交差するところまでの文字で、何文字の編集が必要かを埋めていきます。

表を埋めていく

i/j	*	メ	ロ	ン	パ	ン
*	0	1	2	3	4	5
ア	1					
ン	2					
パ	3					
ン	4					

表を埋めたところ

i/j	*	メ	ロ	ン	パ	ン
*	0	1	2	3	4	5
ア	1	1	2	3	4	5
ン	2	2	2	2	3	4
パ	3	3	3	3	2	3
ン	4	4	4	3	3	2

図 6-1-2
1 文字ずつ比較して編集が必要な回数で埋めていく

まずはこの表の見方を確認しましょう。

最初に表の1行目(「*」の行)を見てみましょう。これは何も文字がない場合と、「メロンパン」を一文字ずつ比べた場合のレーベンシュタイン距離を表します。つまり、文字数の分だけ編集回数が必要になります。

次に、表の2行3列目(「ア」行「ロ」列)を見てみましょう。これは文字列「ア」と「メロ」を比較した距離を表しています。この場合、「ア」を「メ」に置換し「ロ」を追加すればよいので、編集回数は2となります。

327

i／j	＊	メ	ロ	ン	パ	ン
＊	0	1	2	3	4	5
ア	1	1	2	3	4	5
ン	2	2	2	2	3	4
パ	3	3	3	3	2	3
ン	4	4	4	3	3	2

図6-1-3　表の2行3列目「ア」と「メロ」の編集回数は2となる

同様に、3行4列目に注目しましょう。これは文字列「アン」と「メロン」のレーベンシュタイン距離を表しています。「アン」から「メロン」にするためには、「メ」を削って「ア」を「ロ」に置換すればよいことになるので距離は2となります。

i／j	＊	メ	ロ	ン	パ	ン
＊	0	1	2	3	4	5
ア	1	1	2	3	4	5
ン	2	2	2	2	3	4
パ	3	3	3	3	2	3
ン	4	4	4	3	3	2

図6-1-4　表の3行4列目「アン」と「メロン」の編集回数は2となる

表の見方が分かったので、次に表を埋める方法を考えましょう。2つの文字列からどのようにして、この表を埋めることができるでしょうか。次の手順で編集回数の表を埋めることができます。

次の手順は文字列aとbからレーベンシュタイン距離を求める方法です。
❶ 文字列aとbの長さを取得して、mとnとする
❷ (m+1) 行 (n+1) 列の二次元リストを作成する
❸ 二次元リストの0行目と0列目にそれぞれ0からの連番を指定する
❹ 二次元リストの1行1列目以降の各要素について、i行j列のときに次の計算を行う
❺ a[i-1]とb[j-1]が同じ文字ならコストを0、違う文字なら1とする
❻ 二次元リストの要素[i][j]について、次の3つの操作のうち最小値を設定する
　　　❻-1　文字の挿入操作: 要素[i-1][j] ＋ 1
　　　❻-2　文字の削除操作: 要素[i][j-1] ＋ 1
　　　❻-3　文字の置換操作: 要素[i-1][j-1] ＋コスト
❼ 上記の手順で作成した二次元リストの右下の値がレーベンシュタイン距離となる

なお、❻-1から❻-3までの手順でどうして挿入・削除・置換が求められるかについてですが、表を左上から順に埋めていることに留意してください。文字の挿入や削除に関しては、基本的に前回の手順に対して+1したものが今回の手順ですし、置換については文字が同じであればコストは0となります。そして、挿入・削除・置換の手順のうち、最も小さな値が表の要素として設定されます。

レーベンシュタイン距離を求めるプログラム（動的計画法）

それでは、上記のように動的計画法を用いて、レーベンシュタイン距離を求めるプログラムは、次のようになります。

src/ch6/ls_distance.py

```python
01  # レーベンシュタイン距離を求める関数 ──────────────────────1
02  def calc_distance(a, b):
03      # aとbが同じなら距離は0 ───────────────────────2
04      if a == b: return 0
05      # aやbが空の場合を考慮
06      if a == '': return len(b)
07      if b == '': return len(a)
08      # 二次元の表を用意する ───────────────────────3
09      matrix = [ [0]*(len(b)+1) for _ in range(len(a)+1) ]
10      # 0のときの初期値をセット
11      for i in range(len(a)+1):
12          matrix[i][0] = i
13      for j in range(len(b)+1):
14          matrix[0][j] = j
15      # 表を埋めていく ─────────────────────────4
16      for i in range(1, len(a)+1):
17          for j in range(1, len(b)+1):
18              replace_cost = 0 if a[i-1] == b[j-1] else 1
19              # 最小距離を採用する ─────────────────5
20              matrix[i][j] = min([
21                  matrix[i-1][j] + 1, # 文字の挿入
22                  matrix[i][j-1] + 1, # 文字の削除
23                  matrix[i-1][j-1] + replace_cost, # 文字の置換
24              ])
25      # 右下の値が答え ─────────────────────────6
26      return matrix[len(a)][len(b)]
27
28  # 分かりやすく説明つきでレーベンシュタイン距離を表示 ──────────7
29  def print_distance(a, b):
30      dist = calc_distance(a, b)
31      print(f'「{a}」と「{b}」の距離: {dist}')
32
33  if __name__ == '__main__':
34      print_distance('メロンパン', 'アンパン')
35      print_distance('ハイシャ', 'カイシャ')
36      print_distance('カンバン', 'マンハッタン')
```

プログラムを実行してみましょう。ターミナルで次のコマンドを実行します。

ターミナルで実行

```
$ python3 ls_distance.py
「メロンパン」と「アンパン」の距離: 2
「ハイシャ」と「カイシャ」の距離: 1
「カンバン」と「マンハッタン」の距離: 4
```

プログラムを確認してみましょう。1ではレーベンシュタイン距離を求める関数calc_distanceを定義します。この関数には、2つの文字列を引数として与えます。

2 ではaとbが全く同じときに0を返します。また、aとbのどちらかが空である場合、相手の文字列の長さが値となります。

3 では動的計画法のための二次元リストを用意します。そして、文字列aとbがそれぞれ空であった場合の初期値を設定します。

4 では二次元の表を1つずつ埋めていきます。それぞれ表の値は、**5** にあるように、文字の挿入、削除、置換の操作のうち、最小の値を採用します。そして、表の右下の値がレーベンシュタイン距離の答えとなります。

レーベンシュタイン距離を求めるプログラム（再帰を利用する方法）

なお、短い文章のみが対象である場合、動的計画法を使わなくても、再帰を使ってレーベンシュタイン距離を求めることが可能です。直感的には、こちらのプログラムの方が分かりやすいでしょうか。もう1つの答えということで、再帰を使う方法も紹介します。

しかも、先ほどと同じプログラムでは、面白くないので、「挿入」「削除」「置換」のどの操作が必要だったのか表示するプログラムにしてみましょう。

src/ch6/ls_distance_rec.py

```
01  import copy
02  # 再帰を用いてレーベンシュタイン距離を求める関数 ─────────────── 1
03  def calc_distance(a, b, result):
04      # 比較元の文字列が空のとき、比較先の文字数だけ挿入操作を行う ──── 2
05      if a == '': return result + ['挿入'] * len(b)
06      if b == '': return result + ['挿入'] * len(a)
07      # 1文字目が同じなら2文字目以降を確認する ───────────────── 3
08      if a[0] == b[0]:
09          return calc_distance(a[1:], b[1:], result)
10      # 比較先の文字の削除、つまり挿入操作 ──────────────────── 4
11      result_tmp = copy.copy(result) + ['挿入']
12      del_n = calc_distance(a, b[1:], result_tmp)
13      # 比較元の文字の削除、つまり削除操作 ──────────────────── 5
14      result_tmp = copy.copy(result) + ['削除']
15      ins_n = calc_distance(a[1:], b, result_tmp)
16      # 文字の置換 --- 置換操作 ─────────────────────────── 6
17      result_tmp = copy.copy(result) + ['置換']
18      rep_n = calc_distance(a[1:], b[1:], result_tmp)
19      # 上記の操作で最もコストの少ないモノを採用する ──────────── 7
20      n = sorted([del_n, ins_n, rep_n], key=lambda x: len(x))
21      return n[0]
22
23  # 分かりやすく説明つきでレーベンシュタイン距離を表示 ──────────── 8
24  def print_distance(a, b):
25      dist = calc_distance(a, b, [])
26      print(f'「{a}」と「{b}」の距離: {len(dist)}→{dist}')
27
28  if __name__ == '__main__':
29      print_distance('メロンパン', 'アンパン')
30      print_distance('ハイシャ', 'カイシャ')
31      print_distance('カンバン', 'マンハッタン')
```

ターミナルでコマンドを入力し、プログラムを実行すると次のように表示されます。

```
$ python3 ls_distance_rec.py
「メロンパン」と「アンパン」の距離: 2→['削除', '置換']
「ハイシャ」と「カイシャ」の距離: 1→['置換']
「カンバン」と「マンハッタン」の距離: 4→['置換', '挿入', '挿入', '置換']
```

プログラムを確認しましょう。1では再帰を用いて、レーベンシュタイン距離を求める関数calc_distanceを定義します。引数aとbには文字列を指定し、操作結果を覚えておく引数resultにはリスト型を指定します。

2では文字列が空だった場合を記述します。比較元が空であれば、比較先の文字列の文字数だけ挿入操作を行うことになるので、['挿入']を文字数だけ繰り返しresultに追加します。

3では、aとbの先頭の文字が同じだった場合の処理を記述します。先頭の文字が同じ場合、何も編集操作は必要ありません。そこで、次の文字を確認します。

4では比較先の文字を削除した場合、つまり、挿入操作を記述します。そして、5では比較元の文字を削除した場合、つまり、削除操作を記述します。それから、6では文字の置換操作を行った場合の処理を記述します。

その後、7では、上記の4から6の操作、即ち、挿入・削除・置換の操作をソートしてみて、最もコストが少ないものを選んで、関数の結果として返します。

8では関数calc_distanceを呼び出して結果を画面に出力します。

レーベンシュタイン距離を使った類似度の算出

ちなみに、レーベンシュタイン距離（編集距離）を使う場合には、文字列が長くなればなるほど、大きな数字となるのが一般的です。そのため、異なる長さの文章A、B、Cがあったとき、どれが一番似通っているか（類似度）を調べるためには、ちょっとした工夫が必要になります。

例えば、「メロンパン」と「アンパン」の編集距離は2ですが、「甘くて美味しいメロンパン」と「美味しいアンパン」の距離は7です。2と7という数値だけを見るなら、前者（メロンパンとアンパンの比較）の方が3倍も近いと考えてしまいそうです。しかし、実際には、それほど違いはないように感じます。

そこで、類似度を調べるには「標準化」の処理が必要となります。これは、文字列の類似度を0.0から1.0で表現する方法です。簡単な方法として、次の式のように、長い文字列の長さでレーベンシュタイン距離（編集距離）を割る方法があります。

標準化の計算式

```
類似度 = 1.0 - (編集距離(A, B) / max(Aの文字数, Bの文字数))
```

さっそくこの方法で、文字列の類似度を計算してみましょう。

src/ch6/ls_distance_std.py

```
01  import ls_distance
02
03  # 文字列aとbの類似度を0から1の範囲で返す ─────────────────1
04  def calc_distance_std(a, b):
05      mlen = max(len(a), len(b))
06      return 1.0 - (ls_distance.calc_distance(a, b) / mlen)
```

```
07
08  # 分かりやすく説明付きで表示
09  def print_distance_std(a, b):
10      dist = ls_distance.calc_distance(a, b)
11      std = calc_distance_std(a, b)
12      print(f'+「{a}」と「{b}」')
13      print(f'- 距離: {dist}, 類似度: {std}')
14
15  if __name__ == '__main__':
16      print_distance_std('メロンパン', 'アンパン')
17      print_distance_std('甘くて美味しいメロンパン', '美味しいアンパン')
18      print_distance_std('ハイシャ', 'カイシャ')
19      print_distance_std('カンバン', 'マンハッタン')
```

このプログラムを実行するには、プログラム「ls_distance.py」と同じディレクトリに配置します。このプログラムを実行すると、次のように表示されます。

ターミナルで実行

```
$ python3 ls_distance_std.py
+「メロンパン」と「アンパン」
- 距離: 2, 類似度: 0.6
+「甘くて美味しいメロンパン」と「美味しいアンパン」
- 距離: 5, 類似度: 0.5833333333333333
+「ハイシャ」と「カイシャ」
- 距離: 1, 類似度: 0.75
+「カンバン」と「マンハッタン」
- 距離: 4, 類似度: 0.333333333333333337
```

先ほど考えた例を見てみましょう。「メロンパン」と「アンパン」の類似度は0.6です。そして、「甘くて美味しいメロンパン」と「美味しいアンパン」の類似度は0.58です。このように標準化を行うことで、両者の類似度はほとんど同じであることが分かります。

それでは、プログラムを確認してみましょう。■の部分で、レーベンシュタイン距離を求めて、文字列aとbで文字数が多い方で割ります。

以上、標準化を行えば、文字列の長さによるレーベンシュタイン距離の大小をうまく吸収できることが分かりました。

n-gramを使った文章の類似度の計測

上記のレーベンシュタイン距離を利用した文字列と文字列の類似度を測る手法は十分実用的なものです。しかし、「猫はネズミを追う」という文と「ネズミを猫は追う」という文で試すとどうでしょうか。語順が入れ替わっているだけの文章なのに、レーベンシュタイン距離は高くなり類似度は0.5となり低くなります。

そこで、n-gramという手法が役立ちます。n-gramでは、文字列をN文字ずつスライドさせながら分割します。そして、分割した値が比較対象の文字列に存在するかを確認することで類似度を調べます。つまり、語順が入れ替わっていても問題なく類似度を調べられます。

n-gramでよく使われるのは、N=2のbigram、N=3のtrigramです。例えば、「文章の類似度を調べる」という文について、bigramとtrigramでどのように分割するのかを見てみましょう。

```
[N=2、bigramの場合]
文章
  章の
  の類
    類似
      似度
      度を
        を調
        調べ
          べる
```

```
[N=3、trigramの場合]
文章の
  章の類
  の類似
    類似度
      似度を
      度を調
        を調べ
        調べる
```

このように、N文字ずつの要素に分けた上で比較を行います。このような方式であれば単語辞書を使う必要もないので、手軽に比較が可能です。

n-gramを使った文字列の類似度を調べるプログラム

それでは、n-gramを利用して文字列の類似度を調べるプログラムを作ってみましょう。

src/ch6/ngram.py

```python
# n-gramを生成する ──────────────────────────────── ■1
def ngram(s, n):
    result = []
    nlen = len(s) - n + 1
    for i in range(nlen):
        result.append(s[i:i+n])
    return result

# 類似度を調べる ──────────────────────────────── ■2
def calc_similarity(a, b, n):
    a_list = set(ngram(a, n)) # n-gramをユニークにする
    b_list = set(ngram(b, n)) #
    # 合致する語彙をカウントする ──────────────────── ■3
    cnt = 0
    for aw in a_list:
        for bw in b_list:
            if aw == bw:
                cnt += 1
    return cnt / max(len(a_list), len(b_list))

# 類似度を調べて説明を表示する
def print_similarity(a, b):
    v = calc_similarity(a, b, 2)
    print(f'+「{a}」と「{b}」')
    print(f'- 類似度: {v}')

if __name__ == '__main__':
    print_similarity('メロンパン', 'アンパン')
    print_similarity('甘くて美味しいメロンパン', '美味しいアンパン')
    print_similarity('ハイシャ', 'カイシャ')
    print_similarity('猫はネズミを追う', 'ネズミを猫は追う')
```

プログラムを実行してみましょう。次のようになります。

```
$ python3 ngram.py
+「メロンパン」と「アンパン」
- 類似度: 0.5
+「甘くて美味しいメロンパン」と「美味しいアンパン」
- 類似度: 0.45454545454545453
+「ハイシャ」と「カイシャ」
- 類似度: 0.6666666666666666
+「猫はネズミを追う」と「ネズミを猫は追う」
- 類似度: 0.7142857142857143
```

プログラムを確認してみましょう。■では文字列からn-gramを生成する関数ngramを定義します。引数sには分割したい文字列を、nには何文字ずつに分割するかを指定します。

■ではn-gramを利用して類似度を調べる関数calc_similarityを定義します。引数aとbに文字列を、nに何文字ずつ分割するかを指定します。

n-gramを作った後で関数setを使って重複するn-gramを除去しています。関数setはリストに含まれる重複する要素を削除しユニークな要素のみを持つ集合型を返します。

■ではn-gramに分割した文字列でいくつの語彙が一致するかを調べます。

TIPS

より精度の高い手法

文章の類似度を調べる手法には、word2vecや、BERT、TF-IDFなどさまざまな手法があります。今回紹介したレーベンシュタイン距離やn-gramはその基礎となる手法です。興味があれば、他の手法も調べて見るとよいでしょう。

TIPS

自然言語処理について

「自然言語処理」(英語：natural language processing / NLP)とは、人間が日常的に使っている言語を機械で処理し、コンピューターに処理させることです。ここで紹介したアルゴリズムは、自然言語処理の基礎となるものです。

練習問題 ## スペルチェッカーを作ろう

ここまで学んだアルゴリズムを利用して、簡単なスペルチェッカーを作ってみましょう。

【問題】
英単語を入力したとき、辞書にない単語があると、単語の修正候補の一覧を画面に表示するスペルチェッカーを作ってみてください。

【ヒント】 パブリックドメインの無料の辞書データ(テキストファイル)が配布されています。この辞書データに英単語と、入力した単語のレーベンシュタイン距離を調べて、編集距離が1以下ものを列挙するとよいでしょう。

● **無料 英和辞書データ ダウンロード**
　[URL] https://kujirahand.com/web-tools/EJDictFreeDL.php

スペルチェッカーのプログラムは次のようになります。

src/ch6/spellchecker.py

```
01  import ls_distance
02
03  # 辞書ファイルの指定 ──────────────────────────────── 1
04  DICT_FILE = 'ejdict-hand-utf8.txt'
05  words = {} # 辞書データを保持する辞書型変数
06
07  # 辞書ファイルの内容を読み込む ──────────────────────── 2
08  def read_dict_file():
09      with open(DICT_FILE, 'rt', encoding='utf-8') as fp:
10          for line in fp:
11              word, mean = line.split('\t')
12              # 長い日本語の説明文があればカットする ───────── 2a
13              words[word] = mean[0:20]+'...' if len(mean) > 20 else mean
14
15  # 英単語を調べてスペルチェックをする ──────────────── 3
16  def spellcheck(word):
17      if words == {}: read_dict_file()
18      # 完全一致すればOKと表示 ──────────────────────── 4
19      if word in words:
20          print('[OK]', words[word])
21          return
22      # レーベンシュタイン距離を利用して候補を表示 ──────── 5
23      for w, m in words.items():
24          dist = ls_distance.calc_distance(word, w)
25          if dist <= 1:
26              print(f'[候補] {w} : {m}')
27
28  if __name__ == '__main__':
29      # 繰り返し英単語の入力を求める ──────────────────── 6
30      while True:
31          word = input('英単語を入力: ')
32          if word == '': break
33          print('---', word, '---')
34          spellcheck(word)
```

なお、上記で紹介したレーベンシュタイン距離を計算するプログラム「ls_distance.py」に加えて、無料辞書のテキストファイル「ejdict-hand-utf8.txt」を利用します。この2つのファイルを同じディレクトリに配置した上でプログラムを実行しましょう。

例えば、紫を意味する「purple」や水曜日を意味する「Wednesday」などの英単語のうち1文字をあえて間違えて入力したときの動作を確認してみましょう。修正候補にこれらの単語が表示されるでしょうか。

ターミナルで実行

```
$ python3 spellchecker.py
英単語を入力: perple
--- perple ---
[候補] people : 〈U〉《複数扱い》(一般に)『人々』 /...
[候補] perplex : (…で)〈物事〉’を’『混乱させる』;〈...
```

```
[候補] purple :  〈U〉『紫色』 / 〈U〉(特に,昔の王...

単語を入力: Wenesday
--- Wenesday ---
[候補] Wednesday :  『水曜日』 (《略》Wed.)
```

プログラムを確認してみましょう。**1** では辞書ファイルのファイル名を指定します。**2** では辞書ファイルの内容を読み込む関数 read_dict_file を定義します。上記で紹介している辞書ファイルは、一行ごとに「英単語（タブ文字）単語の意味」が記述されています。そのためファイルを一行ずつ読み、タブで区切るだけで読み込みが可能です。
なお、**2**a では英単語に対する日本語の説明文が長いものがあれば、最初の20字だけを取り出すようにしています。
3 では英単語を調べてスペルチェックを行う関数 spellcheck を定義します。**4** では最初に単語が完全一致するかどうかを調べます。**5** では単語を1つずつ列挙して、1単語ずつレーベンシュタイン距離を求めて、距離が1以下であれば、候補として表示します。
6 では繰り返し英単語の入力を求めて、関数 spellcheck を呼び出します。

まとめ

以上、ここでは簡単に文章の類似度を求めるプログラムを作りました。レーベンシュタイン距離とn-gramを利用する方法を紹介しました。また、レーベンシュタイン距離と無料辞書を利用したスペルチェッカーも作ってみました。これらの手法は自然言語処理の基本なので押さえておきましょう。

文章のカテゴライズ
（単純ベイズ分類器）

文章を自動でカテゴリ分けするツールがあります。そうしたツールを実装するのに利用されるのが「単純ベイズ分類」です。これを使うことで、文章をカテゴリ分けしたり、迷惑メールを判定したりできます。

ここで学ぶこと

● ベイズの定理

● 単純ベイズ分類器

● 形態素解析

● Bag of Words

単純ベイズ分類器とは

「単純ベイズ分類器」（英語：Naive Bayes classifier）とは、確率に基づいて予測を行うモデルの一種で、ベイズの定理と呼ばれる考え方を基にしたアルゴリズムです。

このアルゴリズムは、単純で計算コストが低いことから、テキスト分類などの分野で広く活用されています。特に、メールのスパムフィルタや、文章のカテゴリ分けで利用されます。

ベイズの定理とは

そもそも、ベイズの定理（英語：Bayes' theorem）とは、「事前確率」が「尤度（ゆうど）」を受けて変化する「事後確率」を求めるための方法です。

事前確率とはデータを手に入れる前に想定していた確率のことで、事後確率とは、データを用いて事前確率を修正した結果の確率です。そして、尤度はもっともらしさのことです。

例えば、友人一家が、次の休みの日に海に遊びに行くか、山に遊びに行くかを当てたいとします。何の情報もなければ、海が50%、山が50%の確率でしょう。これが事前確率です。しかし、家族の持っている車に浮き輪が乗っていたことが分かりました。ここから、海に行く確率が高くなりました。これが事後確率です。

なお、ベイズの定理は次のような公式で表されます。AとBは事象であり、$P(B) \neq 0$です。

$$P(A|B) = \frac{P(B|A)P(A)}{P(B)}$$

- $P(A)$はAが起きる確率、$P(B)$はBが起きる確率です。
- ある事象を前提として、別のある事象が起きる確率を条件付き確率と言います。
たとえばBが真であるとき事象Aが発生する確率は、$P(A|B)$という式で表現します。
- ベイズの定理では、$P(A)$と$P(B)$が「事前確率」です。
- 左辺の$P(A|B)$は「事後確率」です。Bが真であるとき、Aが発生する確率です。
- 右辺の$P(B|A)$も条件付き確率で、Aが真の場合にBが発生する確率で、Bに対するAの尤度、もっともらしさです。

少し難しいでしょうか。そこで、先ほどの友人一家が海に行く確率の例に当てはめて考えてみましょう。まず何が起きたのかの事象を定義します。
- 事象A：友人一家が海に行く
- 事象B：友人の車に浮き輪を見つける

また、事象AとBから次の余事象を考察できます。
- 事象Aの余事象：友人一家が海に行かない（山に行く）
- 事象Bの余事象：車を見ても浮き輪を見つけられない

それで、事前確率と尤度（もっともらしさ）は次のようになります。
- $P(A)$：友人一家が海に行く確率 = 0.5
- $P(B)$：車を確認して浮き輪を見つける確率 = 0.5
- $P(B|A)$：海に行く場合で車に浮き輪が見つかる確率 = 0.8

ここで求めたい確率は、車に浮き輪を見つけたとき（事象B）に、友人一家が海に行く確率（事象A）です。ベイズの定理の左辺にある$P(A|B)$は、浮き輪が車に見つかったという情報（事象B）が与えられたとき、友人一家が海に遊びに行く確率（事象A）を表しています。
それでは、上記の数値をベイズの定理に当てはめて求めてみましょう。

```
P(A|B) = P(B|A) * P(A) / P(B)
       = 0.8 * 0.5 / 0.5
       = 0.8
```

もともと、友人一家が海に行く事前確率は50%でした。しかし、「車に浮き輪が見つかった」という新しい情報を考慮することで、友人一家が海に遊びに行く確率は80%と高くなりました。つまり、新しい情報を考慮することで、事後確率が変化します。ベイズの定理は、新しい情報が得られたときに、それを反映するように確率を更新するために使用されます。

もう少し具体的な例で考えましょう。いろいろなメールを自動でカテゴリ分けしたいとします。プログラミング、スポーツ、映画などのカテゴリがある場合、映画カテゴリである確率を表現してみます。つまり、事象 A を映画カテゴリ、$P(B)$ を文章の特徴とした場合、次のようになります。

- $P(A)$：映画カテゴリである確率
- $P(B)$：メール文章の特徴（詳しくは後述）
- $P(A|B)$：メール文章の特徴が映画カテゴリである確率
- $P(B|A)$：映画カテゴリの特徴がメール文章に現れる確率

$P(A)$ はある文章が映画カテゴリである確率です。文章の特徴を観測する前の確率を表すため「事前確率」です。それで、映画カテゴリかどうかを決める方法は、それ以前に学習した文章より計算した確率となります。

$P(B)$ は、メール文章の特徴を表します。つまり、プログラミング・スポーツ・映画などを含むすべての文章の中の特徴です。

そして、$P(B|A)$ ですが、映画カテゴリの特徴がメール文章に現れる確率です。

それから、$P(A|B)$ は、その文章が映画カテゴリに属することを表す確率です。ここで求めたい結果であり「事後確率」です。

BoW（Bag of Words）について

なお、文章のカテゴリズの例に出てきた「文章の特徴」とは何でしょうか。いろいろな方法で特徴を表す手法が考案されていますが、ここでは、「BoW」（Bag of Words）という手法を利用しましょう。

これは文章の特徴を、文章にどんな「単語」が何回登場したかという点で表現する方法です。カバンに単語を放り込んだ様子から Bag of Words と呼ばれています。単語の出現順序などは考慮せず、単語が登場したかどうか、何回登場したかを特徴として利用します。

なお、単語の出現回数を確認するのに必要になってくるのが形態素解析です。

形態素解析とは

英語などでは、文章をスペースや改行で区切れば自動的に、文章を単語に分割できます。しかし、日本語では単純な方法で文章を単語に分割するのは困難です。

そこで、日本語では「形態素解析」（英語：Morphological Analysis）を利用して、文章を形態素に分割します。形態素とは、言語で意味を持つ最小単位のことです。

形態素解析では、言語文法や語句の品詞情報が記述された辞書データを用いて文章の分割処理を行います。有名な形態素解析ツールには、MeCab や ChaSen、KyTea などがあります。

形態素解析ライブラリのJanomeをインストール

形態素解析ツールには、いろいろなものがありますが、今回は、Pythonから手軽にインストールして使えるという観点から、「Janome」を利用しましょう。ターミナルを起動して、以下のコマンドを実行して、Janomeをインストールしましょう。

ターミナルで実行

```
$ python3 -m pip install janome
```

インストールしたら、簡単にJanomeの使い方を確認しておきましょう。以下は文章を形態素に分割する例です。

src/ch6/janome_sample.py

```
01  from janome.tokenizer import Tokenizer
02
03  # Janomeを使うためにオブジェクトを作成 ――――――――――――――――1
04  tokenizer = Tokenizer()
05  # 文章を形態素に分割する ――――――――――――――――――――2
06  s = '多くの富よりも良い名を選べ'
07  words = [tok.surface for tok in tokenizer.tokenize(s)]
08  print(words)
```

プログラムを実行してみましょう。文章が形態素に分割されます。

ターミナルで実行

```
$ python3 janome_sample.py
['多く', 'の', '富', 'より', 'も', '良い', '名', 'を', '選べ']
```

プログラムの**1**では、Janomeのオブジェクトを初期化します。この処理は形態素解析を行う上で必須のものです。そして、**2**のtokenizeメソッドで実際に文章を形態素に分割します。そして、分割後の各形態素のsurfaceに文字列が入っています。

形態素解析によって品詞情報を得る方法

なお、Janomeは形態素に分割するだけでなく、形態素ごとの品詞などの情報も得ることができます。

src/ch6/janome_sample2.py

```
01  from janome.tokenizer import Tokenizer
02  s = '多くの富よりも良い名を選べ'
03  for tok in Tokenizer().tokenize(s):
04      print(f'- {tok.surface} ({tok.part_of_speech})')
```

プログラムを実行すると次のように表示されます。

```
$ python3 janome_sample2.py
- 多く （名詞,副詞可能,*,*）
- の （助詞,連体化,*,*）
- 富 （名詞,一般,*,*）
- より （助詞,格助詞,一般,*）
- も （助詞,係助詞,*,*）
- 良い （形容詞,自立,*,*）
- 名 （名詞,一般,*,*）
- を （助詞,格助詞,一般,*）
- 選べ （動詞,自立,*,*）
```

この後作る、文章のカテゴリ分けのプログラムにおいては、コードを単純にするために品詞情報を利用しません。しかし、助詞や記号などカテゴリ分けに訳に立たない情報を間引くことで精度を向上させることが可能です。

単純ベイズ分類器による
文章のカテゴライズの手法について

ここでは単純ベイズ分類器を作って、文章のカテゴライズを行うプログラムを作ります。なお、すでに紹介した通り、Bag of Words を利用して、各カテゴリにおける単語の出現数を数え、これをカテゴリごとの確率とします。

$$P(\text{文章}\,|\,\text{カテゴリ}A) = \frac{\text{単語1の出現回数}}{A\text{の総単語数}} \times \frac{\text{単語2の出現回数}}{A\text{の総単語数}} \times \frac{\text{単語3の出現回数}}{A\text{の総単語数}} \cdots$$

ただし、単純に上記の式をプログラムに直すことはできません。と言うのも、入力文章の中にカテゴリ内の単語が1度も出てこないということがあり得るからです。その単語の出現回数が0だった場合、P(文章|カテゴリ A)は0になってしまいます。そこで、加算スムージングと呼ばれる手法を用います。これは、カテゴリ内のすべての単語が必ず1回は出現したということにし、出現回数を +1 します。

また、上記の式をそのまま適用すると、結果がとても小さな数値となり、コンピューターで表現可能な最小値を下回ってしまいます。そこで、対数 log を利用して、掛け算を足し算の合計に変換します。

$$P(\text{文章}\,|\,\text{カテゴリ}A) = \log P(A) + \sum_{i=1}^{n} \log \frac{\text{単語}i\text{の出現回数}+1}{A\text{の総単語数}}$$

文章のカテゴライズのプログラム

それでは、実際に文章をカテゴライズするプログラムを作ってみましょう。

src/ch6/naive_bayes.py

```
01  from janome.tokenizer import Tokenizer
02  import math, pprint
```

341

```
03  tokenizer = Tokenizer()
04  # パラメータを初期化 ─────────────────────────────────── 1
05  def init_params():
06      global cat_words, cat_docs, cat_wc, doc_count
07      cat_words = {} # カテゴリごとに{'単語':出現数}の辞書型のデータ
08      cat_docs = {} # カテゴリごとの文章数
09      cat_wc = {} # カテゴリごとの単語の出現回数
10      doc_count = 0 # 学習したデータ数
11
12  # 文章を学習する ─────────────────────────────────────── 2
13  def fit(text_list, cat_list):
14      global doc_count
15      # カテゴリごとに語彙の出現回数を数える ────────────────── 3
16      for text, cat in zip(text_list, cat_list):
17          # カテゴリの文章数に1を加算 ────────────────────── 3a
18          cat_docs[cat] = cat_docs.get(cat, 0) + 1
19          for tok in tokenizer.tokenize(text): # 形態素解析
20              word = tok.base_form # 単語の基本形を得る ──────── 3b
21              if cat not in cat_words: cat_words[cat] = {}
22              # カテゴリにおける単語の出現回数に1を加算 ────────── 3c
23              cat_words[cat][word] = cat_words[cat].get(word, 0) + 1
24          doc_count += 1
25      # カテゴリごとの単語の出現回数を数える ─────────────────── 4
26      for cat in cat_docs.keys():
27          cat_wc[cat] = sum(cat_words[cat].values())
28
29  # 文章からカテゴリを予測する ─────────────────────────────── 5
30  def predict(text, debug=False):
31      tokens = list(tokenizer.tokenize(text)) # 形態素解析
32      # カテゴリごと出現単語をカウントして確率を計算 ──────────── 6
33      p = {}
34      for cat, cat_num in cat_docs.items():
35          p[cat] = math.log(cat_num / doc_count) # 初期値
36          # カテゴリごとに単語の出現回数を数える ──────────────── 7
37          for tok in tokens:
38              word = tok.base_form # 単語の基本形を得る ──────── 7a
39              wc = cat_words[cat].get(word, 0) + 1 # 単語の出現回数を数える ── 7b
40              # カテゴリにおける確率を計算 ─────────────────── 7c
41              p[cat] += math.log(wc / cat_wc[cat])
42      if debug: pprint.pprint(p)
43      # ソートして最も可能性の高いものを返す ─────────────────── 8
44      pl = sorted(p.items(), key=lambda x: x[1], reverse=True)
45      return pl[0][0]
46
47  if __name__ == '__main__':
48      init_params() # パラメータの初期化 ──────────────────── 9
49      # 文章とカテゴリを指定して学習 ──────────────────────── 10
50      fit(['恋は突然で愛は情熱的だ。世紀のロマンス'],['映画'])
51      fit(['彼の投球は好調。チームはホームランを連発。'],['スポーツ'])
52      fit(['Pythonでアルゴリズムを記述しよう。'],['プログラミング'])
53      # 文章のカテゴリを予測 ───────────────────────────── 11
54      r = predict('アルゴリズムを勉強しよう。', debug=True)
55      print('予測カテゴリ:', r)
```

プログラムを実行してみましょう。ここでは、プログラムの 10 にある映画・スポーツ・プログラミングに関する文章を
学習させた後、適当な文章 11 がどのカテゴリに属するかを予測します。

```
$ python3 naive_bayes.py
{'スポーツ': -14.216292718168056,
 'プログラミング': -10.1095256359474,
 '映画': -15.795161252877383}
予測カテゴリ: プログラミング
```

短い文章のみで確認しただけですが、正しく判定できています。プログラムを確認しましょう。なお、説明が容易になるように、形態素解析を行って分割した「形態素」を「単語」と言い換えています。

▉1 ではパラメータを初期化します。ここで利用するパラメータは、カテゴリごとに、単語の出現回数を記録するための4つの変数です。

▉2 では文章を学習する関数fitを定義します。引数text_listには文章のリスト、cat_listにはカテゴリのリストを指定します。

▉3 では形態素解析でテキストを分解し、単語ごとに出現回数を数えます。なお、▉3a ではカテゴリの文章数を1つ増やします。▉3b ではJanomeが切り出した形態素の基本形を得ます。そして、▉3c でカテゴリにおける単語の出現回数を1つ増やします。

そして、▉4 ではカテゴリごとに単語の出現回数を数えます。

▉5 では文章からカテゴリを推測する関数predictを定義します。引数textには判定したいテキストを指定します。

▉6 ではカテゴリごとに単語を数える処理を記述します。

▉7 では、実際に単語の出現回数を数えて確率を計算します。▉7a では形態素の基本形を得ます。そして、▉7b で単語の出現回数を数えて、▉7c では、そのカテゴリにおける確率を計算して加算します。

そして、▉8 で確率の高い順に並び替えて、カテゴリ名を関数の戻り値として返します。

▉9 ではパラメータを初期化し、▉10 ではサンプルの文章を学習させて、▉11 で文章のカテゴリを予測します。

練習問題 夏目漱石と森鴎外を判定しよう

明治時代の文豪の作品は著作権が切れて、パブリックドメインとなっています。そこで、それらの小説を利用して、作品から小説家を予測できるか試してみましょう。

【問題】
夏目漱石と森鴎外の作品を学習させて、文章から作家を判定するプログラムを作ってください。

【ヒント】ここで学んだ単純ベイズ分類器を使うことで作家判定のプログラムを作ることができます。ここでは、夏目漱石の代表作「こころ」と森鴎外の代表作「舞姫」の一部を読み込んで学習させてみましょう。

なお、夏目漱石と、森鴎外の小説は青空文庫で無料で公開されています。

● 青空文庫
  [URL] https://www.aozora.gr.jp/

今回、青空文庫から該当する小説のテキスト形式のデータ(文字エンコーディングがShift_JISのもの)をダウンロードしましょう。そして、ZIPファイルを解凍したら、textというディレクトリを作成し、そこにテキストファイルをコピーします。次のようなファイル構造になるようにしましょう(なお、本書のサンプルプログラムにも、2つのテキストファイルを収録しています)。

```
<text>
├── kokoro.txt ········ 夏目漱石の「こころ」のテキスト
└── maihime.txt ······ 森鴎外の「舞姫」のテキスト
```

答え 夏目漱石と森鴎外を判定する

ここでは、夏目漱石「こころ」と森鴎外「舞姫」の前半一部を読み込んで学習して、作品後半の文章を元に作家を判定するプログラムを作ってみました。

src/ch6/bayes_novelist.py

```
01  import naive_bayes as nb
02  import re
03  # 青空文庫の小説データを読み込みリストで返す ─────────────────1
04  def read_novel(fname, author):
05      with open(fname, 'rt', encoding='sjis') as fp:
06          txt = fp.read()
07      # ルビや注意書きを削除 ─────────────────────2
08      txt = re.sub(r'《.*?》', '', txt)
09      txt = re.sub(r' [.*?] ', '', txt)
10      # 最初の1万字を取り出す ───────────────────3
11      txt = txt if len(txt) < 10000 else txt[0:10000]
12      # 改行で区切って学習用データを作る ──────────────4
13      result = []
14      for line in txt.split('\r\n'):
15          line = line.strip()
16          if len(line) < 5: continue
17          result.append(line)
18      return result, [author] * len(result)
19
20  nb.init_params()
21  # 小説データの前半を学習する ──────────────────5
22  kokoro, soseki = read_novel('text/kokoro.txt', '夏目漱石')
23  nb.fit(kokoro, soseki)
24  maihime, ougai = read_novel('text/maihime.txt', '森鴎外')
25  nb.fit(maihime, ougai)
26  # 作品の後半を読み込ませて誰の作品か推測する ──────────6
27  print('a:', nb.predict('始めて先生の宅を訪ねた時、先生は留守であった。二度目に行ったのは次の日曜
        だと覚えている。'))
28  print('b:', nb.predict('余ははじめて病牀に侍するエリスを見て、その変わりたる姿に驚きぬ。彼はこの
        数週のうちにいたく痩せて、血走りし目はくぼみ、灰色の頬は落ちたり。'))
```

プログラムの実行には、本節で作成した「naive_bayes.py」を利用します。また、前述の通りtextディレクトリに2つのファイルに配置した上で、次のコマンドを実行しましょう。

```
$ python3 bayes_novelist.py
a: 夏目漱石
b: 森鴎外
```

プログラムの 6 では、夏目漱石の「こころ」の最後の方にある2つの文を a に、森鴎外の「舞姫」の最後の方にある2つの文を b に指定しています。実行結果を見ると、正しく作者を判定できています。

プログラムを確認してみましょう。1 では青空文庫からダウンロードした小説データを読み込み、リストで返す関数 read_novel を定義します。この関数では、2 でルビや注意書きを削除し、3 で文章の前半1万字を取り出し、4 で空行や短すぎる段落を読み飛ばします。そして、文章のリストと作者のリストを返します。

5 では夏目漱石と森鴎外の小説データを読み込み、単純ベイズ分類器で学習します。そして、6 では小説の後半にある2文を使って小説家を予測します。

まとめ

本節ではベイズの定理を利用したアルゴリズム「単純ベイズ分類」を利用して、文章のカテゴライズに挑戦してみました。「ベイズの定理」自体は少し難しく感じたかもしれませんが、実際のプログラムはそれほど難しくなく、単語の出現回数を数えて確率を計算するだけでした。

マルコフ連鎖を利用した文章生成

前節で形態素解析を紹介しましたが、本節でもそれを利用して、文章の要約や自動作文に挑戦してみましょう。「マルコフ連鎖」と呼ばれる手法を紹介します。そして、それを利用して会話できるチャットボットを作ってみましょう。

ここで学ぶこと

● **マルコフ連鎖**

● **形態素解析**

● **チャットボット**

マルコフ連鎖とは

「マルコフ連鎖」(英語：Markov chain)とは、確率過程の一種です。ロシアの数学者アンドレイ・マルコフの研究成果が後に「マルコフ連鎖」として知られるようになりました。

なお、次の状態が過去の状態に依存せず、現在の状態でのみ決まる性質を「マルコフ性」(英語：Markov property)と言います。そして、マルコフ性が存在する場合、現在の状態が { X0，X1，X2，... } のような状態を取り得るとき、次の状態 Xj へ遷移する確率は、現在の状態にのみ依存するため、次のような式で表現できます。

$$P(X_j|(X_0, X_1, ., X_i, X_j, ..., X_n)) = P(X_j|X_i)$$

これは、「未来の値が現在の状態によって決まる」という考え方です。これを利用することで、統計学や機械学習など、さまざまな分野に応用できます。

マルコフ連鎖を利用した自動作文の方法

そして、マルコフ連鎖は、文章の自動作文においても利用されます。次のような手順で作文を行います。

❶ 文章を形態素解析で分解する
❷ 単語の前後の結びつきをマルコフ辞書に登録する
❸ マルコフ辞書を利用してランダムに作文する

本節の冒頭で難しいマルコフ連鎖の話を書きましたが、実際のところ「いつ、どこで、だれが、どうした」作文と似たような処理を行います。これは、数人で遊ぶゲームで、細切れの紙に「いつ」「どこで」「だれが」「どうした」という要素を書いて個別の箱に入れてシャッフルします。そして、各箱から順番に紙を取り出して読み上げると、面白い文章ができるというものです。

マルコフ連鎖でも似たような処理を行います。ただし、できるだけ文章が不自然にならないように、文章内で結びついている組合せを選んで作文を行います。このために、マルコフ辞書に単語を登録する際に工夫を行います。

例えば「今日は雨で傘を持った」という文章であれば、形態素解析で「今日 | は | 雨 | で | 傘 | を | 持っ | た」のように分割した上で、3単語ずつ辞書へ登録します。次のようになります。

- 今日 | は | 雨
- は | 雨 | で
- 雨 | で | 傘
- で | 傘 | を
- 傘 | を | 持っ
- を | 持っ | た
- 持っ | た |

同様の方法で「雨で傘を買った」とか「雨で散歩は中止」などの文章を入力します。すると、「雨で」に続く部分が「傘を持った」「傘を買った」「散歩は中止」という選択候補ができます。そこでランダムに候補を選ぶことで作文をするという具合です。

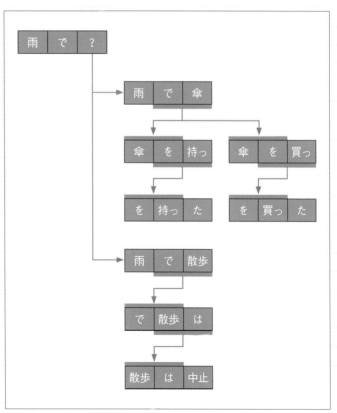

図6-3-1　マルコフ連鎖による作文の方法

マルコフ連鎖による自動作文のプログラム

それでは、マルコフ連鎖を利用した自動作文のプログラムを見てみましょう。テキストを形態素解析で分割した後マルコフ辞書に登録し、それをもとにして作文を行います。

src/ch6/markov.py

```
01  from janome.tokenizer import Tokenizer
02  import random, re
03  tokenizer = Tokenizer() # 形態素解析の準備
04
05  # 文章を分割してマルコフ辞書に登録する ─────────────── 1
06  def make_dictionary(text, dic={}):
07      # 形態素解析 ─────────────────────────── 2
08      wlist = [w.surface for w in tokenizer.tokenize(text)]
09      # 形態素を辞書に登録 ─────────────────── 3
10      tmp = ['@'] # 文頭を表す記号
11      for w in wlist:
12          if w == '': continue
13          tmp.append(w)
14          if len(tmp) < 3: continue
15          if len(tmp) > 3: tmp.pop(0)
16          w1, w2, w3 = tmp # 単語を3つ得て辞書に登録 ──── 4
17          if w1 not in dic: dic[w1] = {}
18          if w2 not in dic[w1]: dic[w1][w2] = {}
19          if w3 not in dic[w1][w2]: dic[w1][w2][w3] = 0
20          if w == '。': # 文末に到達したら文頭をセット
21              tmp = ['@']
22              continue
23      return dic
24  # マルコフ辞書を元にして作文する関数 ──────────────── 5
25  def compose(dic):
26      top = dic['@'] # 文頭を選択 ──────────────── 6
27      w1 = choice_word(top) # 文頭に続く単語を選ぶ
28      w2 = choice_word(top[w1])
29      return compose_from_words(dic, w1, w2)
30  # 文末に至るまで繰り返し語句を選び続ける ────────────── 7
31  def compose_from_words(dic, w1, w2):
32      ret = [w1, w2]
33      while True:
34          w3 = choice_word(dic[w1][w2])
35          ret.append(w3)
36          if w3 == '。': break
37          w1, w2 = w2, w3
38      return ''.join(ret)
39  # 辞書から選択肢を選ぶ ───────────────────── 8
40  def choice_word(o):
41      if type(o) is not dict: return '。'
42      ks = list(o.keys()) # 辞書の子キー一覧を得る
43      if len(ks) == 0: return '。'
44      return random.choice(ks) # 辞書から選択肢を返す
45
46  if __name__ == '__main__':
47      # 小説「こころ」を読んで先頭の1万字を辞書にする ───── 9
48      text = open('text/kokoro.txt', 'r', encoding='sjis').read()[0:10000]
49      text = re.sub(r'(《.*?》 | [.*?] )', '', text) # 不要な部分を削る
```

```
50      text = re.sub(r'[ |\s\u3000\-]', '', text)
51      # 文章をマルコフ辞書に登録し、作文する —————————————————10
52      dic = make_dictionary(text)
53      print(compose(dic))
```

今回は、前節でも利用した夏目漱石の小説「こころ」をもとにして自動作文をしてみましょう。前節の練習問題を参考にして、text/kokoro.txtに小説データを配置してから、プログラムを実行してください。

ランダムに作文するので、数回実行して動作を確認してみましょう。「こころ」の雰囲気を持った文章を自動生成します。

```
$ python3 markov.py
純粋の日本の浴衣を着ようと相談をした。
$ python3 markov.py
全権公使何々というのもあったので私はまた先生に会う度数が重なるにつれて、私ほどに滑稽もアイロニーも認めてないらしかった。
$ python3 markov.py
学校の授業が始まるにはどうしていいか分らなかったので私はまた先生に会いたくなったつもりで東京へ帰った。
```

プログラムを確認してみましょう。■では文章を形態素解析で分割してマルコフ辞書に登録する関数を定義します。引数のtextに元となる文章を指定することでマルコフ辞書を生成します。なお、第二引数のdicに既存の辞書を指定することで、辞書内容をアップデートできるようにも配慮しています。

■ではJanomeを利用して形態素解析を行います。形態素解析については前節（p.339）で詳しく解説しています。

■では分割した単語（正確に言うと形態素）をマルコフ辞書に登録します。この辞書はPythonの辞書型を利用してします。■では単語を3つ得て順に辞書に登録します。なお、具体的には、次のような構造の辞書となります。今回、適当に '@' を選んで、文頭を表す記号としました。

```
{
  "@": {
    "これ": { "は": 0, "が": 0 },
    "私": { "は": 0, "が": 0, "に": 0, "の": 0, "も": 0, "たち": 0 },
    "筆": { "を": 0 },
    "その": { "時": 0, "中": 0, "西洋": 0, "人": 0, ～省略～ },
    "友達": { "は": 0 },
    "先生": { "は": 0, "が": 0, "と": 0, "の": 0, "に": 0, "も": 0 },
    ～省略～
  },
  "中": {
    "に": { "現れる": 0, "知っ": 0, "裏": 0, ～省略～ },
    "が": { "銭湯": 0 },
    "を": { "通り抜け": 0, "見廻し": 0 },
  },
  "に": {
    "現れる": { "記号": 0 },
    "外字": { "の": 0 },
  }
  ～省略～
}
```

そして、**5**では上記の構造の辞書データを利用して作文を行います。'@' を文頭としているので、**6**で辞書から'@'から始まる単語を選びます。そして、続けて、それに続く単語をもう1つ選びます。つまり「| @ | 私 | たち |」のように'@'から続く2単語を選び出します。

それから、**7**では文末に至るまで順に辞書からランダムに続きを選び追加します。

8ではマルコフ辞書から選択肢をランダムに選ぶ関数choice_wordを定義します。辞書のキー一覧を得てそれをシャッフルして先頭のエントリを結果として返します。

9では小説「こころ」は長いのでテキストファイルを読み込んだ後、先頭の1万字を利用します。また、読み仮名など不要な部分を削っておきます。

10ではテキストを指定してマルコフ辞書を作成し、辞書を元に作文をして結果を表示します。

COLUMN

「ワードサラダ」とAIの悪用について

文法的には正しいものの単語の使い方がでたらめであるために意味が通らない文章を「ワードサラダ」と呼びます。本節で解説する「マルコフ連鎖」を使って作成した文章は、一見すると正しい文章のように見えますが、実際のところ、ランダムに単語をつなぎ合わせただけなので「ワードサラダ」のようになってしまう場合もあります。

「ワードサラダ」は、迷惑メールやスパム広告の生成に利用されており、サーチエンジンやフィルタリングソフトを撹乱する目的で利用されることが多く嫌われています。人工知能（AI）全般に言えることですが、自動生成した文章などの成果物をどのように利用するかは、利用者のモラルに任せられています。とは言え、このような手法を用いて、文章が自動生成される可能性があることを学ぶことも、サイバー攻撃への対策の1つと言えるでしょう。

練習問題 チャットボットにマルコフ連鎖を活用しよう

【問題】
マルコフ連鎖を利用して、自動でユーザーと対話を行うチャットボットを作ってみてください。なお、「チャットボット（英語：chatbot）」とは、「チャット」と「ボット」を組み合わせた言葉で、自動会話プログラムのことを言います。

【ヒント】 文章の意味を理解して正確な返答を行うチャットボットを作るのは難しいのですが、ユーザーの会話に現れる語句を利用して、適当な文章を返すようなチャットボットを作るのならばそれほど難しくありません。簡単なチャットボットを作ってみましょう。

また、マルコフ辞書に相当する単語がなければ、「＊＊ですか。それについて教えてください。」とオウム返しする仕組みにすれば、少しずつチャットボットを賢く育てていくことができるでしょう。

答え マルコフ連鎖を利用したチャットボットのプログラム

ここでは、次のような構成のチャットボットを作ってみましょう。ユーザーとボットの間で対話を行いますが、その際、

マルコフ連鎖を用いた作文だけだと、かなり不自然になってしまいます。そこで、マルコフ連鎖の作文に加えて、あらかじめ定型文を用意しておいて、ユーザーの質問に対してランダムな回答を返すように工夫します。

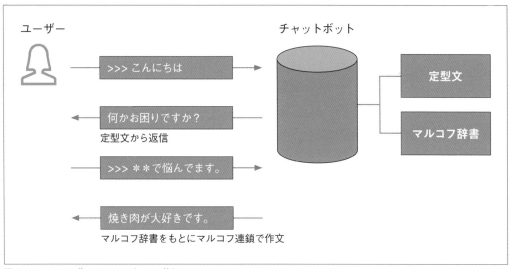

図6-3-2　ここで作るチャットボットの仕組み

以下がマルコフ連鎖を利用して、ユーザーと対話するチャットボットのプログラムです。次の3つのプログラムファイルと、1つのマルコフ辞書から構成されます。なお、このうち「markov.py」は上記で先ほど作成したものを再利用します。

- markov_chatbot.py … メインプログラム
- markov_chatbot_param.py … チャットボットで使うライブラリを定義したもの
- markov.py … マルコフ連鎖で作文を行うプログラム
- markov_chatlog.json … マルコフ辞書を保存したJSONデータ

最初に、チャットボットで使うライブラリ「markov_chatbot_param.py」を見てみましょう。これは、ボットが返す定型文やファイル入出力を定義したプログラムを定義したものです。

src/ch6/markov_chatbot_param.py

```
01  # チャットボットのパラメーター
02  import json, os
03  # 定型をフレーズ ──────────────────────────────────1
04  PHRASES = {
05      'こんにちは。': ['お元気ですか？', '何かお困りですか？', 'これから何をしますか？'],
06      '元気ですか。': ['変わらず元気です。あなたは？', '私は元気いっぱいです。あなたは？'],
07      'そうですね。': ['それについて、もう少し詳しく教えてください。', 'それで、どうするんですか？']
08  }
09  # ファイルの保存先 ──────────────────────────────2
10  SAVE_FILE = './markov_chatlog.json'
11  # ファイルへの保存
12  def save_dic(dic):
```

351

```
13      with open(SAVE_FILE, 'w') as fp:
14          json.dump(dic, fp, ensure_ascii=False, indent=2)
15  # ファイルからデータを読み込む
16  def load_dic(savefile):
17      dic = {'@':{}} # 辞書を初期化
18      if os.path.exists(SAVE_FILE): # ファイルからデータを読み込む
19          with open(SAVE_FILE, 'r') as fp:
20              return json.load(fp)
```

1 ではボットが返す定型文を定義します。ユーザーが「こんにちは」や「元気ですか」と入力したときの定型的な応答文を定義します。ボットの返答はリスト型にしており、その中からランダムに選んで回答するようにしています。
2 以降ではマルコフ辞書をファイルに保存する関数save_dicと、ファイルからデータを読み込む関数load_dicを定義します。このプログラムでは、ユーザーと会話をするたびに、ボットが入力内容を学習する仕組みにしています。それで、会話をするたびに、繰り返し辞書ファイルがアップデートされるようにします。

次にメインプログラム「markov_chatbot.py」を確認してみましょう。メインプログラムでは、ユーザーの入力に対して、どのような応答を返すかを定義した関数compose_responseと、その関数を連続で呼び出すメイン処理を記述しています。1つずつの処理は難しくないので、ゆっくり見ていきましょう。

src/ch6/markov_chatbot.py

```
01  import random, re
02  from janome.tokenizer import Tokenizer
03  import markov, markov_chatbot_param as param
04  BOT_NAME = 'エリー' # チャットボットの名前 ━━━━━━━━━━━━━━━━━ 1
05  tokenizer = Tokenizer()
06  # チャットボットの会話を生成する ━━━━━━━━━━━━━━━━━━━━━━ 2
07  def compose_response(question, dic):
08      question = re.sub(r'[??]', '。', question.strip())
09      if '。' not in question: question += '。'
10      # 定型フレーズがあればそれを返す ━━━━━━━━━━━━━━━━━ 3
11      if question in param.PHRASES:
12          return random.choice(param.PHRASES[question])
13      # 形態素解析してキーワードを探す ━━━━━━━━━━━━━━━━━ 4
14      tokens = tokenizer.tokenize(question)
15      keywords = []
16      for w in tokens:
17          p = (w.part_of_speech + '   ')[0:3]
18          if '名詞,' in p or '形容詞' in p:
19              keywords.append(w.base_form)
20      # キーワードが全く見当たらないとき、辞書に登録して定型句を返す ━ 5
21      if len(keywords) == 0:
22          markov.make_dictionary(question, dic)
23          return random.choice(param.PHRASES['そうですね。'])
24      # 関連キーワードをランダムに決める ━━━━━━━━━━━━━━━━ 6
25      key = random.choice(keywords)
26      # マルコフ辞書にキーワードがなければユーザーに意味を尋ねる ━━ 7
27      if key not in dic['@']:
28          print(f'{BOT_NAME}: 「{key}」ですか？それについて教えてください。')
29          user = input('>>> ')
30          if user == '': return '他に問題はありませんか？'
31          if key not in user: user = key + 'は' + user
```

```
32          if '。' not in user: user += '。'
33          markov.make_dictionary(user, dic) # マルコフ辞書に登録
34          return 'ありがとうございます。それでどうするんですか?'
35      # キーワードから始まる文章を自動生成 ─────────────────────────── 8
36      top = dic['@']
37      w1 = markov.choice_word(top[key])
38      text = markov.compose_from_words(dic, key, w1)
39      return text + random.choice(['どう思いますか?', 'それでどうしますか?'])
40
41  if __name__ == '__main__':
42      dic = param.load_dic() # マルコフ辞書をファイルから読み込む ──────── 9
43      print(f'{BOT_NAME}: {BOT_NAME}の部屋へようこそ!こんにちは。')
44      while True: # 繰り返し会話と応答を繰り返す
45          question = input('>>> ')
46          if question == '' or question == 'さようなら': break
47          answer = compose_response(question, dic)
48          print(f'{BOT_NAME}: {answer}')
49      # 別れの挨拶をして最後にファイルに辞書を保存 ──────────────── 10
50      print(f'{BOT_NAME}: さようなら。また来てください!')
51      param.save_dirc(dic)
```

上記プログラムを確認してみましょう。1ではチャットボットの名前を指定します。名前をつけると愛着がわきますね。
2ではチャットボットの会話を生成する関数compose_responseを定義します。引数questionにはユーザーからの入力を与え、引数dicにはマルコフ辞書を与えます。

3では定型フレーズがあればそれを返します。

4ではユーザーの入力文からキーワードを探します。入力文を形態素解析して単語(形態素)に分割します。そして、入力単語の中から名詞と形容詞を抽出します。

5では入力にキーワードが見当たらないときの処理を記述します。質問を辞書に登録して定型句を返します。

6では関連キーワードをランダムに決めます。そして、7ではマルコフ辞書にキーワードがなければ、ユーザーに意味を質問します。そして、辞書に登録します。

8ではキーワードから始まる文章を自動生成します。

9以降ではメイン処理で、繰り返しチャットボットと会話を行う処理を記述します。ファイルから辞書データを読み込み、ユーザーと対話をして、最後10にて辞書データをファイルに保存します。なお、空行か「さようなら」が入力されたとき、別れの挨拶をしてマルコフ辞書をファイルに保存します。

チャットボットのプログラムを実行してみよう

ターミナルからプログラムを実行してみましょう。以下のコマンドを実行すると、チャットボットが挨拶をしてきます。そこで、「>>>」と表示されたら自由に会話を入力してください。

ターミナルで実行

```
$ python3 markov_chatbot.py
エリー: エリーの部屋へようこそ!こんにちは。
>>>
```

例えば、次のような会話が行われます。空行か「さようなら」と入力するとプログラムは終了します。なお、下記の会話は何度かプログラムを実行し、焼き肉に関する会話をした後で行ったものです。

```
エリー： エリーの部屋へようこそ！こんにちは。
>>> こんにちは
エリー： 何かお困りですか？
>>> 今晩のおかずを何にしようかと悩んでいます。
エリー： 「今晩」ですか？それについて教えてください。
>>> 今日の夜のことです。
エリー： ありがとうございます。それでどうするんですか？
>>> お好み焼きか焼き肉かで悩んでいます。
エリー： 焼き肉が大好きです。どう思いますか？
>>> 良いですね。
〜省略〜
>>> さようなら
エリー： さようなら。また来てください！
```

このチャットボットは、会話を学習していくので、何度も会話を行うことで、さまざまな語彙を覚えてくれます。ただし、マルコフ連鎖によってのみ作文を行うため、まともな会話に見える時もあれば、的外れなことを返す場合もあるでしょう。

改良のヒント

プログラム「markov_chatbot_param.py」の **1** の部分では定型フレーズを定義しています。この定型フレーズを充実させることで、より自然な会話を返すことができるようになります。

また、辞書が小さな時は、それがどういう意味なのか質問ばかりされて、まともな会話にならないでしょう。そこで、Web上の文章を適当に入力して辞書ファイルを学習させることで、それなりの会話を返すようになります。

まとめ

以上、本節ではマルコフ連鎖を利用した文章生成について確認しました。最初に小説を元にして文章を作成してみました。そして、その後、チャットボットと対話するプログラムを作りました。マルコフ連鎖は単純でありながら、それらしい文章を生成できますので、活用してみてください。

データのクラスタリング
（k-means法）

クラスタリングとはデータ間の類似度にもとづいて、データをグループ分けする手法です。マーケティングから人工知能分野まで幅広く利用されています。ここでは、最も基本的なk-means法を紹介します。

ここで学ぶこと

● **クラスタリング**

● **k-means法**

● **機械学習**

● **教師なし学習**

● **matplotlib モジュール**

● **グラフ描画**

クラスタリングとは

「クラスタリング」（英語：clustering）あるいは「クラスタ分析」（英語：cluster analysis）とは、データ解析手法の1つです。データ間の類似度にもとづいて、データをグループ分けすることです。グループ分けされたそれぞれのデータ群を「クラスタ」（英語：cluster）と呼びます。

クラスタリングは、いろいろな分野で利用されており、例えばマーケティングにおいては、顧客情報（顧客の性別や年齢、趣向）を分析して市場戦略を立てるのに有用な手法として用いられています。次の図にあるように、顧客の特徴をグループ（クラスタ）に分類するなら、それぞれの顧客層に向けた販売戦略が展開できます。

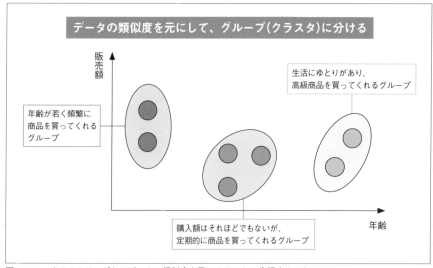

図6-4-1　クラスタリングとはデータの類似度を元にクラスタに分類すること

人工知能と機械学習について

また、クラスタリングは、人工知能（AI）の一分野である「機械学習」（英語：machine learning）においても積極的に利用される手法の1つです。そもそも、機械学習とは、人間が経験を通して自然に学習することを、コンピューターを用いて実現するデータ解析テクニックです。

機械学習では、大量のデータを学習させることで、何かしらのタスクをこなすことが可能になります。例えば、本章で紹介した「単純ベイズ分類器」も機械学習でよく利用されますが、大量の迷惑メールを学習させることで、迷惑メールフィルタを作ることができます。

機械学習の大まかな分類について

なお、機械学習にはタスクの種類に応じて、「強化学習」「教師あり学習」「教師なし学習」に分けることができます。「強化学習」は周囲の環境を観測してどう行動すべきかを学習するもので、行動に応じた報酬を与えることで学習を行う手法です。

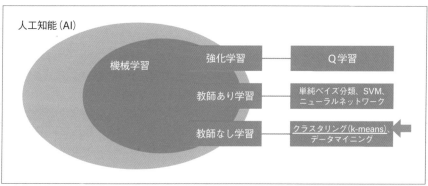

図6-4-2　クラスタリングは「教師なし学習」の一種

「教師あり学習」とは、学習するデータに明確なラベルが用意されており、入力に対する出力が設定されるのが特徴です。迷惑メールフィルタやテキストのグループ分けも、教師あり学習の一つです。ここで言うラベルとは、迷惑メールフィルタであれば、「迷惑メール」と「通常メール」と言った目的とする出力のことです。

そして「教師なし学習」とは、ラベルのない入力のみのデータからモデルを構築するものです。そうです、本節で紹介する「クラスタリング」は教師なし学習に分類されます。

k-means法について

本節では、クラスタリングの手法の一つである「k-means法」について解説します。k-means法は「k平均法」(英語: k-means clustering)とも呼ばれます。

これは、クラスタの平均値を用いて、データを与えられたk個のクラスタに分類する手法です。比較的単純な手法で実装できるので、実際にPythonのプログラムを作って、実際にデータのクラスタリングに挑戦してみましょう。

k-means法の仕組み

それで、データをk個のクラスタに分類する場合に、次のような手順でクラスタリングを行います。

① データの中からk個のデータをランダムに選んでそれを仮の中心点とする
② 仮の中心点に基づいて、データがどの中心に近いかを計算してクラスタに分ける
③ クラスタごとに中心点を再計算する
④ 再計算された中心点に基づいてデータをクラスタに分けする
⑤ 手順③と④を繰り返す

もう一度、右の図でも確認してみましょう。最初に状態(A)では、データの中からランダムに仮の中心点をk個選びます。そして、選んだ中心点に基づいてデータをクラスタに分けます。

次に、状態(B)では、クラスタ分けしたグループに属するデータごとに中心点を計算します。そして、改めて各データがどの中心点に近いかを調べてクラスタに分けます。

それから、状態(C)でも(B)と同じように、クラスタごとに中心点を計算し、改めて各データをクラスタ分けします。つまり、中心点の位置を少しずつ調整することで、正しい分類が行われるのです。

なお、状態(A)では既存データの中から中心点を選びましたが、(B)と(C)で、計算

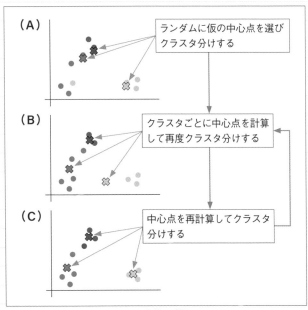

図6-4-3　k-meansでのクラスタ分類の手順

で求める中心点は各クラスタに属するデータから計算した中心点であって、中心点の位置にデータがあるとは限りません。

2点間の距離を求める方法

k-means法では、中心点からデータまでの距離を求める必要があります。それで、2点間A(x1, y1)からB(x2, y2)までの距離を調べるのに次の「2点間の距離の公式」を利用します。

$$AB = \sqrt{(x2 - x1)^2 + (y2 - y1)^2}$$

なお、本節では2次元のデータが対象なのでこれでよいのですが、多次元のデータを利用したい場合も多くあります。その場合「ユークリッド距離」と呼ばれる計算式を利用します。これについて詳しくは次節「k近傍法」(p.★★★)にて解説します。

k-means法のプログラム

それでは、上記の手順に沿ってプログラムを作ってみましょう。次のようになります。なお、一般的なk-means法のプログラムでは3次元のデータも与えることが可能ですが、ここでは、プログラムを簡単にするために、二次元座標(x, y)のリスト型をデータとして与えるものとします。

src/ch6/kmeans.py

```
01  import random, math, copy
02  # k-meansでクラスタリングを行う ─────────────────────────1
03  def kmeans(data, k, max_iter=1000):
04      if len(data) < k: k = len(data)
05      # ランダムにk個の中心点を決める ───────────────────2
06      tmp = copy.copy(data)
07      random.shuffle(tmp)
08      centroids = tmp[0:k]
09      # 中心点と各データの距離を計算して最も各データから近い中心点のIDを得る ─3
10      distances = calc_distance(data, centroids)  # k個の中心点と各データの距離を計算
11      data_ids = [argmin(a) for a in distances] # 最も近い中心点のIDを得る
12      # 繰り返しクラスタの中心点を更新 ──────────────────4
13      for _ in range(max_iter):
14          centroids = []
15          for id in range(k):
16              data_k = []
17              for data_id, pt in zip(data_ids, data):
18                  if data_id == id: data_k.append(pt) # IDのデータのみを抽出 ───5
19              centroids.append(calc_average_point(data_k)) # 中心点を求める ────6
20          # 再度中心点と各データの距離を計算して最も近いIDを得る ──────7
21          distances = calc_distance(data, centroids) # 中心点との距離を計算
22          data_ids = [argmin(a) for a in distances] # 最も近い中心点のIDを得る
23      return data_ids
24
25  # ユークリッド距離を計算 ──────────────────────────8
26  def calc_distance(data, centroids):
27      result = []
28      for d in data:
```

```
29          dist = []
30          for c in centroids:
31              v = math.sqrt((c[0]-d[0])**2 + (c[1]-d[1])**2)
32              dist.append(v)
33          result.append(dist)
34      return result
35  # 各リストの最も小さな値のID(インデックス)を得る ─────────────────── 9
36  def argmin(args):
37      mv = min(args)
38      return args.index(mv)
39  # データの平均地点を求める ─────────────────────────────── 10
40  def calc_average_point(points):
41      if len(points) == 0: return [0, 0]
42      x = sum([p[0] for p in points]) / len(points)
43      y = sum([p[1] for p in points]) / len(points)
44      return [x, y]
45
46  if __name__ == '__main__': # テストデータで試す ──────────────── 11
47      data = [(0,0), (0,1), (1,1), (5,5), (5,4)]
48      ids = kmeans(data, 2, 1000)
49      print(ids)
```

最初にプログラムを実行してみましょう。すると、下記のように[0, 0, 0, 1, 1]あるいは[1, 1, 1, 0, 0]と結果が表示されることでしょう。これは与えた座標データを元にクラスタリングを行い、クラスタごとのIDを割り振って返しているのです。つまり、与えたテストデータ5つのうち、最初の3つはクラスタID「0」に、残りの2つはクラスタID「1」に分類されたという意味です。

ターミナルで実行

```
$ python3 kmeans.py
[0, 0, 0, 1, 1]
```

プログラムを確認してみましょう。**1**以降では、k-means法でデータを分類する関数kmeansを定義します。引数のdataにはリスト型のデータを指定します。引数kにはいくつのクラスタに分類するかを指定します。引数max_iterは何回繰り返し中心点の調整を行うかを指定します。

2では、まずランダムにk個の中心点を選択します。ここでは、データをコピーした上でシャッフルし、先頭のk個を選び出し、変数centroidsに代入します。

3では、各データとk個の中心点との距離を計算します。変数distancesは二次元リスト型となっており、各データと中心点とのユークリッド距離のリストを計算します。そしてargmin関数を呼び出して一番近い中心点のIDを得ます。なお、ここで言うIDとはデータのインデックス番号のことです。

4以降の部分では繰り返しクラスタの中心点を調整します。**5**までの部分では、各クラスタに属するデータのみを抽出します。そして、**6**では抽出したデータを元にしてクラスタの中心点を計算します。それから、再度、中心点と各データの距離を計算して、中心点に近いIDを取得します。

8以降では関数kmeansで利用する計算用の関数をいくつか定義します。関数calc_distanceは引数に与えたデータと中心点のユークリッド距離を計算して二次元のリストで返します。

9の関数argminではリストとして与えた値の中で最も小さな値を持つインデックスを返します。なお、**3**と**7**ではこのインデックス番号をIDとして使います。そして、**10**の関数calc_average_pointは、座標リストを受け取り、

その中心点を計算して返します。

11 はテストデータを利用してクラスタリングが正しく行われるかを確認します。あえて分かりやすく左下と右上に偏った座標データを与えて正しく分類できるかを確かめます。

座標データをグラフにプロットしよう

上記でk-means法のプログラムを作ってみましたが、データ数が多くなった時に、クラスタのIDが分かるだけだと、正しくクラスタリングされているのか分からない場合も多いでしょう。そこで、座標にプロットして正しく分類されたのか確認できるようにしてみましょう。

そのために、matplotlibモジュールを利用します。ターミナルで以下のコマンドを実行してインストールしましょう。

ターミナルで実行

```
$ python3 -m pip install matplotlib
```

それでは、データをクラスタリングした様子をグラフに描画するプログラムを作ってみましょう。以下は、ランダムな座標データを作成し、k-means法でクラスタリングして、グラフにプロットします。

src/ch6/kmeans_plot.py

```
01 import matplotlib.pyplot as plt
02 import random
03 import kmeans
04
05 # データをランダムに生成する ────────────────── 1
06 def create_data(cx, cy, r):
07     x = cx + random.randint(0, r) - r // 2
08     y = cy + random.randint(0, r) - r // 2
09     return (x, y)
10
11 # データをたくさん生成 ────────────────── 2
12 data1 = [create_data(20, 20, 30) for _ in range(100)]
13 data2 = [create_data(50, 50, 30) for _ in range(100)]
14 data3 = [create_data(80, 20, 30) for _ in range(100)]
15 data = data1 + data2 + data3
16 # クラスタリング ────────────────── 3
17 ids = kmeans.kmeans(data, 3)
18 # グラフにプロット ────────────────── 4
19 colors = ['red', 'blue', 'green']
20 markers = ['o', 's', '^']
21 plt.figure()
22 for p, id in zip(data, ids):
23     plt.scatter(p[0], p[1], color=colors[id], marker=markers[id])
24 plt.show()
```

ターミナルからプログラムを実行してみましょう。

ターミナルで実行

```
$ python3 kmeans_plot.py
```

すると右のようなグラフが描画されます。

テストデータは、左下、中央上、右下にランダムな座標データを100個ずつ作成したものでした。プロットしてみると、正しく、k-means法でクラスタリングされているのが分かるでしょう。

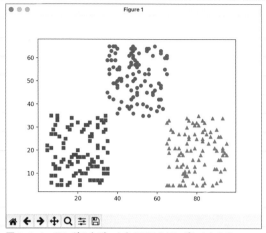

図6-4-4　ランダムなデータをクラスタリングしたところ

プログラムを確認します。■では座標(cx，cy)を中心にして乱数範囲rの座標データを生成する関数create_dataを定義します。そして、■ではテストデータを作成します。左下、中央上、右下を中心にして各100個ずつデータを作成します。

■では先ほど作成したプログラム「kmeans.py」を利用してクラスタリングを行います。■ではmatplotlibを利用して座標をプロットします。座標をプロットする際に、クラスタIDに応じた色とマーカーの形状を指定します。

練習問題　ミカンのサイズと糖度でクラスタリングしよう

【問題】

ミカンの販売価格を決めるのに、サイズと糖度の情報を利用したいと思います。ミカンのサイズと糖度が記された CSVファイル「mikan.csv」があります。CSVファイルのデータを読み込み、ミカンをサイズと糖度で3種類に分類してグラフにプロットして表示してください。

【ヒント】ミカンのサイズと糖度を記したCSVファイル「mikan.csv」は本書のサンプルプログラムに収録されています。このファイルを読み込んで、k-means法で3種類にデータを分類します。

答え　ミカンを分類分けするプログラム

ミカンのサイズと糖度が記録されたCSVを読み込んでミカンを分類分けするプログラムは次の通りです。

src/ch6/kmeans_mikan.py

```
01  import matplotlib.pyplot as plt
02  import kmeans
03
04  # ミカンデータ「mikan.csv」を読み込む ──────────────────■
05  with open('mikan.csv', 'rt') as fp:
```

```
06        csv = fp.read()
07 # ミカンデータCSVを二次元のリストに変換 ───────────────2
08 data = []
09 for line in csv.split('\n'):
10      line_a = line.split(',')
11      if len(line_a) < 2: continue
12      size_s, sugar_s = line_a
13      size, sugar = float(size_s.strip()), float(sugar_s.strip())
14      data.append((size, sugar))
15
16 # k-means法でクラスタリング ─────────────────────3
17 data_ids = kmeans.kmeans(data, 3, 1000)
18
19 # グラフに描画 ───────────────────────────────4
20 colors = ['red', 'blue', 'green']
21 markers = ['o', 's', '^']
22 plt.figure()
23 for p, id in zip(data, data_ids):
24      plt.scatter(p[0], p[1], color=colors[id], marker=markers[id])
25 plt.show()
```

プログラムを実行してみましょう。プログラムを実行するには、上記プログラムに加えて、先ほど作ったプログラム「kmeans.py」を同じディレクトリに配置します。そして、次のコマンドを実行します。

ターミナルで実行

```
$ python3 kmeans_mikan.py
```

すると右のようにグラフが描画されて、正しくデータが読み込まれ、3つの種類に分類されたことが確認できるでしょう。

プログラムを確認してみましょう。1ではファイルを読み込みます。そして、2ではCSVデータを改行とカンマで区切って変数dataに二次元のリストに変換します。この変数は、[(サイズ, 糖度), (サイズ, 糖度), (サイズ, 糖度), ...]のようなデータとなります。

3ではk-means法でミカンのデータをクラスタリングして、3種類に分割します。そして、4ではミカンのサイズと糖度、クラスタIDの情報を元にしてグラフに描画します。

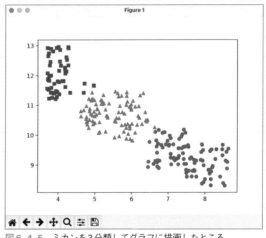

図6-4-5　ミカンを3分類してグラフに描画したところ

まとめ

以上、本節では、k-means法を用いてデータを指定した個数のグループに分類するプログラムを作ってみました。またクラスタリングした結果をグラフに描画する方法も紹介しました。k-meansは簡単な手法でありながら、機械学習や教師なし学習についても学べるアルゴリズムです。

画像分類 ―― k近傍法で 手書き数字の判定

機械学習を利用して画像データを分類するプログラムを作ってみましょう。ここではk近傍法を利用して手書き数字データを利用して、画像にどの数字が描かれているのかを判定するプログラムを作ってみましょう。機械学習ライブラリを使わずすべて実装してみましょう。

ここで学ぶこと

● **画像判定**

● **k近傍法 (k-NN)**

● **教師あり学習**

画像判定について

前節では、k-means法を利用したクラスタリングを解説しました。その際、機械学習には「教師あり学習」という手法があることを紹介しました。大量のデータがあり、そのデータにラベル付けが行われているなら、データの傾向を学習して、未知のデータに対してラベル付けができるというものです。これを画像判定に利用できます。
機械学習では画像判定を行う場合、まず画像のピクセルデータを学習データとテスト用データ(判別させたいデータ)に分けます。学習データでは、画像のデータと、その画像が何を表すのかを表すラベルを一緒に学習させます。それによって未知の画像が何を意味するのかを判定できるのです。

k近傍法 (k-NN) について

本節では、画像判定に「k近傍法(きんぼうほう)」(英語:k-nearest neighbor algorithm / k-NN)を利用します。k近傍法はとても単純なアルゴリズムでありながら、パターン認識や教師あり学習の分類問題でよく使われる手法です。

k近傍法のアルゴリズム

k近傍法はとても単純なアルゴリズムです。まず、学習データを多次元の空間に配置します。そして、分類したいデータと学習データがどれだけ類似しているかその距離を調べます。そして、分類したいデータに近い距離にあるデータk個を取り出しみて、そのデータに付与されているラベルを確認します。k個のうち多数決で最も多いラベルが答えと

なります。

図でも確認してみましょう。ここでは分かりやすく二次元のデータを対象にしています。最初に学習データとして●と▲をグラフにプロットします。そして、分類したいデータ🔲をプロットしてみます。🔲から最も近い距離にあるデータをk個（ここでは3個）取り出します。そして、そのk個で多数決をとって、答えが●か▲なのかを判定します。

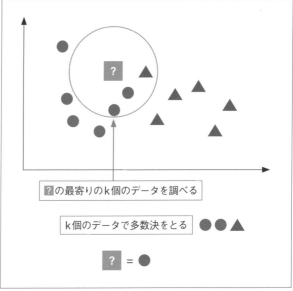

図 6-5-1　k近傍法の仕組み

ユークリッド距離 —— 多次元のデータの類似度を求める方法

前節でも簡単に紹介しましたが、多次元のデータの距離を求めるには「ユークリッド距離」を利用します。多次元空間にある点pと点qのユークリッド距離は次の計算式で求められます。Pythonでこれを実装するには、2つのリスト型データの各要素の差の二乗を合計して、平方根を求めます。

$$d(p, q) = \sqrt{(q_1 - p_1)^2 + (q_2 - p_2)^2 + \ldots (q_n - p_n)^2}$$

k近傍法のプログラム

さて、いきなり手書き画像の分類を実装するのは大変なので、まずは、k近傍法のアルゴリズムを実装してみましょう。以下がk近傍法のプログラムです。

src/ch6/knn.py

```
01  import math
02  # k近傍法で分類問題を解く ─────────────────────────── 1
03  def predict(train_data, train_y, test_data, k=3):
04      # kの値を確認する
05      if k > len(train_data): k = train_data // 2
06      if k % 2 == 0: k += 1 # 多数決のため奇数にする
07      # 学習データとラベルを一つにまとめて辞書型にする ────── 2
08      train_items = []
09      for (x, y) in zip(train_data, train_y):
10          train_items.append({'x': x, 'y': y})
11      # リスト型のtest_dataの要素を1つずつ予測する ────────── 3
12      result = []
```

```
13      for test_it in test_data:
14          # ラベル付き学習データをtest_itに近い順に並び替える ──────── 4
15          sort_distance(train_items, test_it)
16          # k個の要素を取り出し多数決を取る ──────────── 5
17          points = {}
18          for it in train_items[0:k]:
19              label = it['y']
20              if label not in points: points[label] = 0
21              points[label] += 1
22          result.append(max(points, key=points.get))
23      return result
24
25  # itemsをdataに近い順に並び替える ────────────────── 6
26  def sort_distance(items, data):
27      for it in items:
28          # it と x のユークリッド距離を計算 ──────────── 7
29          diff = 0
30          for i, val in enumerate(data):
31              diff += (val - it['x'][i]) ** 2
32          it['dist'] = math.sqrt(diff)
33      items.sort(key=lambda x:x['dist']) # 並び替える
34
35  if __name__ == '__main__': # テストデータで試す ──────────── 8
36      train_data = [(0, 0), (0, 1), (5, 5), (6, 6)]
37      train_label = ['左下', '左下', '右上', '右上']
38      test_data = [(1, 1)]
39      pred_y = predict(train_data, train_label, test_data)
40      print(f'{test_data} → {pred_y}')
```

プログラムを実行してみましょう。すると、データ(1, 1)がラベル「左下」に正しく分類されたことが分かります。

```
$ python3 knn.py
[(1, 1)] → ['左下']
```

プログラムを確認してみましょう。1以降ではk近傍法で分類問題を解く関数predictを定義します。引数には、学習データtrain_dataとラベルtrain_y、そして判定したいデータのtest_data、k近傍法のパラメータkを指定します。学習データと判定したいデータには二次元のリストを与えます。

2では学習データとラベルの各要素を1つにまとめて辞書型にします。

3以降では二次元リストのtest_dataの要素を1つずつ予測します。

4では2で作成したラベル付きの学習データtrain_itemsを判定したいデータtest_itに近い順に並び替えます。そして、5ではtest_itに最も近いk個のデータを取り出して多数決を取り、それを答えとします。

6ではユークリッド距離を計算して引数itemsをdataに近い順に並び替える関数sort_distanceを定義します。

7でユークリッド距離を計算します。そして、この関数の最後にsortメソッドを呼び出して近い順に並び替えます。なお、itemsのソートをする際、引数keyにlambda関数を指定して、distをキーにしてソートを行います。sortメソッドのカスタムソートについては、p.225の練習問題を確認しましょう。

8ではテストデータを使ってk近傍法を試します。ここでは「左下」と「右上」を表す座標データを与えて、(1, 1)が「左下」に分類できるかを試すというテストになっています。

手書き数字の画像判定について

本節では、手書き数字データの判定行います。k近傍法を利用して、手書き数字の画像判定を行う際に必要となるのは、学習データとそのラベルです。この場合、大量の手書き数字の画像データ「学習データ」となります。そして、画像がどの数字を表すかの情報「ラベル」となります。

手書き数字の画像データをダウンロードしよう

機械学習の練習用に、いろいろな手書き数字の画像データが公開されています。ここでは、手軽に扱えることを念頭に「手書き数字の光学認識データセット」を利用することにします。

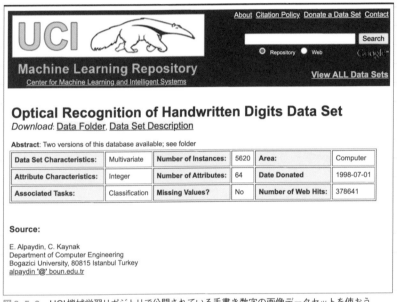

図6-5-2　UCI機械学習リポジトリで公開されている手書き数字の画像データセットを使おう

これは、機械学習の練習に使えるUCI機械学習リポジトリに登録されているデータセットです。以下のURLからダウンロードできます。

● **UCI機械学習リポジトリ > 手書き数字の光学認識データセット**

　[URL] https://archive.ics.uci.edu/ml/datasets/Optical+Recognition+of+Handwritten+Digits

ダウンロードするには、ブラウザで上記のURLにアクセスして、[Data Folder] をクリックします。そして、[optdigits.tes] と [optdigits.tra] をクリックして、これら2つのファイルをダウンロードします。この2つのファイルは、手書き数字の画像データをCSV形式で収録したものです。それぞれ学習用とテスト用に使えるようになっています。

● **optdigits.tra** … 学習用に使える画像一覧データ（3823件）
● **optdigits.tes** … テスト用に使える画像一覧データ（1797件）

このファイルを、テキストエディタとExcelで開いて見ると次のようになっています。数字が羅列されているだけで、手書き数字のデータには思えないかもしれません。

図6-5-3　データをテキストエディタとExcelで開いたところ

実際、この手書き数字の画像データは、1行に1つの画像データが記述されています。この手書き数字の画像データは縦横8×8ピクセルで構成されています。そして、各ピクセルは0（薄い）から16（濃い）で表現されています。そして、各行の末尾のデータが0から9のどの数字を表すかのラベルとなっています。なお、テスト用の手描き数字のデータ「optdigits.tes」は、一行ごとに0、1、2、…、0、1、2、…と順に並んで入っています。

次の図はCSVの一行を取り出して、8個ずつに区切って、縦に並べたところです。0-16の数値に色をつけると、数字の0が浮かびあがるのが分かることでしょう。

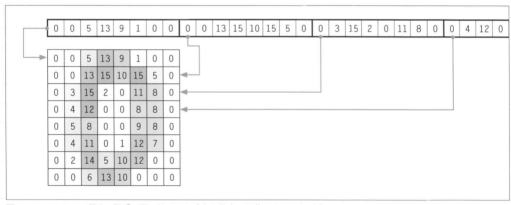

図6-5-4　CSVの1行を8個ずつ縦に並べると手書き数字の画像であることが分かる

試しに、CSVファイルを読み込んで画像を描画するプログラムを作ると次のようになります。

src/ch6/optdigits_draw.py

```
01  from PIL import Image
02  # 8x8のカンマ区切りデータを画像としてファイルに保存 ───────────■1
03  def draw_and_save(line, savefile):
04      # データを数値に変換 ───────────────────────────────■2
```

```
06          line_a = line.split(',')
07          data = list(map(lambda x: int(x), line_a))
08          # ピクセルデータは0から63まで ─────────────────────────── 3
09          image_data = data[0:64]
10          label_data = data[64]
11          # 画像を描画 ───────────────────────────────────────── 4
12          im = Image.new('L', (8, 8))
13          for i, v in enumerate(image_data):
14              # ピクセルの座標を計算 ─────────────────────────── 5
15              y = i // 8
16              x = i % 8
17              # (x, y)に描画 ─────────────────────────────────── 6
18              c = int(v/16 * 255) # 色を計算
19              im.putpixel((x, y), c) # 描画
20          # ファイルを保存 ───────────────────────────────────── 7
21          im.save(savefile)
22          print('image=', label_data, 'file=', savefile)
23
24  if __name__ == '__main__':
25          # CSVファイルを読み込む ───────────────────────────── 8
26          with open('optdigits.tes', 'rt', encoding='utf-8') as fp:
27              csv = fp.read()
28              lines = csv.split('\n')
29          # 画像を取り出して描画 ─────────────────────────────── 9
30          draw_and_save(lines[0], 'sample0.png')
31          draw_and_save(lines[3], 'sample3.png')
32          draw_and_save(lines[9], 'sample9.png')
```

プログラムを実行すると、PNGファイルが生成されます。

```
$ python3 optdigits_draw.py
image= 0 file= sample0.png
image= 3 file= sample3.png
image= 9 file= sample9.png
```

PNG画像を見ると**図6-5-5**のように表示されます。8×8ピクセルの画像なので、それほど綺麗な数字というわけではないのですが、どの数字が描かれているのか分かるのではないでしょうか。

図6-5-5　PNG画像を表示したところ

プログラムを確認してみましょう。**1**以降ではCSVファイルの一行とファイル名を指定すると、データを描画して画像ファイルとして保存するdraw_and_save関数を定義します。

2ではカンマ区切りのデータをリストに変換し、文字列（str）の数字をすべて整数（int）に変換します。**3**ではリストのスライスを利用して画像データが描画されている0から63までの部分を変数image_dataに代入し、どの数字が描かれているのかを表すラベルデータを変数label_dataに代入します。

4では画像を描画します。引数に'L'と(8,8)を指定してImage.newメソッドを呼び出します。これによって、8ビットグレイスケール、8×8ピクセルの新規画像を生成します。そして、for文を使って画像を描画します。8×8=64ピクセルのデータは、1次元ですが画像は2次元です。そこで、**5**にて、インデックスiを8で割った商をY座標、8

で割った余りをX座標として、**6**で実際にピクセルデータを書き込みます。**7**では画像ファイルに保存します。**8**ではCSVファイルを読み込んで、**9**で適当な行を3つ取り出して画像を保存します。

判定するプログラム

手書き数字画像のデータの意味が分かったところで、k近傍法を利用して画像データの判定を行うプログラムを作ってみましょう。

src/ch6/knn_digits.py

```
01  import knn
02
03  # 手書き数字画像のCSVファイルを読み込む関数 ─────────────── 1
04  def load_digits(filename):
05      with open(filename, 'rt', encoding='utf-8') as fp:
06          csv = fp.read() # ファイルから読み込む
07      images, labels = [], []
08      for line in csv.split('\n'): # 改行で区切って繰り返す
09          if line == '': continue
10          data = list(map(lambda x: int(x), line.split(',')))
11          images.append(data[0:64]) # 画像データを追加
12          labels.append(data[64]) # ラベルを追加
13      return images, labels
14
15  if __name__ == '__main__':
16      # 学習用のデータファイルとテスト用のデータファイルを読み込む ──── 2
17      train_x, train_y = load_digits('optdigits.tra') # 学習用
18      test_x, test_y = load_digits('optdigits.tes') # テスト用
19      # 数が多すぎると実行に時間がかかるのでサンプル数を減らす ────── 3
20      train_x, train_y = train_x[0:1500], train_y[0:1500]
21      test_x, test_y = test_x[0:500], test_y[0:500]
22      # 数字の判定を行う ──────────────────────── 4
23      pred_y = knn.predict(train_x, train_y, test_x, k=5)
24      # 正しく判定できたか検証する ───────────────────── 5
25      ok = 0
26      for py, ty in zip(pred_y, test_y):
27          ok += 1 if py == ty else 0
28      print(f'ok={ok}/{len(pred_y)}')
29      print('正解率=', ok / len(pred_y))
```

このプログラムでは、先ほど作成したプログラム「knn.py」を利用します。上記のプログラムと同じディレクトリに配置してください。また、手書き数字の光学認識データセットの2つのデータファイル「optdigits.tra」「optdigits.tes」も同じフォルダに保存してください(サンプルプログラムにはデータファイルも同梱しています)。

ターミナルで次のコマンドを実行すると、プログラムが実行されます。なお、計算量が多いため、実行には少しとき間がかかります。もし、なかなかプログラムが終了しない場合、プログラムの解説を参考にして**3**のデータ数を減らして試してみるとよいでしょう。

ターミナルで実行

```
$ python3 knn_digits.py
```

```
ok=477/500
正解率= 0.954
```

実行結果を確認してみましょう。500個のテストデータを与えて、477個が判定に成功しています。つまり、477÷500=0.954となり、約95%の正解率となります。おおよそ正しく手書き数字のデータを判定できたことになります。プログラムを確認してみましょう。**1**では手書き数字画像のCSVファイルを読み込む関数load_digitsを定義します。CSVファイルのパスを与えると、画像データの一覧と、ラベルの一覧を返します。

2では実際に学習用のデータファイルと、テスト用のデータファイルを読み込みます。なお、大量のデータを与えると処理に時間がかかってしまうため、**3**では学習用を1500個、テスト用を500個に制限します。なお、データを次のように減らすことで、さらにプログラムの負荷を減らすことができます。

```
# 数が多すぎると実行に時間がかかるのでサンプル数を減らす ──────── 3
train_x, train_y = train_x[0:500], train_y[0:500]
test_x, test_y = test_x[0:100], test_y[0:100]
```

4では、k近傍法を利用してテストデータの判定を行います。学習データとラベル、そしてテストデータを与えます。すると、判定を行い予測結果を返します。

5では上記**4**で予測したデータが正しく判定できたかどうかを確認します。テストデータのラベルデータと予測したデータを突き合わせてみて、正しく判定できたか個数を数えます。そして、最後に正解した個数と正解率を表示します。

制限無しにして全データで試してみよう

なお、プログラムの**3**でデータ個数を制限していますが、実行に時間がかかってもよい場合は制限している部分をコメントアウトして実行してみましょう。筆者のマシン（Apple M1 Pro 8コア メモリ16GB）で試してみると、実行には2分25秒かかり、次のような結果となりました。やはり学習データが増えると精度が少し改善するようです。

ターミナルで実行

```
$ python3 knn_digits.py
ok=1758/1797
正解率= 0.9782971619365609
```

まとめ

以上、本節では、光学手書き数字画像のデータセットを利用して、機械学習の基礎を学びました。機械学習のアルゴリズムの中では最も単純なk近傍法を実装して、その動作を確認してみました。

Pythonには多くの機械学習ライブラリが存在するので、それらを利用して学ぶのが近道ではあるのですが、実際にそのライブラリを自分で実装してみることで、内部動作をよく理解できたのではないでしょうか。

なお、多くの機械学習ライブラリはオープンソースで公開されています。本書は、以上で幕を閉じますが、ぜひ有益なライブラリがどのように実装されているのか、実際にソースコードを読んで調べてみるとよいでしょう。良いプログラムを読み解くことがプログラミングのレベルアップに役立ちます。引き続き、いろいろな分野のプログラムに興味をもって学び続けましょう！

Index

●キーワード

● プログラム・コマンド

著者プロフィール

クジラ飛行机（くじら ひこうづくえ）
一人ユニット「クジラ飛行机」名義で活動するプログラマー。代表作に、
テキスト音楽「サクラ」や日本語プログラミング言語「なでしこ」など。
2001年オンラインソフト大賞入賞、2004年 IPA未踏ユースのスーパー
クリエイター認定、2010年 IPA OSS貢献者賞受賞。技術書も多く執筆
しており、HTML5/JS・PHP・Pythonや機械学習・アルゴリズム関連
の書籍を多く手がけている。

STAFF

カバーイラスト：大野 文彰（大野デザイン事務所）
ブックデザイン：三宮 暁子（Highcolor）
DTP：AP_Planning
編集：伊佐 知子

実践力をアップする
Pythonによるアルゴリズムの教科書

2023年6月27日　初版第1刷発行

著者　　クジラ飛行机
発行者　角竹 輝紀
発行所　株式会社マイナビ出版
　　　　〒101-0003　東京都千代田区一ツ橋2-6-3　一ツ橋ビル2F
　　　　TEL：0480-38-6872（注文専用ダイヤル）
　　　　TEL：03-3556-2731（販売）
　　　　TEL：03-3556-2736（編集）
　　　　E-Mail：pc-books@mynavi.jp
　　　　URL：https://book.mynavi.jp
印刷・製本　シナノ印刷株式会社